Pythonによる
データ解析入門

山内 長承(著)

Ohmsha

本書に掲載されている会社名・製品名は、一般に各社の登録商標または商標です。

本書を発行するにあたって、内容に誤りのないようできる限りの注意を払いましたが、本書の内容を適用した結果生じたこと、また、適用できなかった結果について、著者、出版社とも一切の責任を負いませんのでご了承ください。

本書は、「著作権法」によって、著作権等の権利が保護されている著作物です。本書の複製権・翻訳権・上映権・譲渡権・公衆送信権（送信可能化権を含む）は著作権者が保有しています。本書の全部または一部につき、無断で転載、複写複製、電子的装置への入力等をされると、著作権等の権利侵害となる場合があります。また、代行業者等の第三者によるスキャンやデジタル化は、たとえ個人や家庭内での利用であっても著作権法上認められておりませんので、ご注意ください。

本書の無断複写は、著作権法上の制限事項を除き、禁じられています。本書の複写複製を希望される場合は、そのつど事前に下記へ連絡して許諾を得てください。

(社)出版者著作権管理機構
(電話 03-3513-6969、FAX 03-3513-6979、e-mail：info@jcopy.or.jp)

JCOPY ＜(社)出版者著作権管理機構 委託出版物＞

はじめに

　本書は、Python を用いたさまざまなデータ処理、いわゆるデータマイニングの基本的な処理について理解することを目的とします。データマイニングでは、簡単な処理は Excel の計算処理ツールを使ったり、R や SPSS などの統計処理を主目的とする言語・ソフトウェアパッケージが用いられたりしてきました。そのなかで本書は、比較的新しい言語処理系である Python を使って、初歩的なデータ処理をどのように行えばよいのかを紹介しています。

　Python は、R や SPSS などの「統計処理用」といわれる言語・パッケージに比べると、統計やデータ処理以外のさまざまな応用分野で幅広く利用されており、むしろ C 言語や Perl などと同じような汎用の言語です。わざわざ Python を選んで統計処理をする大きな理由の 1 つは、他の応用分野のプログラムで得られる結果を直接 Python のなかで処理したり、逆に統計的な処理結果を他の分野に戻したり、といった連携が容易になるということがあげられます。

　本書では、Python の世界で共有されている一般的なパッケージを使って、データ処理を行います。Python のなかでも Excel のような表の形式のデータを容易に扱える pandas を中心として、科学技術計算・数値的な計算を目指した SciPy や、主に学習系の処理をカバーする scikit-learn、統計をもっぱらとする StatsModels など、いくつかのパッケージライブラリを組み合わせて、データの処理を行います。また、データの可視化はデータ処理の重要な柱の 1 つですが、Python では Matplotlib ライブラリが可視化の強力なツールになっています。pandas と Matplotlib が連携しているので、pandas のデータをそのままグラフ化することができます。さらに、外部データソースとの連携についても、pandas のなかで、CSV 形式のファイルの読み書きや SQL データベースのアクセスなども提供されています。データ処理を Python で扱う専門家の人口はあまり多くないので、統計を目指した処理系である R や SPSS に比べると、最新の高度な機能・手法が実装されていない場合もあり、その場合はやむを得ず R や SPSS の手を借りなければならないこともあります。本書ではそこまでの高度処理は対象とせず、広く一般的に用いられる処理を対象に取り上げました。

　本書は、プログラミングの経験は多少あって、データ処理・データマイニングに興味がある読者を対象にしています。プログラミング言語として Python を用いますが、Python 自体のプログラミングの経験は前提としません。C/C++ や Java などの言語で初歩的なプログラミングの概念、たとえば変数・代入・if 文・for 文のような概念を理解していることを仮定しています。プログラミングがまったく初めてという読者は、プログラミングの入門書でひととおり学んだうえで、本書のプログラムを試してみることをお勧めしま

はじめに

す。データ処理に関しては、確率・統計の基礎概念を使う部分がありますが、紙面の都合上すべては説明できないので、教科書等を参照してください。

　本書の構成は、第1章でデータ解析や統計の考え方を紹介した後、第2章でPythonのプログラミングとデータ解析に使うライブラリを紹介します。第3章では統計的な手法を使った多次元データの基本的な解析手法を、また第4章では学習的な手法を使った多次元データの解析手法を、Pythonのプログラムとともに紹介します。第5章はデータマイニングの1つの手法であるアソシエーション分析を、第6章では時系列データの解析手法を、第7章ではネットワーク解析（グラフの解析）を、それぞれPythonでの処理手順を交えて紹介します。

　本書が前提としている知識は、統計の理論についての若干の一般的な知識と、一般的なプログラミングの入門知識、たとえば変数への代入、条件分岐や繰り返しなどです。Python言語については、第2章で簡単に概説します。

　本書を読み進めるなかで、実際にプログラム処理を試してみることで理解が進む点も多いでしょう。本書は必ずしも実習用のテキストではありませんが、試してみることができるプログラムとデータを掲載してあります。ぜひ実際の処理環境で、掲載しているプログラムをいろいろと書き換えて試し、そのなかからPythonによる統計解析の処理の仕方や可能性について、幅広く知見を得ていただきたいと思います。

　なお、本書の執筆から出版までの間にソフトウェアのバージョンアップがあり、例題の計算結果が本書に記載した数値と多少異なるケースが見つかっていますが、本文は修正しませんでした。

　読者の皆様が実際に試されたときに本書と数値が異なることがある点について、あらかじめご了承いただきたくお願い申し上げます。

　本書は、筆者が所属する東邦大学の研究室での勉強会のために書きためてきた実習的な教材に、統計の理論の解説を追加して作成したものです。このたび、オーム社書籍編集局の皆様からのお勧めがあり、Pythonのプログラミングを主題にして書籍として出版することになりました。教材の作成に当たって協力してくださった研究室の学生の皆さん、長年訪問研究員としてご助言くださった筧義郎様に感謝申し上げるとともに、書籍化に当たりさまざまな面倒を見てくださった、オーム社書籍編集局の皆様に深く感謝申し上げます。

平成30年10月

山　内　長　承

目 次

はじめに iii

第 1 章 データ解析の基礎知識　　　　　　　　　　　　　1
1.1 データ解析とは 2
1.2 いろいろな量・データの種類 4
1.3 分析手法の概観 8

第 2 章 Python とデータ解析ライブラリ　　　　　　　　11
2.1 Python とは 12
2.2 動かす環境・Jupyter Notebook 25
2.3 データ解析パッケージ NumPy と pandas 34
2.4 可視化のための描画パッケージ Matplotlib 40
2.5 データアクセス 48
2.6 欠損データの取り扱い 60

第 3 章 統計的な手法を使った多変量の分析
　　　～ 相関分析・回帰分析・主成分分析・因子分析　　69
3.1 相関分析と回帰分析 70
3.2 カテゴリデータの連関分析 88
3.3 主成分分析 100
3.4 因子分析 116
3.5 コレスポンデンス分析 134

v

第4章 学習の手法を使った多変量の分析
～ クラスター解析・k-近傍・決定木・SVM　　141

- 4.1 クラスタリングの考え方 142
- 4.2 階層型クラスタリング 143
- 4.3 k-means法による非階層型クラスタリング 148
- 4.4 EMアルゴリズムによる混合ガウス分布の推定 152
- 4.5 　k-近傍法による分類学習 161
- 4.6 決定木学習による分類学習 166
- 4.7 サポートベクターマシン（SVM）による分類学習 172

第5章 アソシエーション分析　　177

- 5.1 アソシエーション分析 178
- 5.2 Pythonでのアソシエーション分析 185
- 5.3 アソシエーション分析の例 191

第6章 時系列データの解析　　199

- 6.1 時系列データの解析 200
- 6.2 自己回帰移動平均（ARMA）モデル 207

第7章 ネットワークの解析　　221

- 7.1 ネットワーク解析の考え方 222
- 7.2 基礎的な指標 ～ 経路長・次数・推移性・構造 227
- 7.3 中心性とネットワーク構造 236

索　引 261

内包による処理速度アップ	21
Python 2 と Python 3	24
Jupyter の仕組み	28
CSV の読み取りのいろいろな問題	49
None と NaN	61
k-近傍法と k-means 法	161
バスケット分析の始まり	183
python-igraph の Windows へのインストール	226

本書で使用した Python コードは、オーム社 Web サイト（https://www.ohmsha.co.jp/）の該当書籍詳細ページに掲載しています。書籍を検索いただき、ダウンロードタブをご確認ください。

注）・本ファイルは、本書をお買い求めになった方のみご利用いただけます。また、本ファイルの著作権は、本書の著作者である、山内長承 氏に帰属します。
　　・本ファイルを利用したことによる直接あるいは間接的な損害に関して、著作者およびオーム社はいっさいの責任を負いかねます。利用は利用者個人の責任において行ってください。

第1章

データ解析の基礎知識

第 1 章では、データ解析の考え方、統計の考え方、その基礎知識を紹介します。1.1 節では、データ解析が情報の圧縮を目指したものであることに触れた後、1.2 節で、4 つの尺度によるデータの類別を紹介します。1.3 節では、本書で取り上げるさまざまな分析手法を一覧して、全体像を見渡します。

1.1 データ解析とは

本書で取り上げるデータ解析は、大量のデータから意味のある情報を取り出すための手法です。さまざまな計測から得られるデータの羅列は、それ自体が直接何かを示す場合はまれで、多くの場合はそのデータから、何かの圧縮処理をして情報を取り出します。たとえば、月別平均気温とアイスクリーム購入金額のデータから、暑くなるとアイスクリームが多く売れるとか（**図1-1**）、サンフランシスコエリアでのアンケート結果から技術職・管理職の白人で既婚の人が高給をとる傾向がある、というように、多くのデータから結論を導出します。本書では、そのための科学的な技法をいくつか取り上げ、実際にプログラムで試してみます。

月	月別平均気温（℃）	アイスクリーム支出（円）
1	10.6	464
2	12.2	397
3	14.9	493
4	20.3	617
5	25.2	890
6	26.3	883
7	29.7	1292
8	31.6	1387
9	27.7	843
10	22.6	621
11	15.5	459
12	13.8	561

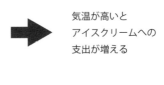

気温が高いとアイスクリームへの支出が増える

■ 図 1-1　多量のデータから情報へ圧縮する

科学的に考えたり、科学的に主張したいとき、「数字」は強力な援軍になります。近代統計学の基礎を築いたピアソン（Karl Pearson, 1857-1936）は、統計学は「科学の文法」（The Grammer of Science）である[*1]と言っています。科学的な理解や主張の背景には、特に現象や物事の性質を捉えるときの統計的な裏付けが「文法」としてあるべきだ、ということです。これは自然科学に限らず、経済などの社会科学や心理などの人文科学でも、「科学」を名乗るものすべてにおいて大事なことだと思います。

本書では、純粋に統計学に基づく手法、たとえば仮説検定の手法よりは、実用されているさまざまな手法を計算の仕方とともに取り上げます。数学的な背景や、手法の統計学的な扱い（たとえば得られた結論の信頼性の議論など）は別の教科書に任せることにし、本

[*1]　Pearson, Karl, "The grammar of science"（1892）
　　 https://ia800203.us.archive.org/35/items/grammarofscience00pearuoft/grammarofscience00pearuoft.pdf

書では手法の紹介を中心に置くことにします。

データ解析は、数学・統計学などに基づく解析手法と、解析対象の分野・世界・ドメインの理解とが、車の両輪のように必要になります。どちらが欠けても、満足な解析にはならないでしょう。データアナリストやデータサイエンティストは、ともすると解析手法のエキスパートであろうとしますが、それだけでは不足で、本当に意味のある解析をするためには、同時に対象世界の知識と洞察が必要になります。以前、話題になった Drew Conway の「データサイエンスのベン図」[*2]では、データサイエンティストの要件として(1)数理・統計学の知識、(2)ハッキング（プログラミング）スキル、そして (3)背景の知識・理解をあげ、それらの3つがともにある積集合部分がデータサイエンスだと述べています。さらには、背景の知識・理解が欠けた、(1)数理・統計知識と(2)ハッキングスキルとの積集合部分は、あえて「危険領域」であると論じています。この部分では、「データを数理・統計学に基づく解析ルーチンに放り込んで結果を得るだけであり、対象分野の発見や知識の構築にならない」ということを言っていますが、当を得ていると思います。

とはいえ、本書は解析手法、つまり数理的な手法のPythonによるプログラム実現を紹介しています。それを使って対象分野のデータ解析に到達するには、対象分野の知識が必要ですが、それは本書では提供できていません。それぞれの応用分野において、十分な知識を併せ持ったうえで、本書のデータ分析手法を役立てていただけるよう望んでいます。

本書の構成は、第1章でデータ解析や統計に関わる基礎的な知識を紹介した後、第2章で実際に使うPythonのプログラミングと利用する環境・ライブラリについて紹介します。第3章～第4章は具体的な解析手法を、データ解析でよく出てくる多変量の解析を主な例題にして紹介します。第3章では統計的な手法を使った、相関分析、回帰分析、主成分分析、因子分析などを簡単に紹介し、第4章では学習の手法を使ったクラスター・分類分析、具体的には階層的クラスタリング、k-means法、混合ガウス分布、k-近傍法、決定木学習、サポートベクターマシンを紹介します。これらはいずれも、観測されたデータを解釈するだけでなく、モデルを立てそれによって新しく得られたデータを分類する分類手法としても使われます。

第5章～第7章は個別の話題を取り上げます。第5章では、数理・統計分野では議論されないアソシエーション分析を紹介します。アソシエーション分析は、買い物のレシートを出発点にした分析ですが、アンケート分析への応用も興味深いので紹介します。第6章では、時系列データを扱います。時系列解析では、モデルを推定して将来を予測することが行われますが、本章では古典的なARIMAモデルを使った解析・予測の例を紹介します。第7章は、物のつながりを分析するネットワーク分析のあらましを、Pythonでのプログラミングとともに紹介します。

本書で紹介する解析手法は、データ解析・データマイニングで使われる手法の基礎とな

[*2] http://drewconway.com/zia/2013/3/26/the-data-science-venn-diagram

るものです。ざっと一覧するのが限度で、それぞれの手法での新しい発展などは取り上げられませんでしたので、本書を出発点にして探検していただきたいと思います。

1.2 いろいろな量・データの種類

　解析の対象となるデータには、さまざまな形のものがあります。数値で書かれる連続量のデータもあれば、選択肢の形のカテゴリカルなデータもあります。データの形や表すもの・属性と、データ分析の手法が適合していないと、正しい結果が得られないことがあります。扱うデータがどういう種類のものか、どのような量を表しているのか、解析処理を始める前に検討しておく必要があります[*3]。

　具体的に、問題のある例をあげてみます。10人の学生グループに対して、それぞれの学生の身長のデータがあれば、身長の平均値を求めることができます。身長の平均値は、このグループの体格を代表する値として、他のグループと比較するための代表値として使えるかもしれません。同様に英語の成績点数があれば、平均点を求めることができ、その平均点は全国平均と比較することができるかもしれません。電話番号も同じように1人ひとりのデータがあれば、番号の平均値を求めることができます（しかし、電話番号の平均値は、どのような意味があるのでしょうか）。

　もっと奇妙な平均を考えてみます。同じ10人の学生に、血液型を聞きました。A型なら4、B型なら3、AB型なら2、O型なら1という選択肢の番号の値を割り付けて集計することにしました。最後に10人分の点数の平均をとったら2.8であったため、平均の血液型はB型とAB型の間でB型寄り、という結論を得ました。この血液型の点数の平均値は、どのような意味があるのでしょうか。この点数の付け方をすると、A型とB型の人数はともに平均値を増やす方向に作用し、O型とAB型の人数はともに減らす方向に作用しますが、A型とB型が同じ向きで、O型、AB型と逆向きであることに何か意味があるのでしょうか。

4つの分類

　データの値の持つ意味合い、尺度を考えるとき、**表1-1**にあるような4つに分類する考え方があります。

[*3] Stevens, S., S., "On the Theory of Scales of Measurement Science 07 Jun 1946", Vol. 103, Issue 2684, pp. 677-680.

	定性的データ（質的データ・カテゴリーデータ）		定量的データ（量的データ）	
	名義尺度	順序尺度	間隔尺度	比例尺度
説明	数としての意味はない。単なる区別のための言葉の代わり	数の順序・大小には意味がある。値の間隔には意味がない	数値として間隔に意味がある、目盛が等間隔。比率は意味がない	数値として間隔にも比率にも意味がある
性質	この数を用いて計算することはできない。出現頻度は数えられる	大小比較ができる。間隔（差）や平均（和）は意味がない	差（間隔）や和（平均）が計算できる。比率は意味がない	和・差・比率が計算できる
例	電話番号、血液型（A：1, B：2, AB：3, O：4）	スポーツの順位、（好き：4, やや好き：3, やや嫌い：2, 嫌い：1）	摂氏の温度、西暦	長さ、重さ

■ 表 1-1　4 つの尺度

まず大きく分類すると、定性的なデータ（質的データ）と、定量的データ（量的データ）の 2 つに分類することができます。

定性的なデータ（**質的なデータ**）の例としては、血液型や性別のようにどれか 1 つのカテゴリーに属することを示すデータや、好き・嫌いなどの選択を表すデータなどがあります。これらは性質を示すのであって、値の大きさや量の意味はないと考えられます。性質を示すという意味で質的なデータ・定性的なデータと呼んだり、カテゴリーを示すという意味でカテゴリーデータ、もしくはカテゴリカルデータと呼ぶこともあります。

他方、**量的なデータ**は、身長・体重のように量に意味があるデータのことで、**定量的データ**とも呼ばれます。後で細かく議論するように、平均値をとったり、間隔・比率などを計算することができます。

ここで気をつけたいのは、データが数字で書かれているからと言っても、間隔や比率などの計算の対象にならない場合があることです。前述のおかしな平均の例は、この場合に相当します。電話番号は数字の並びではあっても、数としての大小比較や足し算引き算には意味がありません。同じように、血液型に便宜上 A 型なら 4、B 型なら 3、AB 型なら 2、O 型なら 1 という数を割り付けた例でも、数字は識別のための記号であって計算の対象としての数値にはなりません。

定性的データ

定性的なデータは、名義尺度と順序尺度に分かれます。

名義尺度

電話番号や車のナンバー、前出の例での血液型に付けた番号などのように、識別のた

めだけの数字（番号）です。電話番号や車のナンバーは、通話相手や車自体を識別するための符号として、数字の並びが使われています。また、アンケート調査で同じレベルの選択肢から選ぶ選択項目があって、それに番号が付けられている場合、その番号は識別の番号に過ぎません。どのケースでも、同じ番号が付いていれば同じグループに属するといえますが、数値としての大小比較や計算は、まったく意味がありません。

　たとえばグループ10人の電話番号の平均値は、計算することはできますが、値としての意味はないでしょうし、「私の番号はあの人の番号より大きい」と言っても意味のないことでしょう。アンケート調査で飼っている犬種を1)ボクサー、2)ラブラドールレトリーバー、3)ポメラニアンなどとして調査した結果、平均値が2.2であったからといって、ラブラドールレトリーバーとポメラニアンの間といった議論は意味がありません。名義尺度は量としての意味がないので、定性的なデータです。

順序尺度

識別できることに加えて、順序に意味がある尺度です。たとえば順位がこれに相当します。成績の順位でいえば、1位は2位より成績が良い、2位は3位より成績が良い、ということを表現できます。しかし、1位と2位の間隔（差）と、2位と3位の間隔（差）は、尺度のうえでは同じ1ですが、実際の差は同じではありませんし、差に意味はありません。また2位は4位の2倍成績が良いともいえません（比に意味がない）。アンケート調査の選択肢の場合、1)とてもそう思う、2)どちらかというとそう思う、3)どちらでもない、4)どちらかというとそう思わない、5)まったくそう思わない、といった選択肢は、程度の比較ができ、順序に意味があるので順序尺度になりますが、項目間の差の大きさには厳密な意味がありません。順序尺度も量としての差や比に意味がないので、定性的なデータです。

定量的データ

　定量的なデータは、量の大小に意味があるデータで、間隔尺度と比例尺度の2つに分かれます。

間隔尺度

目盛が等間隔になっている数値のデータのうち、ゼロ点に意味がない尺度です。この場合、順序と間隔には意味があるが、比に意味がありません。たとえば摂氏の温度をエネルギー量の指標と考えるときが、これに当たります。まず、10℃より20℃のほうが（エネルギー量が）大きく、20℃より30℃のほうが大きいという関係が成り立ちます。さらに、1リットルの水を10℃から20℃に加熱するエネルギーと、20℃から30℃に加熱するエネルギーは同じです。つまり、温度の差はエネルギー量の差としての意味があります。和や差に意味があるので、平均値にも意味があります。しか

し、比率を考えると、20℃の水は 10℃の水の 2 倍のエネルギーを持っているわけではなく、比率には意味がありません。これは摂氏温度のゼロ点が、エネルギー的なゼロ点を表していないからです。

比例尺度

目盛が等間隔なうえに、ゼロ点に意味がある尺度です。長さや重さなどはこれに当たります。距離は、1m より 2m が長く（比較に意味がある）、0 から 1m までの長さと 1m から 2m までの長さが等しく（差が意味がある）、2m は 1m の 2 倍（1m を 2 回繰り返せば 2m になる）になります。このように、比例尺度のデータは、順序にも間隔にも比率にも意味があり、加減乗除を自由にできますし、平均値などにも意味があります。なお、上記の温度の例では、ケルビン温度（絶対温度）を使えばゼロ点がエネルギーゼロに対応し、200degK のときのエネルギーは 100degK の 2 倍といえます。

■ 図 1-2　名義尺度の電話番号は大小を表さない

■ 図 1-3　順序尺度の順位は間隔を表さない

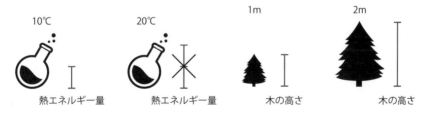

■ 図 1-4　間隔尺度の摂氏温度はエネルギー量を表さない

■ 図 1-5　比例尺度の長さは大きさの倍数関係を表す

このように、尺度によってできる計算処理が違ってくる、もしくはある計算処理は意味を持たない、ということが起きるので、注意をする必要があります。

このように、数値になっているデータであっても、その数値の由来・定義をよく確認し

てデータ処理を行う必要があります。

1.3 分析手法の概観

　ここで、本書で紹介する手法と解析例をいくつか紹介して、データ解析の具体的なイメージを見ていただこうと思います。

相関分析・回帰分析 〜 暑いとアイスクリームの消費が増えるという相関

　暑いとアイスクリームの消費が増えるというのは、ごく当たり前に納得のできる話です。これを実際にデータを探して数値で確かめることができます。相関分析は2つの量の間の相関関係、つまり値の関わり合い方を相関係数として計算して、ともに増加する正の相関、一方が増えると他方が減る負の相関、および互いに独立していて相関関係がない、ということを判定します。アイスクリームと気温の例では、月別の平均気温が高いときに月別の世帯当たりのアイスクリーム支出金額が多いという、正の相関があることを示すことができます。このときに、計算上の相関係数や回帰分析の結果だけで判断するのではなく、元のデータの分布図を描いて関係を確認する必要性を議論します。また、回帰分析は、正または負の相関があるときに、その相関関係を1次の回帰式 $y = bx + a$ の形で表そうとし、2つの係数、傾き b と切片 a をデータから推定する手法です。

カテゴリーデータの連関分析 〜 タイタニック号沈没時の乗客の属性と生死の関連

　カテゴリーデータは連続値ではない離散的なデータなので、連続値を対象とした統計的な手法は、そのまま使うことができません。そのなかでも特に、大小関係のない属性データについては、相関分析・回帰分析などとは違った連関分析のやり方が使われます。カテゴリーデータはよくアンケートなどで使われますが、本書では簡単に入手できるタイタニック号の乗客の属性と生死のデータに対して、この連関を分析してみます。たとえば二等船室・大人の乗客について、男性のほうが女性に比べて生還率が高いという関係が見られます。

重回帰分析 〜 ボストンの住宅価格の決まり方

　重回帰分析は、結果 y が複数の要因 $x_1, x_2, \cdots, x_n$ の1次式で決まるモデルを仮定し、その係数をデータから推定する方式です。例としてボストンの住宅価格がどのような要因によって影響されているかを調査したデータが簡単に利用できるので、これを使って価格が複数の要因で決まる1次式の係数を重回帰分析で求めることができます。

主成分分析 〜 アヤメの形状データをよく表現する因子、テストの科目間の関係と成績をよく表現する科目

結果が複数の要因で決まる場合に、現象の理解を簡単にするため、結果の値を説明する要因の数を少なくしたいと思うことがあります。たとえば、複数の要因を組み合わせた1つの1次式の値を計算すると、それが結果のどのデータに当たるかがほとんどわかるというのであれば、その式が結果の指標として使えます。もし1つの式で全部を説明し切らないのであれば、2番目の式によって結果をさらに区別できるでしょう。データの散らばり方（統計でいうところの分散）がどの要因の（1次の）組み合わせでよく説明されるかを求めるのが、主成分分析です。結果の説明をする要因の数を、1次変換をすることによって減らすことができる、つまり説明のための変数の**次元を圧縮**できることになります。

例として、アヤメの形状に関する4種類のデータ（がく片・花びらの長さ・幅）を使って、その4次元の説明要因から、データの4次元内の散らばりを最もよく表す要因の（1次式の）組み合わせ方（第1主成分と呼ぶ）を求めます。もしこの組み合わせではデータの散らばりが十分に説明できなければ、追加の組み合わせ（第2主成分）を求めます。このアヤメのデータの場合、第1主成分で散らばりの92%、第2主成分まで合わせると98%まで説明できることがわかります。さらにこのデータの場合は、第1の組み合わせ方（第1主成分）がアヤメの種類（3種類）とよく対応しているため、新しいデータが与えられたときの種類判定もできるという、おまけの結果が見られます。

また、テストのデータの例は人工的な数値ですが、国語・社会・数学・理科・英語の成績間の関係を見ると、数学と理科、国語と社会が関係が深く、英語は比較的独立していて、これらの3つの次元で成績をよく表せるという結果が得られます。

因子分析 〜 テストの成績を説明する因子の抽出、ボストンの住宅価格を決める因子の抽出

因子分析は、主成分分析と似た解析ですが、隠れた説明因子を見つけ出す手法です。テストの成績の例とボストンの住宅価格の例を使って、2つの説明因子に限定したときに抽出される説明因子の結果を示します。

いろいろなクラスタリング 〜 アヤメの形状データの分類と予測

第4章では、階層的クラスタリング、k-means法、混合ガウス分布モデルの推定、k-近傍法による分類学習、決定木学習、サポートベクターマシンによる学習など、クラスタリング（分類）の手法を紹介します。クラスタリングは、データの分布具合をもとにクラスター（グループ）を作るので、学習的な方法ともいえ、第3章で見る統計的な性質を使う方法とはやや色合いが異なります。クラスター（山）が分かれる理由を考えることで、系の仕組み（モデル）を考えたり、新しいデータに対してどの分類に当てはまるのかを求めたりします。それぞれの手法に従って、アヤメの形状データ例を使って分類ルールを作

り、正しく分類できるか試してみます。

アソシエーション分析 〜 アンケート結果の分析

　アソシエーション分析は、スーパーマーケットの多数のレシートを分析して、商品Aを買った客は商品Bも買う傾向がある、という分析から始まった手法で、「おむつを買う客はビールも買う」というルールを見つけたことで有名になりました[*4]。本書ではレシートのサンプルデータではなく、アンケートデータに対して同様の分析を行い、「Aと答えた人はBと答える傾向がある」、たとえばサンフランシスコエリアのショッピングセンターでとられたアンケートをデータとして、「年収が4万ドルを超える人は、技術職か管理職で、家を持っていて、家庭の言語が英語で、共稼ぎである」という結果を得ます。

時系列分析 〜 国際線の乗客数データの分析

　時系列は、時間とともに変化する対象を定期的に観測したデータで、気象などの自然現象や経済などの社会的現象の時間変化を解析し、モデルを作成して予想します。本書では時系列分析の例として、1949年〜1960年の国際線の乗客数の分析を試みます。国際線の乗客数は、夏に多く冬に少ないという季節変動があり、全体としては年を追って増えていくトレンドがあるので、それらを踏まえたモデル作りが必要になります。季節変動とトレンドを含めたARIMAモデルを用いて分析・モデル化し、1960年のデータを予測と比較します。

ネットワーク解析 〜 国際線の乗客数データの分析

　ネットワーク解析は、もののつながり、ネットワークの構造を分析する手法で、グラフの性質の分析手法を使います。たとえば人と人との間のコミュニケーション量からつながり方を分析したり、交通網の流量をデータとしてボトルネックを探したり、言葉の関係の強さ（たとえば共起関係の強さ）をデータとして言葉同士のつながりを分析したり、ホームページの参照関係をデータとしてページの関連性や重要性を分析したり、幅広く使われています。本書では例として、ユーゴーの小説『レミゼラブル』の登場人物が同じ章に出てくる回数を「人間関係の強さ」とみなしてそれをグラフ化し、ネットワーク分析を試みます。

[*4] このルールの発見が本当にあったかどうかは後で紹介します。

第2章

Pythonと
データ解析ライブラリ

　第2章では、実際にデータ解析に入る前にPythonの使い方を概説します。2.1節ではPythonのプログラムの書き方、2.2節ではプログラミングのための環境、2.3節と2.4節では本書で利用する主なライブラリパッケージの概要の紹介をします。その後、2.5節でデータ解析固有の話題としてデータアクセスの方法、特にCSV形式のファイルで受け渡す場合と、SQLデータベースへ直接アクセスしてデータを取り込む場合について概説します。最後の2.6節では、データ解析でよく出会う欠損値のPythonでの取り扱い方について簡単に触れます。

2.1 Pythonとは

2.1.1 Pythonを使う理由

　データを解析するために、いくつかのコンピュータ上のツール・環境が提供されています。本書ではプログラミング言語Pythonとそれに伴うライブラリパッケージを使っていきますが、その前に全体像を見通しておきましょう。

　データ処理の環境としては、やりたい処理をプログラミングによって実現する方法と、画面上のアイコンや表などのグラフィカルな操作で利用できる方法があります。

　前者はさらに2つに分けられ、1つは汎用のプログラミング言語・環境で、応用分野によらず何でもできる「汎用」なものです。代表的なものではJavaやC/C++/C#言語、JavaScript、Ruby、その他たくさんあります。もう1つはある応用分野に特化したプログラミング環境で、統計分野ではRが有名です。Rのなかでは、中核の統計処理はすでにシステム内に用意されていて、ユーザはそれを呼び出す簡単なプログラムを用意するだけで利用できます。また、グラフを描く機能も豊富に用意されていて、簡単に利用できます。

　後者のグラフィカルなシステムはたとえば、Microsoft Excelに代表される表計算システムや、SPSSなどの統計パッケージがあります。

　これらを比べてみると、汎用プログラミング環境は、何でも処理できるので、データの取得や準備などの前工程や、処理結果の利用・応用などの後工程も同じ環境で作ることができるという利点があります。また、ユーザコミュニティが非常に大きいので、プログラミング言語として洗練されている・安定しているという点もメリットでしょう。他方、プログラミングのスキルをある程度要求されるので、スタート時のハードルは高いといえます。とはいえ、中核の統計処理の部分は定型的なので、多くの場合はあらかじめ誰かが作成してくれているパッケージやライブラリを使うことができます。

　統計処理に特化したプログラミング環境は、プログラミングの部分は汎用の言語とあまり違いがありませんが、Rの場合でいえば、グラフなどが簡単に描ける、多くの統計処理がパッケージライブラリとして準備されている、さらに統計ユーザのコミュニティができているのでライブラリパッケージのプログラムが繰り返し使われて枯れている、新しい手法に対応したパッケージが次々と登場している、などのメリットがあります。

　グラフィカルな操作で使えるシステムは、見たままで使えるので、スタート時のハードルは圧倒的に低いといえます。実際、Excelはビジネス現場などで簡単な集計処理には広く使われています。統計処理のための関数が準備されていて、ある程度の処理ができます。またExcel内でVisual Basicによるプログラミングをすることができるので、ユーザが必要な処理をプログラム化しておくことも可能です。デメリットとしては、複雑な統計処理には向かないこと、さらに基本的に表画面をインタラクティブに操作するので、データを次々自動的に処理するバッチ処理には向かないことなどがあります。

それぞれに利害得失があるので、目的・環境に応じて選択することになります。本書では汎用性を重視して、プログラミング言語 Python による処理を対象とします。なお、R でも本書で取り上げた内容と同様の処理をすることができ、参考書も多数出版されています。それでも R ではなく Python を使う理由には、汎用性、特に前処理との連携がスムーズであること、ニューラルネットの処理との連携が簡単であることなどがあげられます。たとえば、テキストの統計処理（テキストマイニング）の場合、Python のテキスト処理は日本語を含めて非常に容易で、負担になりません。最近のニューラルネットの処理では、多くが Python で書かれた形で提供されています。

次に、汎用プログラミング言語のなかで Python を使う理由を説明します。汎用のプログラミング言語は歴史が古く、いろいろな言語とその処理系が使われてきました。現在使われている代表的な言語は、Python の他、Java、C/C++/C#、JavaScript などがあげられます。たとえば世界の電気系技術者の学会である IEEE (Institute of Electrical and Electronics Engineers) の 2018 年の統計[*1]によると、最も使われている言語トップ 5 は、Python、C++、Java、C、C# の順になっています。その他のいくつかの統計でも、これらの 5 つの他、PHP 言語（ホームページ作製に使われる）、C 言語の派生の Objective-C（iOS 環境のアプリケーション開発によく使われる）、Ruby（日本発の比較的新しい言語だがユーザ数が増えている）などがあげられています。これらのなかでも Python は、プログラミングの中核部分が比較的単純で入門時のハードルが他言語に比べて低いこと、新しい言語概念が取り込まれていること、ユーザ数が多くメンテナンスが良好なこと、ライブラリパッケージが多く流通していること、などのメリットがあり、現時点では使い勝手の良い言語といえます。本書の扱う統計処理も、流通しているライブラリパッケージを使って処理できます。

さらに、プログラム作成時の環境面で 2 つのメリットをあげることができます。1 つは Python がインタープリタ言語[*2]なので、プログラムの開発時にプログラム変更・実行テストを繰り返す際にコンパイルの必要がなく、手早いというメリットです。もう 1 つは、そのような開発をするときの環境として、すでにネット上でいくつか便利なものが作られ、使われているという点が大きなメリットとしてあげられます。プログラムを作って繰り返し使うというモードではなく、得られたデータに対してプログラムをその場で作って処理するモードで使う場合に、特にこの 2 つのメリットは有効でしょう。

このような理由から、本書では Python を取り上げています。

[*1] https://spectrum.ieee.org/static/interactive-the-top-programming-languages-2018
[*2] プログラミング言語は、それを実行する手順としてまずコンパイル処理をして実行するタイプのコンパイラ言語（たとえば C/C++/C# の他、Java も環境によりますが通常はコンパイルが必要という意味でコンパイラ言語に含めて考えます）と、コンパイルせずそのまま実行するタイプのインタープリタ言語（たとえば Python や Ruby、Visual Basic など）があります。

2.1.2 Pythonの基本 〜 他のプログラミング言語との違い

本節では Python によるプログラミングを簡単に説明しますが、他のプログラミング言語の経験を前提とします。プログラミング自体がまったく初めてという場合は、別途教科書が多数出ていますので、それを勉強してから始めてください。

Python は、たとえば Java や C/C++/C# などの手続き型プログラミング言語と基本的には同じ考え方でできています。具体的には、**変数**があり、変数に値を**代入**し、**式**を書いて計算することができ、**条件分岐**を if 文で書いたり**繰り返し**（ループ）を for 文で書いたりすることができます。また、**関数**（メソッド）や**クラス**を自分で定義し、使うことができます。

これを前提として、Java や C/C++/C# などから大きく異なる点を中心に、本書の例題を理解できる程度に説明します。Python の全部を説明することは本書の目的ではありませんので、他書に譲ります[*3]。

ブロック構造は段下げで書く

Python では、ブロック構造は段下げで区別するように書きます。Java や C/C++/C# では、ブロックは始めと終わりを中かっこ（{ }）で示します。段下げは見た目をわかりやすくするための道具なので、段下げや改行をしなくてもプログラムは動きます。それに対して、Python では段下げが必須です。きちんと段下げをし、かつ同じブロックは同じ字数だけ段下げをしないと、エラーになります。その代わりブロックを示す中かっこ（{ }）はなくなります。たとえば、条件分岐の if 文では、

```
if x > 0:
    print('正です')      ← 内側のブロックなので1段下げる
else:
    print('0か負です')   ← 内側のブロックなので1段下げる
```

というように書きます。同様に、関数（メソッド）は本体部分を{ }で囲むのではなく、段下げして、

```
def newfunction(x):
    y = sin(x) + 1
    return y**x          ← 内側のブロックなので1段下げる
```

のようになります。

段下げは同じレベルのブロックは同じ位置に（同じ字数だけ）段下げしなければいけま

[*3] たとえば古い教科書では、Mark Lutz 著、夏目 大訳『初めての Python 第 3 版』オライリージャパン (2009) Bill Lubanovic 著、斎藤康毅監訳、長尾高弘訳『入門 Python』オライリージャパン (2015) この他にも最近は新しい入門書がたくさん出版されています。

せん。1字でもずれていると、エラーになります。また、段下げの空白の文字数は指定されていませんが、空白4文字かタブ1つかがよいとされています。また、あまり深い段下げは見づらくなるので、関数としてくくり出すなどの工夫をするとよいでしょう。

for ループの書き方

Python の for 文は、Java や C/C++/C#とほとんど同じですが、ループの回り方の制御をする部分が違います。Java や C/C++/C#ではループに入ったときの初期化、1回繰り返すごとの計数などの処理、終了条件の判定、の3つの要素を for 文に書きますが、Python ではそういう部分はなく、たとえば

```
for i in [0, 1, 2, 3, 4, 5]:
    n = n + i
```

といった書き方をします。[0, 1, 2, 3, 4, 5] はリストと呼ばれるデータ型ですが、in というキーワードで、変数 i がそのリストの要素の値を順番にとっていく、という制御を表しています。このリストは整数でなく他のもののリストでもよく、

```
for i in ['東京', '大阪', '福岡']:
    print(i)
```

のような書き方もよく使います。この場合は i の中身はリストに含まれる文字列を順番にとっていきます。また、数の上限がプログラミング時に定数で決まっていなかったり、大きくてリストに全部の数を書くのが大変だったりするときには、[0, 1, 2, 3, ... , N-1] を生成するような関数 range(N) を使うことができます。range は、引数を1つだけ指定したときは0から上限N（ただしNを含まない）まで1ずつ増える列を作りますが、range(0, 5, 2) とすると、0から始めて5まで、間隔2おきに、という指定となり、[0, 2, 4] を作ることができます。

変数の型を指定しない・変数を宣言しない

Python の変数には、Java や C/C++/C#であったような**型**のような指定はありません。正確には、型の概念はあるのですが、インタープリタが自動的に判断します。代入したときには、必要に応じて型が（自動的に）変換されます。

```
x = 1         ← この時点ではxは整数型を保持している
x = x / 2     ← この時点で、xは浮動小数点型になる
print(x)      ← 結果は 0.5
```

x = x / 2 の結果を代入するとき、他の言語では x も 2 も整数型なので結果も整数

型、つまり「0」となるでしょうが、Pythonでは式で書いたとおりの「0.5」になります。整数の結果がほしいときには、明示的に整数割り算の演算子 // を使うか、

```
print(1 // 2)
```

または、切り捨て（math.floor）、切り上げ（math.ceil）、四捨五入（round）などを指定する必要があります[*4]。

```
import math
x = 1 / 2
print(math.floor(x))   ← 切り捨てる。結果は 0
print(math.ceil(x))    ← 切り上げる。結果は 1
print(round(x))        ← 四捨五入 *5
```

　型の指定をしないので、JavaやC/C++で見られる変数の宣言もありません。変数は宣言せずにいきなり使い始めてよいのです。ただし、いきなり（値を代入せずに）読み出そうとするとエラーになります。

　型を明示的に変換したいときがあります。文字列として持っていた数を数値（整数なり浮動小数点数なり）に変換しなければならないときなどには、int や float を使って、たとえばint('12.3')のようにして変換できます。逆に、数値を文字型にする変換が必要なときは、str(123)のようにして変換できます。しかし、たいていは自動的に変換してくれる（print(x)とすればxを文字列に変換してプリントする）のですが、たとえば、2つの文字列の結合演算子 + を使うときは変換してくれず、数値と文字列を + するとエラーになります。そこで、

```
x = 123         ← xは整数
print(str(x) + '回以上')
```

のように変換するとうまくいきます。このように、型がない、もしくは型を気にしなくても済むとはいいながら、プログラマが変換を意識しなければならないケースもときどき出てきますので、気をつける必要があります。

いろいろな型が用意されている

　Pythonではあらかじめいろいろな基本型（組み込み型）が用意されています。詳細はPythonのドキュメント（https://docs.python.jp/3/library/stdtypes.html）を参照してく

[*4] math は数学ライブラリで、本例の floor などの他に、log、sin などの数学関数を提供します。使用する前に import math のようにして Python の実行環境に取り込む必要があります。

[*5] Python 3 では、round 関数は「近いほうの偶数値」に丸められます。

ださい。他の言語と違って、かなり高級な型（たとえばリストや辞書型）が組み込みになっていて、それらを利用するときもライブラリの利用宣言などは不要です。また、これらを使って複数のデータ要素に対する演算や処理を（繰り返しを使わずに）1つの処理で書けるという利点があります。

数値型は、他の言語と同様に整数（int）、浮動小数点数（float）、複素数（complex）の3つの種類があります。論理型は定数の True と False や、論理式の結果が対応します。

基本的なシーケンス型としては、リスト（list）、タプル（tuple）、レンジ（range）オブジェクトがあります。リストは、[0, 1, 2, 3] や ['東京', '大阪', '福岡'] のように要素の集まりに使われます。タプルも、(0, 1, 2, 3) のように要素の集まりを表しますが、要素を書き換えることができません。

シーケンス型は、個々の要素をインデックスで参照できます。たとえば、

```
u = [1, 2, 3]      ← シーケンス[1, 2, 3]を変数uに代入する
print(u[1])        ← uの2番目の要素u[1]を表示する。結果は 2
```

のようにインデックスでの参照を使えば、リスト型でベクトルや配列を表すことができます。なお、インデックスは0から始まります。上記の u[1] は2番目の要素を指します。

また、リスト型は、append を使ってリストの後ろへ要素を追加できます。リスト型のデータをプログラムで作るときは、それを使ってたとえば

```
s = []                  ← 要素が1つもない、空のシーケンスを作る
for u in range(5):      ← uはrange(5)（つまり[0, 1, 2, 3, 4]）を順にとる
    s.append(u * 2)     ← u * 2をリストに追加する
print(s)                ← 結果は [0, 2, 4, 6, 8]
```

のようにすることができます。append はリスト型オブジェクトに対するメソッドです[6]。

スライス（slice）は、リストの一部を切り出します。たとえば

```
s = [0, 2, 4, 6, 8]
print(s[1:3])           ← 結果は [2, 4]
```

と範囲の指定の意味は間違いやすいのですが、**図 2-1** のようにリストの要素の間の点に0から番号を付けます。

---

[6] リスト自身に書き足します。コピーはしません。

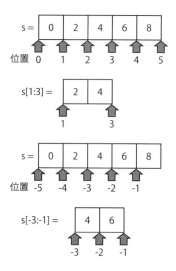

■ 図 2-1　リストデータのスライス

　s[1:3] は第 1 番の間の点（つまり 0 と 2 との間の点）から第 4 番の間の点（4 と 6 との間の点）までの間の要素を切り出します。つまり値は [2, 4] になります。

　また、負の番号を指定したときは、最後尾を 0 として逆向きに、要素の間の点を $-1, -2, \ldots$ と捉えて指定します。つまり

```
print(s[-3:-1])      ← 結果は [4, 6]
```

となります。さらに、指定しない（空欄にする）と、スライスの始点側はリストの始点、終点側はリストの終点となります。s[:] は s そのものと同じで、値は [0, 2, 4, 6, 8] ですし、s[2:] の値は [4, 6, 8]、また s[:3] の値は [0, 2, 4] になります。

　さらに、リストの要素がリスト型であるような 2 重のリストも可能で、2 次元の配列（2 次元の行列）を書くときに使えます。入れ子を繰り返すと、さらに多次元の配列を作ることもできます。

```
u = [ [0, 1, 2], [3, 4, 5], [6, 7, 8] ]
print(u[1][2])         ← 配列と見ることもできる。結果は 5
```

　Python での文字列は、要素が 1 文字ずつのリストと見ることができます。したがって、次のようになります。

```
u = 'abcde'
print(u[2:4])        ← 文字列'cd'を表示
v= '東京タワー'
print(v[2:4])        ← 文字列'タワ'を表示
```

Python 内部では UTF-8 コードで表されるので 1 文字当たり 1〜3 バイトの可変長で表現されていますが、文字列の要素は 1 文字ずつであって、バイト単位ではありません[*7]。この場合、英数字も日本語文字も同じに扱えるので、便利です[*8]。文字列 v の長さを見るときは以下のようにします。

```
print(len(v))        ← 結果は文字数である5を表示
```

なお、バイトとして扱うためには文字列からバイト列に変換する必要があります。
辞書型は、キー (key) と値 (value) のペアが多数集まったものです。たとえば

```
dic = {'東京タワー': 333, '富士山': 3776, '通天閣': 108, '天保山': 4.53}
print(dic['通天閣'])  ← 結果は 108
```

では辞書型変数 dic を作っていますが、それはキー値'東京タワー' と値 333 のようなペアを複数集めたもので、このときキー値'通天閣' を与えると値 108 が戻ってきます。辞書型では、その中の何番目の要素かという位置は意味がなく、キーでアクセスします。なお、便利なメソッドとして、辞書要素をペアのリストとして返す items()、キー部分だけをリストとして返す keys()、値部分だけをリストとして返す values() があります[*9]。

```
print(dic.items())   ← 結果は [('富士山', 3776), ('東京タワー', 333), ('通天閣', 108),
                               ('天保山', 4.53)]
print(dic.keys())    ← 結果は ['富士山', '東京タワー', '通天閣', '天保山']
print(dic.values())  ← 結果は [3776, 333, 108, 4.53]
```

辞書型はキーから値を引くのに便利なので、Python のプログラミングではよく使います。
この他に、あまり多くありませんがときどき見かけるのが set 型（集合型）です。set

[*7] このあたりは、Python 2 から Python 3 になってきれいに整理されたところです。
[*8] C 言語では、日本語文字は文字コードを勘定に入れつつ 2 バイトなり 3 バイトであることを考える必要がありました。
[*9] dic.items() を表示した結果の順番が、dic を定義したときの順番と異なるのは、辞書型では位置が関係ないということに対応しています。並ぶ順番は Python の内部の事情で決まります。また、dic.items() の結果は厳密には dict_items クラスのオブジェクトなので、print ではリストとして表示されるのではなく、dict_items([('富士山', 3776), ...]) のようになります。しかし、プログラム中で結果を参照するときはリストと同様に扱うことができます。keys()、values() も同様に、dict_keys、dict_values クラスのオブジェクトを返します。

型は、内容が重複することを許しません。たとえば、リスト型では [1, 1, 2, 3, 3, 4, 5, 6, 6] のように同じ値の要素が重複することがあります、他方、set 型では{1, 2, 3, 4, 5, 6}のように、同じ値の要素は1つだけです。これを使って、要素の重複を排除する処理ができます。

```
u = [1, 1, 2, 3, 3, 4, 5, 6, 6]
v = list(set(u))
```

とすれば、v に代入される結果は [1, 2, 3, 4, 5, 6] となります。

内包・enumerate や zip

　リストや辞書の各要素に対して同じ処理をしてリストを返すとき、ループを書く代わりに「内包」(list comprehensions) と呼ばれる書き方ができます。たとえばリスト input の各要素を2倍にするプログラムは、for ループを使った場合

```
input = [1, 3, 5, 7, 9]
output = []           ← 空のリストを作る
for u in input:
    output.append(u * 2)  ← u * 2の要素を1つずつ追加
print(output)         ← 結果は [2, 6, 10, 14, 18]
```

と書けますが、リストの内包を使うと

```
output = [u * 2 for u in input]          ← 結果は [2, 6, 10, 14, 18]
```

と書くことができます。内包の外側の [ ] でリストを作ることを示し、内容は u * 2 として作る、ただし u は input の要素である、と指示しています。

　さらには、for ループ内で条件を付けることもできます。

```
output = [u * 2 for u in input if u >= 3]  ← 結果は [6, 10, 14, 18]
```

とすると、条件 u >= 3 を満たす u だけが2倍されてリストに残ります。

　辞書型に対しても同じ内包が使えます。

```
input = {'東京タワー': 333, '富士山': 3776, '通天閣': 108, '天保山': 4.53}
output = {u: v / 1000 for u, v in input.items()}
    ← 結果は {'東京タワー': 0.333, '富士山': 3.776, '通天閣': 0.108, '天保山': 0.00453}
```

　このようにリストや辞書に対する内包を使う利点は2つあります。
　1つはプログラムが短くなって見やすくなるという点です。Python では、プログラム

をなるべく簡潔にして読みやすくする、読みやすければ誤りも少なくなるだろう、という考え方があります。ただし、あまり凝った内包だとかえって読みづらくなることもあるでしょう。

もう 1 つの利点は、内包のほうが処理速度が速くなる傾向があることです。

> **内包による処理速度アップ**
>
> リストに要素を append で追加するプログラムに比べて、内包は 2 倍以上の差が出るという結果があります。
>
> 手元の環境で、プログラム
>
> ```
> import time
> def sample_loop(n):     # for loopを使った場合
>     r = []
>     for i in range(n):
>         r.append(i)
>     return r
> def sample_comprehension(n):   # リスト内包を使った場合
>     return [i for i in range(n)]
>
> start = time.time()
> sample_loop(10000)
> print(time.time() - start, 'sec')
> start = time.time()
> sample_comprehension(10000)
> print(time.time() - start, 'sec')
> ```
>
> に対して、
>
> ```
> 0.0013065 sec
> 0.0005357 sec
> ```
>
> となりました。ある特定の環境ですが、append を使った 10,000 回の for ループで 1.3mS、内包を使った場合は 0.5mS の結果が得られています。
>
> 要因については、ある分析によると、リストの append 属性（メソッド）を取り出すのに時間がかかること、実際の append 処理をする際に append を関数として毎回呼び出すがその呼び出しに時間がかかること（内包ではリストに追加する命令を直接埋め込みます）、インタープリタが解釈する命令の数が多いこと、といった理由があるようです。

enumerate は、リスト（シーケンス一般）に対するループ処理をするときに、要素のインデックス番号を見るのに使えます。Python では for ループでインデックス番号を

使わないのですが、それでも「何番目」という情報がほしい場合があります。そのとき、enumerate を使って次のように書くことができます。

```
input = ['東京', '大阪', '福岡']
for i, v in enumerate(input):
    print(i, v)
```

結果は

```
0 東京
1 大阪
2 福岡
```

のように、インデックス情報が i として得られます。

zip は、2つのシーケンスを同時にループするために、各要素を1組にしたシーケンスを作ることができる関数です。

```
towers = ['東京タワー', '通天閣', '名古屋テレビ塔']
heights = [330, 108, 180]
for u in zip(towers, heights):
    print(u)
```

結果は

```
('東京タワー', 330)
('通天閣', 108)
('名古屋テレビ塔', 180)
```

のようにペアのリストになります。

ラムダ式

ラムダ式（lambda）は、無名で小さな関数を生成する機能です。名前付きの関数として宣言しても同じことなのですが、コンパクトに記述することができます。たとえば、ペアのリスト

```
p = [['東京タワー', 330], ['通天閣', 108], ['名古屋テレビ塔', 180]]
```

があるときに、高さの順にソートするにはどうしたらよいでしょうか。ソート結果を返してくれる関数 sorted を使ってみるとして、sorted(p) だけだとペアの第1要素を先

にキーとしてソートするので、名前順にソートされます[*10]。

```
[['名古屋テレビ塔', 180], ['東京タワー', 330], ['通天閣', 108]]
```

これは望んでいる結果ではありません。そこで、key パラメータに関数を書き、ソートキーとして各要素にこの関数を適用した結果の値を使うように指示します。

```
def extract_height(u):
    return u[1]
p = [['東京タワー', 330], ['通天閣', 108], ['名古屋テレビ塔', 180]]
q = sorted(p, key=extract_height)
```

とすれば、各要素に extract_height 関数を適用した結果の高さの数値をキーとして、ソートします。

```
[['通天閣', 108], ['名古屋テレビ塔', 180], ['東京タワー', 330]]
```

プログラムとしてはこれでよいのですが、この関数 extract_height の定義が、コンパクトにきれいに書くという趣旨からは問題があります。第1に、関数定義は別の場所に置くことになるので離れて見づらい、第2に、長い。そこで、ラムダ式を使います。

```
p = [['東京タワー', 330], ['通天閣', 108], ['名古屋テレビ塔', 180]]
q = sorted(p, key=lambda u: u[1])
```

無名の関数という意味は、関数名 extract_height を陽に指定しなくてよいからです。

辞書型をソートしたいときも、同じ原理で短く書くことができます。

```
dic = {'東京タワー': 333, '富士山': 3776, '通天閣': 108, '天保山': 4.53}
print(sorted(dic.items(), key=lambda u: u[1]))
```

この例では、dic.items() は辞書型の dic をペアのリスト

```
[['東京タワー', 330], ['富士山', 3776], ['通天閣', 108], ['天保山', 4.53]]
```

に変換するので、これをペアの第2要素、つまり辞書の value 部分をキーとしてソートせよ、ということになります。なお、ソート順序を逆の降順にしたいときは、sorted のパラメータに reverse=True を加えます。

[*10] 文字列の大小比較は、Unicode の数値（コードポイント）を用いて、辞書式順序で比較します。

```
print(sorted(dic.items(), key=lambda u: u[1], reverse=True))
```

結果は

```
[('富士山', 3776), ('東京タワー', 333), ('通天閣', 108), ('天保山', 4.53)]
```

となりました。

オブジェクト指向

　本書で使うパッケージライブラリのうち、いくつかのものはクラスとして提供されています。クラスの使い方は、他の言語と大差ありません。詳細はドキュメント（https://docs.python.jp/3/tutorial/classes.html#a-first-look-at-classes）を見てください。

　本書でのクラスの利用は、すでに定義されているクラス C に対してインスタンスを生成しそれを使う場合ですが、そのときの構文は

```
instance_c = C()        ← クラスCのインスタンスを作り、instance_cと名付ける
instance_c.methodx()    ← instance_cのメソッドmethodx()を呼び出す
```

という程度です。クラス C のインスタンスを生成するときの引数は、クラス生成時に実行される初期化メソッド__init()__への引数になります。

> ### Python 2 と Python 3
> Pythonで現在使われているバージョンは、2と3があります。2と3の間には互換性がない部分があります。そのために、Python 2 に対応して作られたソフトウェアが残っていると、Pythonのバージョンを全面的に新しいバージョン3に置き換えることができません。歴史的にやむを得ない選択だったわけですが、これによっていろいろと厄介な問題が生じます。
> 本書ではバージョン3を使うことで統一しています。かなり移行・修正が進んで、バージョン3でほとんど問題なく使えるようになってきていますが、コードメンテナンスが活発でないライブラリパッケージにはバージョン2でないと動かないものが残っています。そのため、Linuxの一部のディストリビューションでは、インストールパッケージでバージョン2を標準としているものもあります。この場合は、別途バージョン3をインストールし、そちらを使うように設定する必要があります。いずれはバージョン2で書かれたソフトがすべてバージョン3に対応するようになっていくでしょう。
> 細かい違いについては、多くの人がWebで言及していますが、公式のドキュメ

ントでは Python HOWTO の中の「Python 2 から Python 3 への移植」(https://docs.python.jp/3/howto/pyporting.html) に説明がある他、違いの詳細と自動変換について「Supporting Python 3: An in-depth guide」(http://python3porting.com/) で解説されています。バージョン 2 で書かれたプログラムをバージョン 3 対応に自動的に書き直すソフト 2to3 が、Python の中に含まれています (Python のドキュメント「2to3 - Python 2 から 3 への自動コード変換」、https://docs.python.jp/3/library/2to3.html?highlight=2to3)。残念ながら完全に変換はできず、どうしても残ってしまう差異があるので、手で修正する必要があるようです。

2.2 動かす環境・Jupyter Notebook

2.2.1 ダウンロードとインストール

Python 本体のインストール

Python のホームページ https://www.python.org/ (英語のみ) で、「Downloads」タブを選択し、それぞれの OS 環境に合った Python 3 のパッケージをダウンロードして、インストールしてください。

なお、macOS や Linux ベースのシステムでは Python がプリインストールされていることもありますが、その場合は Python のバージョンが 3 であることを確認してください。

バージョンの確認は、コマンドプロンプトに対して Python の起動コマンドを入力し、引数に -V を付けます。バージョンが表示されるので、それが 3 から始まっているか確認してください[*11]。

```
python -V          ← 入力する
Python 3.6.1       ← 表示される (バージョンはインストールしたものによって異なる)
```

Python の使い方や文法については、ドキュメントが整備されています。英語のオリジナル版は https://docs.python.org/3/ から、日本語の翻訳は https://docs.python.jp/3/ から参照できます。

なお、Python のインストールや後述するプログラム環境 Jupyter Notebook のインストールが困難な場合、Google が「研究ツール」として提供している Colaboratory (執筆時点では無料) を使って試すこともできます。説明は

https://colab.research.google.com/notebooks/welcome.ipynb?hl=ja
https://research.google.com/colaboratory/faq.html

[*11] もし 2.7.13 のように、2 から始まっている場合はバージョン 2 です。

https://colab.research.google.com/notebooks/basic_features_overview.ipynb
などを参考にしてください。

パッケージ導入のための pip の準備

これ以降、いろいろなパッケージをインストールします。パッケージは PyPi の配布サイト（https://pypi.org/）からダウンロードおよびインストールしますが、そのためのコマンドとして pip を使います。

コマンドライン（Windows では PowerShell かコマンドプロンプト、macOS や Linux では端末画面）上で、pip -V と打ってみてください。すでに pip が利用可能なら、

```
PS C:\Users\yamanouc> pip -V
pip 9.0.1 from c:\users\yamanouc\appdata\local\programs\python\python36\lib\site-packages (python 3.6)
```

のように出てくるはずです（pip のバージョンや Python のバージョンはインストール時のバージョンによって異なります）。これなら利用可能なので次へ進みます。

利用可能でない場合は、たとえば Windows であれば

```
pip : 用語 'pip' は、コマンドレット、関数、スクリプト ファイル、または操作可能なプログラムの名前として認識されません。……
```

のようなメッセージが出ます。この場合は、https://bootstrap.pypa.io/get-pip.py からファイル get-pip.py をダウンロードし（たとえばダウンロードフォルダに格納し）、次にコマンドライン（Windows であれば PowerShell かコマンドプロンプト）から cd コマンドでダウンロードフォルダに移動して、以下のように Python で実行します。ダウンロードフォルダの位置を標準以外に設定しているなどの場合は、それに合わせて cd の飛び先を変更してください。

```
cd $HOME\Downloads
python get-pip.py
```

これで、pip がダウンロード・インストールされます。

ここまでで Python と pip が使えるようになっているとします。

Jupyter Notebook のインストール 〜 Windows

次に、本書で使う開発環境 Jupyter Notebook をインストールします。これは pip コマンドを使って簡単にインストールできます。コマンドプロンプト（Windows であれば PowerShell）に対して

```
pip install jupyter notebook
```

と打つと、Jupyter Notebookの本体とその動作に必要ないくつかのパッケージソフトがダウンロードおよびインストールされます（数が多いので多少時間がかかります）。

すべて正常にインストールされると、

```
Successfully installed ... パッケージのリスト ...
```

と表示されます。

2.2.2　Jupyter Notebookの使い始め
Jupyter Notebookの起動

以降では、Windowsの場合について説明します。macOSやLinux環境でも基本的に同じですが、メッセージが若干異なります。また、いろいろな設定が可能ですが、詳細はJupyterのホームページ http://jupyter.org/ の「Install」や「Documentation」のタブの先の内容を参照してください。

コマンドプロンプト（PowerShell）で、作業フォルダに移動します。作業フォルダはユーザ自身が持っているフォルダの中なら好きなように作って構いません。ここでは、ドキュメント（Documents）の下にworkというフォルダを作り、ここを作業フォルダとすることにします。そこで、jupyter notebookと打って起動します。

```
PS C:\Users\yamanouc\Documents> mkdir work    ← フォルダworkを作る
    ディレクトリ: C:\Users\yamanouc\Documents

PS C:\Users\yamanouc\Documents> cd work    ← workに移る
PS C:\Users\yamanouc\Documents\work> jupyter notebook  ← Jupyter Notebookを起動
... メッセージ ...
[I 13:10:21.562 NotebookApp] The Jupyter Notebook is running at: http://localhost:8889/?token=504e380ce
[I 13:10:21.562 NotebookApp] Use Control-C to stop this server and shut down all kernels (twice to skip
... メッセージ ...
```

無事に起動できたようです。これと同時に、ブラウザの新しいウィンドウ（タブ）が開きます（**図 2-2**）。なお、macOSやLinuxの場合はブラウザのウィンドウやタブが自動的には開かないかもしれません。その場合は、ブラウザを起動して、URLとして http://localhost:8888 を指定して開いてください。

■ 図 2-2　Jupyter Notebook 起動直後のブラウザ画面

Jupyter の仕組み

Jupyter のプログラムを起動する（コマンドラインで jupyter notebook と入力する）と、そのなかで専用の Web サーバが動くようになります。一般の Web サーバではなく、Jupyter に特化した Web サーバです。より正確には、Jupyter のプログラムの入出力を、Web のインタフェース、つまり Web の http プロトコル経由で行うように作ってあり、そのプログラムが終了するまで Web ブラウザからの入力を待つようになっています（**図 2-3**）。Web ブラウザから入出力を操作できるようにしているため、Web ページの記述言語 HTML を使ってリッチな画面を作ることができます。

なお、Jupyter のサーバをネットワークのあちら側にあるサーバハードウェア（たとえば Linux マシンなど）で動かすことも可能で、ユーザはサーバの URL を指定してブラウザを開くと、Jupyter Notebook を利用できるようになります。それを Google が公開しているのが、2.2 節で触れた Google Colaboratry のサービスです。

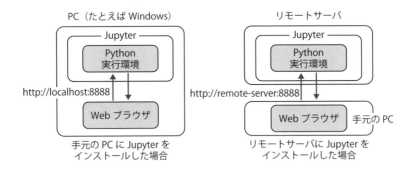

■ 図 2-3　Jupyter Notebook を手元の PC で動かす場合とリモートのサーバで動かす場合

Pythonプログラムの入力と実行

では、練習としてPythonを少しだけ使ってみます。画面の右側にある「new」のボタンを左クリックし、プルダウンメニューから「Python 3」をクリックしてください。これで、Pythonをプログラムするためのウィンドウ（iPython形式のウィンドウ）が開きます（**図2-4**）。

■ 図2-4　Jupyter Notebookで「New」に「Python3」を指定した後の画面

この画面の「In [ ]:」の右側の部分にプログラムを書くことができます。最初のプログラムとして、「Hello World」を出力してみましょう。In [ ]:のところに**図2-5**のように

```
print('Hello World')
```

と書き込みます。

■ 図2-5　Jupyter NotebookでHello Worldプログラムを入力した後の画面

このプログラムを実行してみます。実行するには、メニューバーの ▶ をクリックするか、さもなければ「Cell」タブからプルダウンメニューで「Run Cells」をクリックします（今後、「実行キーを押す」と呼ぶことにします）。すると、**図2-6**のように、実行結果が表示されます。このプログラムの場合は「Hello World」と表示します。

■ 図 2-6　Jupyter Notebook で「Run Cells」をクリックした後の画面

　このように、Jupyter Notebook の画面内では、プログラムを書き込んでそれを実行し、結果を出力することができます。

　では、プログラムを間違えたらどうなるでしょうか。たとえば print を打ち込むのに、誤って prnt と打ったとします。実行キーを押して実行させると、**図 2-7** のようにエラーメッセージが出力されます。ここでは、name Error: name 'prnt' is not defined というメッセージが出ているので、prnt と書いたことが間違いだとわかります。

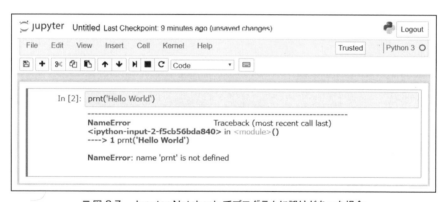

■ 図 2-7　Jupyter Notebook でプログラムに誤りがあった場合

もう少しだけ使って Notebook 環境に慣れよう

　では、もう少しだけ使って、Jupyter Notebook の環境に慣れることにしましょう。先ほど間違えた状態のままで、In[2]:のところにプログラムを上書きしてみます。書くのは

```
x = 2
print(x)
```

で、変数 x に値 2 を代入する、その後 print(x) によって x を出力（表示）する、とい

うプログラムです。書き込んだら実行キーを押すと、**図 2-8** のように「2」という print
の出力結果が見えます。

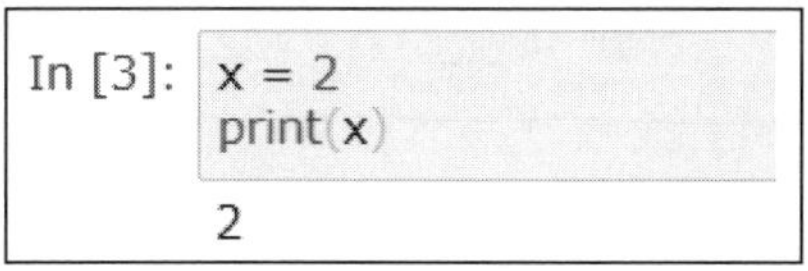

```
In [3]: x = 2
        print(x)
        2
```

■ 図 2-8　プログラムを入力して実行した結果（1）

では、もう1つ試してみましょう。プログラム

```
x = 0.5
print(x)
y = x + 1
print(y)
```

を入力して実行すると、どうでしょうか。

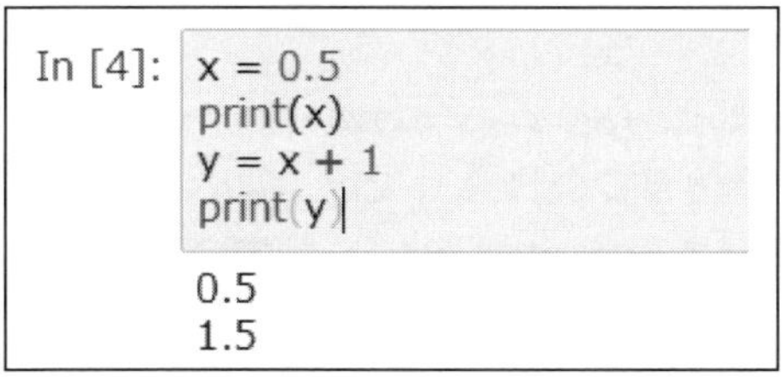

```
In [4]: x = 0.5
        print(x)
        y = x + 1
        print(y)
        0.5
        1.5
```

■ 図 2-9　プログラムを入力して実行した結果（2）

　実行した結果は**図 2-9** のようになりました。2 行の出力がありますが、これは 2 回 print を実行しているからで、1 回目が 1 行目の 0.5、2 回目の print が 1.5 を出力しています。
　次のプログラムは、リストと呼ばれるデータ形式（データ型、構造体）を使います。Python では [ ] で囲みます。たとえば [1, 3, 5, 7, 9] のように書くと、5 つの要素 1、3、5、7、9 からなるリストになります。

```
x = [1, 3, 5, 7, 9]
print(x)
for u in x:
    print(u)
```

　結果は、**図 2-10** のようになりました。

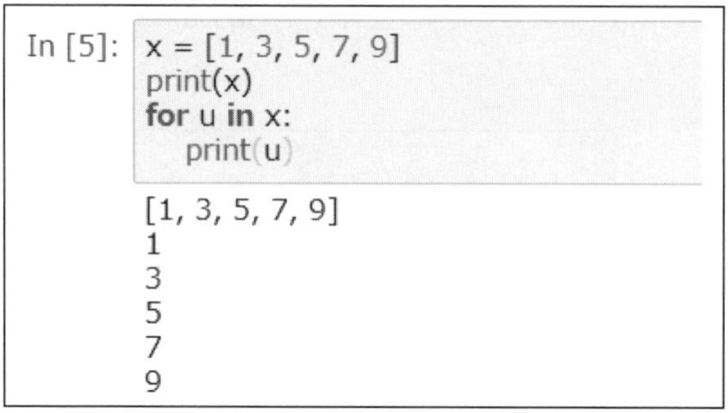

```
In [5]: x = [1, 3, 5, 7, 9]
        print(x)
        for u in x:
            print(u)
[1, 3, 5, 7, 9]
1
3
5
7
9
```

■ 図 2-10　プログラムを入力して実行した結果（3）

　最初の print(x) に対応する出力は、[1，3，5，7，9] と、変数 x に代入した元のリストがそのまま表示されています。その下に 1 行に 1 つずつ 1、3、5、7、9 と並んでいるのは、プログラムの

```
for u in x:
    print(u)
```

の部分に対応する出力です。for ループでの繰り返しでは、リスト x に入っている要素を頭から順に 1 つずつ取り出して変数 u に入れ、その次の行にある print(u) を実行、つまり u を印刷表示します。print は指定された内容を 1 行に書く（書き終わったら改行する）という指定になっているので、リスト x から u を 1 → 3 → ... → 9 と順番に取り出しながらそれぞれを 1 行ずつに表示します。その結果、1 行ずつに 1、3、5、7、9 と並んだ出力が得られます。

2.2.3　作業結果の保存と Jupyter Notebook の終了
作業結果の保存

　Jupyter Notebook の環境で作業した内容は、好きなときに保存できます。保存する前に、まず名前を付けましょう。名前を付けるには画面上部の「File」タブから「Rename」をクリックします（**図 2-11**）。名前を付けないと、勝手に「Untitled」（すでに Untitled が存在すれば Untitled 1、その次は 2、……）という名前が付きます。「Rename」で名前を付けたら、同じ「File」タブから「Save and Checkpoint」をクリックします。これで、現時点での状態がファイル<付けた名前>.ipynb に保存されます。次に使うときには、この ipynb のファイルを Jupyter Notebook の Home のページ（**図 2-12**）でクリックすると、保存した状態が再現され、作業を続けることができます。また、この ipynb のファイルを他のユーザに渡してそちらの Jupyter Notebook の環境で開くことができるので、開発途中のプログラムを渡して作業を継続してもらったり、プログラムを見て助言をもらったり

することも可能です。

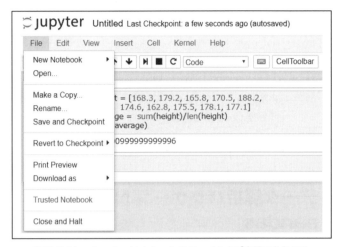

■ 図 2-11　Jupyter Notebook のファイルタブを開いたところ

■ 図 2-12　Jupyter Notebook の Home のページ

Jupyter Notebook の終了

Jupyter Notebook を終了するときは、次のような手順で行います。

作業していた Python のページを閉じる

　　作業していたページの「File」タブを開き、メニューから「Save and Checkpoint」を
　　クリックして、（必要に応じて）最後の状態を保存します。
　　次に、再び「File」タブを開き、最下段の「Close and Halt」をクリックします。これ
　　によってこの作業環境で動作していたカーネルが停止し、このウィンドウ自体が閉

じます。もし閉じないときは、カーネルが停止していればウィンドウを閉じる操作（「×」ボタンをクリックするなど）で閉じて構いません。

Jupyter Notebook 全体を停止する

最初に Jupyter Notebook を起動したコマンドプロンプト画面（Windows では PowerShell 画面）で、Control+C を 2 回押します。Control+C とは、キーボード上で Control キー（キートップに Ctrl と書いてあるキー）を押しながら C のキーを押す（2 つ同時に押す）ことです。1 回目で「終了してよいか」という確認メッセージが出るので、もう一度 Control+C を押すか y キー（yes の意味）を押します。これで終了します。

2.3 データ解析パッケージ NumPy と pandas

本節では、Python を使った数値処理・データ解析に広く用いられるライブラリパッケージ NumPy と pandas、機械学習や統計処理の scikit-learn の使い方を紹介します。

2.3.1 NumPy

Python のコアシステムでもひととおりのデータ処理ができるように作られていますが、NumPy は数値の配列・行列などをより効率よく処理するパッケージとして広く使われています。NumPy の紹介ページ http://www.numpy.org/ には特徴として、強力な N 次元配列、同報型のよくできた関数、C/C++ や Fortran のコードと結合できるツール、線形代数・フーリエ変換・乱数の有用な機能、をあげています。また NumPy の FAQ のページ https://www.scipy.org/scipylib/faq.html によると、ベクトル・行列の演算のような要素ごとの計算をする場合に、配列データを保持するために多重リストを使う Python よりは、NumPy の保持方法のほうが速いこと、特に Python では多重リストの要素は型が同一でなくてもよいが NumPy では同一であるため、型情報を保持する必要がなく型チェックも必要ないこと、などをメリットとしてあげています。

NumPy の使い方の特徴的な部分を簡単に紹介します。詳細はチュートリアル https://docs.scipy.org/doc/numpy/user/quickstart.html とマニュアル https://docs.scipy.org/doc/numpy/index.html を参照してください。

NumPy を使うときには、プログラムの先頭で `import numpy as np` を実行して、ライブラリをインポートしてから使います。NumPy の特徴である配列クラス `ndarray` は同じ型の要素からなる多次元の配列を表現し、Python のリストから NumPy の `array` 関数を用いて生成できます。

```
import numpy as np
a = np.array([2, 3, 4])    # リスト[2,3,4]をNumPyの配列に変換する
print(a)     # 結果は [2  3  4]
b =np.array([[2, 3, 4], [5, 6, 7]])    # リストのリストを配列に変換する
print(b)
# 結果は2次元の配列（行列）になる
# [[2 3 4]
#  [5 6 7]]
```

配列の要素の型 dtype には、Python の標準的な型の他、NumPy が定義している numpy.int32、numpy.int64 や numpy.float64 などの型があります。データ解析で使う範囲では、Python の型と同様に int、float、string などを意識していれば済むと思いますが、処理速度やメモリ制約を考えるときには型の選択に工夫の余地があります。

配列にはいろいろな演算・操作が用意されています。まず通常よく使われる算術演算子（加減乗除など）は、要素ごとに演算します。たとえば、

```
a = np.array([1, 2, 3, 4])
b = np.array([5, 6, 7, 8])
c = a + b
print(c)            # 結果は要素ごとの和 [ 6  8 10 12]
print(a**2)         # 結果は要素ごとの2乗 [ 1  4  9 16]
print(np.sin(a))    # 結果は [ 0.84147098  0.90929743  0.14112001 -0.7568025 ]
print(a < 2)        # 結果は [ True False False False]
```

のようになります。通常の掛け算を表す * を使うと Python では個別要素ごとの掛け算になるので、ベクトルや行列の積を計算するには関数 dot を使います。

```
a = np.array([1, 2, 3, 4])
b = np.array([5, 6, 7, 8])
print(a * b)    # 結果は [ 5 12 21 32] ← 要素ごとの積
print(a.dot(b))    # 結果は 70 ← ベクトルの内積 1 * 5 + 2 * 6 + 3 * 7 + 4 * 8
print(np.dot(a, b))    # 内積はこう書いてもよい 結果は 70
# 行列の場合
A = np.array([[1, 1], [0, 1]])
B = np.array([[2, 0], [3, 4]])
print(A * B)    # 結果は [2 0] [0 4] ← 要素ごとの積
print(A.dot(B))    # 結果は [[5 4] [3 4]] ← この場合は内積np.dot(A, B)と同じ
```

統計計算でちょっとしたときに使える関数も示します。

```
A = np.array([[1, 2], [3, 4]])
print(A.sum())    # 結果は 10 すべての要素の合計
print(A.max())    # 結果は 4  すべての要素の最大値
print(A.min())    # 結果は 1  すべての要素の最小値
# 軸方向を決めてその方向での合計・最大・最小
```

```
print(A.sum(axis=0))   # 結果は [4 6] 縦方向の合計
print(A.sum(axis=1))   # 結果は [3 7] 横方向の合計
print(A.max(axis=0))   # 結果は [3 4] 縦方向の最大値
print(A.max(axis=1))   # 結果は [2 4] 横方向の最大値
```

　配列から添字（インデックス）によって要素を取り出すには、Pythonのリストなどと同じように個別に、またはスライスでの指定を使います。特に多次元の場合は、

```
A = np.array([[1, 2, 3], [4, 5, 6], [7, 8, 9]])
print(A[1, 1])      # 結果は 5 （要素1つのみ）
print(A[1:3, 1])    # 結果は [5 8]  （1列で2要素）
print(A[1:3, 0:2])  # 結果は [[4 5] [7 8]]  （2行2列で4要素）
```

のようになります。
　配列の形状を変更するreshapeは、例題でデータを生成するときによく使われています。

```
a = np.array([1, 2, 3, 4, 5, 6, 7, 8, 9])
b = a.reshape(3, 3)  # 3×3に形を変える
print(b)
# 結果は
# [[1 2 3]
#  [4 5 6]
#  [7 8 9]]
c = b.ravel()    # 平ら（1次元）に形を変える
print(c)
# 結果は [1 2 3 4 5 6 7 8 9]
```

　また、配列をコピーするときには、次の点に注意する必要があります。
　Pythonではオブジェクトaをb = aのように代入しても実体はコピーされません（浅いコピー、Shallow Copyingと呼びます）。したがって、bに変更を加えるとaも変わって見えます。元の配列を残したまま別のコピーの実体がほしい場合には、copy()を使ってコピー（深いコピー、Deep Copying）を作ります。

```
a = np.array([[1, 2, 3], [4, 5, 6]])
b = a  # Shallow Copyingで名前だけしかコピーされない
b[1, 1] = 100
print(a)
# 結果は
# [[  1   2   3]
#  [  4 100   6]]
a = np.array([[1, 2, 3], [4, 5, 6]])
b = a.copy()  # Deep Copyingで実体をコピーする
b[1, 1] = 100
print(a)
```

```
# 結果は
# [[1 2 3]
#  [4 5 6]]    # b[1, 1]への変更は影響しない
```

この他、いろいろな機能が用意されていますが、詳細はNumPyのチュートリアルやマニュアルを参照してください。データ解析でよく使いそうなものとしては、ソート sort、統計関数の平均値 mean、標準偏差 std、分散 var、共分散 cov がある他、NumPy 中の線形代数パッケージ numpy.linalg に含まれるさまざまな関数、解析機能（たとえば固有値、線形方程式の解計算、固有値分解など）が役立つことがあります。

2.3.2 pandas

pandas[*12]は、Pythonでデータ解析を行うためのパッケージで、多様な機能が用意されていますが、イメージとしては特にExcelの表やSQLなどの関係データベースの表をうまく扱うことができ、データ解析の主たる道具となるライブラリです。pandasのオンラインドキュメント http://pandas.pydata.org/pandas-docs/stable/ にはさまざまな機能についての詳細な説明がなされていますし、また開発コアチームの一員であるWes McKinneyは大部の著書『Python for Data Analysis』[*13]を書いて紹介しています。これらには、動作や使い方に関する情報がていねいに解説されているので、データ解析で実用するのに困らないという印象があります。また、「10分でわかるpandas」というドキュメント（http://pandas.pydata.org/pandas-docs/stable/10min.html）も用意されています。

pandasで使われるデータ構造には、1次元のSeriesと2次元のDataFrameがあります。なかでも2次元の表形式のDataFrameは、Excelの表やSQLデータベースの表と同じようなイメージで使えるもので、これらでのデータ解析に慣れたユーザであれば容易に移行できるものです[*14]。1次元のSeriesがDataFrameとは別に用意されているのはいろいろと理由があるようですが、ユーザの観点からは、表から行単位や列単位の情報を切り出したときにSeriesになる場合があって、そのときには1次元の扱いをしなければならないという問題があります。

pandasのDataFrameを使うと、Excelなどの表と同様に、数値と文字データを混在できたり、列タイトルと行タイトルを付けたりすることができます。NumPyの配列（行列）と比較すると、数字・文字の混在はいずれもできますが、列・行のタイトルが付けられる点は、NumPyの配列（行列）が要素番号でのアクセスのみであったことに比べると優位です。

また、DataFrameやSeriesは、Pythonのリストやnumpyの配列から変換できます。

[*12] https://pandas.pydata.org/
[*13] Wes McKinney, "Python for Data Analysis, 2nd Edition", O'Reilly（2017）
[*14] 統計ソフトのRでもDataFrameが使われています。

```
import pandas as pd
import numpy as np
x = [[1, 2], [3, 4]]      # Pythonのリストを作る
nx = np.array(x)          # NumPyの配列に変換する
df1 = pd.DataFrame(x)     # PythonのリストからDataFrameを生成
print(df1)
# 結果は
#    0  1
# 0  1  2
# 1  3  4

df2 = pd.DataFrame(nx)
print(df2)
# 結果は同じで、
#    0  1
# 0  1  2
# 1  3  4
```

ここで列名、行名を付けるには、生成時に指定する方法と、既存の DataFrame の列名・行名を変更する方法があります。生成時に指定する方法では、

```
df = pd.DataFrame([[1, 2], [3, 4]], columns=['番号', '長さ'], index=['田中', '山田'])
print(df)
# 結果は
#     番号  長さ
# 田中   1   2
# 山田   3   4
```

のように、列名のリストを columns に、行名のリストを index に渡します。

既存の DataFrame の列名・行名を変更する方法は、rename メソッドを使う方法と columns・index 属性を変更する方法があります。たとえば

```
df = pd.DataFrame([[1, 2], [3, 4]], columns=['番号', '長さ'], index=['田中', '山田'])
dfnew = df.rename(columns={'番号': '新番号', '長さ': '個数'}, index={'田中': '渡辺'})
print(dfnew)
# 結果は
#     新番号  個数
# 渡辺    1   2
# 山田    3   4
#
df = pd.DataFrame([[1, 2], [3, 4]], columns=['番号', '長さ'], index=['田中', '山田'])
df.columns = ['新新番号', '点数']      # すべての欄名を変更するとき
df.index = ['Jack', 'Harry']           # すべての列名を変更するとき
print(df)
# 結果は
#        新新番号  点数
# Jack       1    2
# Harry      3    4
```

のようにして変更できます。

また、DataFrame の読み出しや書き込みのときに対象となる要素を選ぶ方法として、行名・列名（ラベル）を指定する方法と、位置を指定する方法が用意されています。ラベルで指定する場合は、

```
df = pd.DataFrame([[1, 2], [3, 4]], columns=['番号', '長さ'], index=['田中', '山田'])
print(df['番号']['山田'])
# 結果は 3
print(df['番号'])    # '番号'の名前を持つ列を取り出す
# 結果は
# 田中    1
# 山田    3
# Name: 番号, dtype: int64
```

のようになります。その他に場所を指示するための at や loc を使って、次のような指定ができます。at は単一要素を指定する方法で、

```
print(df.at['田中', '番号'])    # 出力は 1
```

とすることができますが、df.at['田中'] のように複数要素を出力するような指定はできません。

他方、loc は複数要素を出力することができますし、単一要素でも指定できます。

```
print(df.loc['田中'])
# 出力は
# 番号    1
# 長さ    2
print(df.loc['田中', '番号'])    # 出力は 1
```

さらに、at や loc の前に i を付けた iat、iloc を使うと、ラベルの代わりに位置を指定できます。ここの例では、[0, 0] や [0, 1] などと指定します。結果は、

```
print(df.iloc[0])
# 出力は
# 番号    1
# 長さ    2
# Name: 田中, dtype: int64
print(df.iloc[0, 0])    # 出力は 1
```

のようになります。

DataFrame に対する操作アトリビュート（丸かっこの引数がないもの。たとえば df.shape はデータフレーム df の縦・横の大きさを返す）やメソッド（丸かっこの引数

があるもの。たとえば df.head(n) は df の先頭 n 行を返す）は多数用意されていて、pandas の中心要素となっています。一覧も https://pandas.pydata.org/pandas-docs/stable/generated/pandas.DataFrame.html に掲載されているので参照してください。

2.3.3 scikit-learn

scikit-learn（http://scikit-learn.org/stable/）は、機械学習のためのパッケージで、分類（サポートベクターマシン、k–近傍、ランダムフォレストなど）、回帰分析、クラスタリング、次元圧縮（主成分分析、特徴抽出など）、モデル選択、それらのための前処理などの機能を提供している他、実験に使えるサンプルデータを提供しています。それぞれの分野での多数のサブパッケージを集めた集合体で、全体は大きなパッケージになっています。それぞれのパッケージの内容や使い方を理解するには、対象の技術・手法に関する専門的な知識が必要になります。実際の使い方は、第3章以降、具体的な問題に利用する場面で、さまざまな例を紹介します。

2.4 可視化のための描画パッケージ Matplotlib

可視化は、データの解析には欠かせない機能です。本書では Python、pandas でデータ解析を行った結果をグラフに描いて可視化するライブラリの代表として、Matplotlib[15]を紹介します。Matplotlib でどのような種類のグラフが描けるかについては、Matplotlib の Gallery[16]を開けば一目瞭然ですが、たとえば線グラフ、棒グラフ、散布図、等高線図などの基本的なグラフを指定して描くことができます。また、Matplotlib を拡張したライブラリが多数作られており、たとえば主に統計的なグラフをもう少し容易かつきれいに描くことを目標にした seaborn などもありますが、ここでは、まずベースとする Matplotlib の機能・使い方を紹介します。

Matplotlib の使い方のスタイルとして、Python から Matplotlib の API を呼び出して使う方法と、pandas から pandas のプロットのメソッドを呼び出す方法の2つがあります。pandas のプロットのメソッドは、中身は結局 Matplotlib なのですが、pandas のデータに対するメソッドとして呼び出せるので、pandas のメソッドのほうが、機能は限定されていますが呼び出しは簡単です。なお、pandas から呼び出す場合のパラメータの書き方は

---

[15] https://matplotlib.org/
Hunter, J. D., "Matplotlib: A 2D graphics environment", Computing In Science & Engineering, 9-3, pp.90-95, IEEE COMPUTER SOC.（2007）

[16] https://matplotlib.org/gallery/index.html

Matplotlibの書き方と異なる場合があるので、注意が必要です。

また、具体的な例を見るとわかりますが、MatplotlibのAPIを呼び出す手順も1通りではなく、簡単に済ます方法や細かく指定する方法があり、どれか1つが正解というのでもなさそうです。体系的に紹介するのは難しいので、いくつか個別の例を紹介します。

グラフを表示するための計算機環境をバックエンドと呼び、ユーザが任意に選択できます。本書ではJupyter Notebookの環境を使うので、Web画面上のNotebookの一部に表示されるようにして使いますが、スタンドアローンアプリとして表示したい場合にはそれぞれの環境（たとえばPyGTK、wxPython、TKinter、Qt4など）に応じた設定をして表示します。また、印刷やWebページに埋め込むなどの場合は、画像ファイル形式（PNG形式、PDF形式など）に出力することもできます。バックエンドの設定は、Matplotlibの起動時に読まれる設定ファイルに指定できる他、Pythonプログラム内で`use()`メソッドを使って指定することも可能です。ただし、`use()`は`import matplotlib.pyplot`よりも先に実行されていなければなりません。利用できるバックエンドの詳細はhttps://matplotlib.org/tutorials/introductory/usage.html#backendsに書かれています。なお、本書ではJupyter Notebookの先頭で`%matplotlib inline`を指定して使いますが、このときは格段の`use()`指定は必要ありません。

2.4.1 まずは図を描く

pandasのDataFrameができたとしましょう。これをグラフに描くことを考えます（**リスト2-1**、**図2-13**）。データの出典は、

2016年　月別平均気温（気象庁）

 http://www.data.jma.go.jp/obd/stats/etrn/view/monthly_s3.php?prec_no=44&block_no=47662&view=a2、および

2016年　一世帯当たりアイスクリーム支出金額（一般社団法人日本アイスクリーム協会）

 https://www.icecream.or.jp/data/expenditures.html

です。

まずは1次元のデータを折れ線グラフに描いてみます[*17]。

■ リスト2-1　アイスクリームの支出と気温のグラフ

```
%matplotlib inline
import pandas as pd
import matplotlib.pyplot as plt
# 2016年　一世帯当たりアイスクリーム支出金額（一般社団法人日本アイスクリーム協会）
#    https://www.icecream.or.jp/data/expenditures.html
```

---

*17　本書は印刷の都合上、線グラフの判別がつきにくくなっていますが、データ上では問題ありません。色を指定できるコードもありますが本書では割愛しています。

```
icecream = pd.DataFrame(\
  [[1, 464, 10.6], [2, 397, 12.2], [3, 493, 14.9], [4, 617, 20.3], \
   [5, 890, 25.2], [6, 883, 26.3], [7, 1292, 29.7], [8, 1387, 31.6], \
   [9, 843, 27.7], [10, 621, 22.6], [11, 459, 15.5], [12, 561, 13.8]], \
                    columns=['月', '月間アイスクリーム支出', '平均気温'])
# 図A  DF.plotで折れ線が描ける
icecream['月間アイスクリーム支出'].plot()
plt.show()

# 図B  表タイトルや軸ラベルを付ける
icecream['月間アイスクリーム支出'].plot()
plt.title('2016年の一世帯当たりアイスクリーム支出')
plt.xlabel('月')    # plt.xlabel(icecream.columns[0])
plt.ylabel('月間アイスクリーム支出（円）')   # plt.ylabel(icecream.columns[1])
plt.show()

# 図C  DF.plotではなくてplt.plot(DF)で描く
plt.plot(icecream[['月間アイスクリーム支出']])
plt.title('2016年の一世帯当たりアイスクリーム支出')
plt.xlabel('月')
plt.ylabel('月間アイスクリーム支出（円）')
plt.show()

# 図D  2つのデータを描き、凡例を付ける
icecream[['月間アイスクリーム支出', '平均気温']].plot(legend=True)
plt.title('2016年の気温と一世帯当たりアイスクリーム支出')
plt.xlabel('月')
plt.ylabel('月間アイスクリーム支出（円）・平均気温')
plt.show()
```

2.4 可視化のための描画パッケージMatplotlib

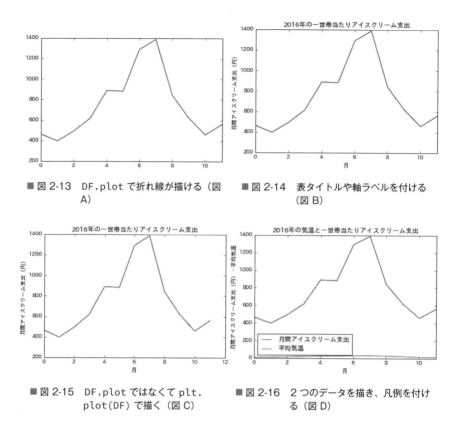

■ 図 2-13　DF.plot で折れ線が描ける（図A）

■ 図 2-14　表タイトルや軸ラベルを付ける（図B）

■ 図 2-15　DF.plot ではなくて plt.plot(DF) で描く（図C）

■ 図 2-16　2つのデータを描き、凡例を付ける（図D）

同じデータを棒グラフに描いてみます。以下のプログラムコードでは描画の部分のみを掲載しています。

■ リスト 2-2　アイスクリームの支出と気温のグラフ

```
# 図E  同じデータで棒グラフ（bar）を描く
icecream['月間アイスクリーム支出'].plot(kind='bar')
plt.title('2016年の一世帯当たりアイスクリーム支出')
plt.xlabel('月')
plt.ylabel('月間アイスクリーム支出（円）')
plt.show()

# 図F  棒グラフで2つのデータを描く
icecream[['月間アイスクリーム支出', '平均気温']].plot(kind='bar', colormap='Greys', \
    edgecolor='k')
plt.title('2016年の気温と一世帯当たりアイスクリーム支出')
plt.xlabel('月')
plt.ylabel('月間アイスクリーム支出（円）')
plt.show()
```

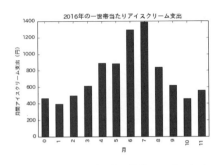
■図 2-17 同じデータで棒グラフ（bar）を描く（図 E）

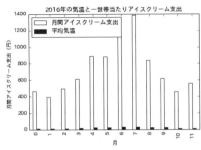
■図 2-18 棒グラフで 2 つのデータを描く（図 F）

なお、**図 2-16** と**図 2-18** は、実際の出力では 2 つのデータが異なる色（青と緑）で表示されています（本書紙面は白黒の印刷なので同じ黒に描かれています）。プログラムを自分で実行して確かめてください。

また、pandas の DataFrame DF から DF.plot() によって描けるグラフのパラメータ設定については、ここですべてを紹介することはできないので、pandas のドキュメント https://pandas.pydata.org/pandas-docs/stable/visualization.html を参照してください。

プログラムを細かく説明しましょう。図 2-13 は、**リスト 2-1** の図 B の部分にあるように、DataFrame icecream に対して plot() メソッドを実行しグラフを画面に表示するために plt.plot を実行しただけのプログラムです。これだけの操作でグラフが描けることと、グラフのタイトルや軸のラベルが描かれていないことを確認してください。**図 2-14** はリスト 2-1 の図 B の部分にあるように、plt.title(タイトル文字列) や plt.xlabel(x 軸のラベル)、plt.ylabel(y 軸のラベル) を追加して、最低限の体裁を整えたものです。

プログラムの図 C の部分は、DataFrame に対する plot() メソッドではなく、plt.plot() の引数に描画したいデータを描いたスタイルです。この形式は、pandas の DataFrame だけではなく、Python のリストや NumPy の配列も書くことができます。ただし、描画に対するいろいろな細かい指示パラメータの書き方が、pandas の DF.plot() メソッドを使うときとこちらの plt.plot()（正確には matplotlib.pyplot の plot() メソッド）とでは微妙に異なるので、注意が必要です。pandas のメソッドは matplotlib.pyplot をラップしているので、基本的には同じことができるのですが、pandas の plot メソッドの引数に含まれない指定は直接に Matplotlib の方法で指定する（たとえば、plot.title(タイトル) のように）ことができます。

プログラムの図 D は、グラフの図 2-16 にあるように 2 種類のデータの折れ線を描きます。デフォルト設定では色の違う線によって区別されますが、色に頼れない場合は点のマーカーを変更したり折れ線の種類を変更したりすることもできます。

図2-17のような棒グラフは、**リスト2-2**の図Eにあるように、DF.plot(kind='bar')のようにして描くことができます。指定できるグラフの種類はドキュメントhttps://pandas.pydata.org/pandas-docs/stable/visualization.html にまとめられています。また、2種類以上のデータを表示する図2-18のような場合でも、対象となるDataFrameが複数の行を持てばそれらを並べて表示するので簡単です。

2.4.2　2つの量の関係を表す図を描く

2つの量がどのように関係するかの分析は、データ解析の中心となる話題の1つです。本書では第3章〜第4章で解析手法を取り上げますが、グラフを描くうえでも1つの話題になります。

ここでは例として、気温とアイスクリーム支出を、気温−支出の2次元の散布図と、月−気温に対する支出のバブルチャートに描いてみます。

■ リスト2-3　アイスクリームの支出と気温のグラフ

```
%matplotlib inline
import pandas as pd
import matplotlib.pyplot as plt
# 2016年　一世帯当たりアイスクリーム支出金額（一般社団法人日本アイスクリーム協会）
#    https://www.icecream.or.jp/data/expenditures.html
icecream = pd.DataFrame(\
  [[1, 464, 10.6], [2, 397, 12.2], [3, 493, 14.9], [4, 617, 20.3], \
   [5, 890, 25.2], [6, 883, 26.3], [7, 1292, 29.7], [8, 1387, 31.6], \
   [9, 843, 27.7], [10, 621, 22.6], [11, 1459, 15.5], [12, 561, 13.8]], \
                        columns=['月', '月間アイスクリーム支出', '平均気温'])
# 図G　気温−アイスクリーム支出の散布図を描く
icecream.plot.scatter(x='平均気温', y='月間アイスクリーム支出')
plt.title('2016年の気温と一世帯当たりアイスクリーム支出')
plt.xlabel('平均気温')
plt.ylabel('月間アイスクリーム支出（円）')
plt.show()

# 図H　バブルチャートを描く
icecream.plot.scatter(x='月', y='平均気温', s=icecream['月間アイスクリーム支出'] * 0.5)
plt.title('2016年の気温と一世帯当たりアイスクリーム支出')
plt.xlabel('月')
plt.ylabel('平均気温')
plt.show()
```

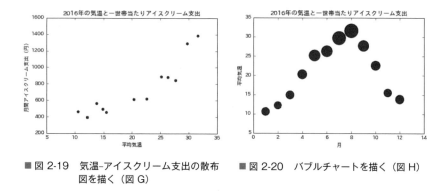

■ 図 2-19　気温-アイスクリーム支出の散布図を描く（図 G）　　■ 図 2-20　バブルチャートを描く（図 H）

図 2-19 は散布図と呼ばれる形式で、x 軸に気温を、y 軸にアイスクリーム支出をとって、各月のデータを点で表したものです。プログラムは**リスト 2-3** の図 G の部分のように、pandas の plot の中の scatter サブモジュールを使って、DF.plot.scatter(x=x 軸のデータの列ラベル，y=y 軸のデータの列ラベル) として描くことができます。x、y のラベルだけ指定すればよいので、非常に簡便です。同じことは matplotlib.pyplot の scatter メソッドを使ってできますが、この場合は列ラベルではなく、データ自体を取り出して（DF['列ラベル']の形で）与える必要があります。

図 2-19 の散布図では、気温とアイスクリーム支出の関連はわかるものの、月との対応が表示されません。特にデータ点が多くなると、点ごとに月別の表示を書き込むことも難しくなります。そのようなときに便利なのが**図 2-20** にあるバブルチャートです。x 軸を月に、y 軸を気温にとっておいて、各点の大きさ（バブルの大きさ）でアイスクリーム支出の額を表すように描くことができます。これによって 8 月は気温が高くアイスクリーム支出も多いとか、9 月は、気温は 7・8 月よりやや低いだけなのにアイスクリーム支出が結構減っているなどの議論ができます。バブルチャートのプログラムでは、リスト 2-3 の図 H の部分でわかるように、散布図と同じ scatter を使いますが、点の大きさ s を s=icecream['月間アイスクリーム支出'] * 0.5) のように、アイスクリーム支出の値で変更するようにしておきます。ここで係数 0.5 は、アイスクリーム支出の値が適当なバブルの大きさになるように変換する係数で、これにより s の値が妥当な値になるように加減します（マニュアルでは、s はポイントサイズの 2 乗となっているので、10 から 500 ぐらいの値になるようにするとよさそうです）。

この他の表現として、等高線やヒートマップと呼ばれる描き方があります。この場合、バブルの大きさの代わりに色を変えて表します（**リスト 2-4**）。

図 2-21 は図 2-20 のバブルチャートと同じ形ですが、各点の大きさは一定とし、色を c=icecream['月間アイスクリーム支出']*0.5, cmap='bwr' とすることでアイスクリーム支出の値に応じた色の選択をするようにしています。

cmapは色の付け方のカラーマップを指定しており、ここではプリセットの値'bwr'を使っています。カラーマップについては、ドキュメント https://matplotlib.org/users/colormaps.html に説明されています。マップ'bwr'では低いほうが青、高いほうが赤、中央が白という設定なので、夏の間は赤く、冬は青くなっています（白黒印刷では下方の濃い丸が青に対応し、上方の濃い丸が赤に対応しています）。また、点の大きさsを大きめにとって色が見やすくなるようにしています。

図2-22はヒートマップと呼ばれる図法で、全体のなかで値の大きいところ（熱いところ）が目立つ色になる描き方になっています。Matplotlibにseabornライブラリ[18]を加えて使います。ここでの例は、アイスクリームのデータに平均日照時間、平均風速、全天日射量の値を追加し、各データ項目間での相関係数を計算し相関行列をマップとして描いたものです。相関行列は縦軸・横軸に項目を並べ、それぞれの間での相関係数を行列の形で書いたものですから、対角線上の点（縦も横も同じ項目）は値が1で、最も値が高い薄茶色になります（白黒印刷では白っぽくなっています）。負の相関がある項目間では青か薄青になるのですが、この例では日照時間と平均気温が青（相関係数0.5程度の弱い負の相関）になります。これは元のデータでは夏に梅雨などの影響で日照時間が少なくなっており、それが反映されているようです。また、日照時間とアイスクリーム支出の組み合わせはほとんど相関がない（相関係数が0に近い）黒になっているのが目をひきます。これも夏に日照時間が多いとは限らないということと関わっていると思われます。平均気温とアイスクリーム支出は、前に見たとおり強い正の相関があります。

このように、等高線やヒートマップは、多くの要因が考えられるときに全体を眺め渡すのには便利な方法です。

■ リスト2-4　アイスクリームの支出と気温のグラフ

```
%matplotlib inline
import pandas as pd
import matplotlib.pyplot as plt
# 2016年　一世帯当たりアイスクリーム支出金額（一般社団法人日本アイスクリーム協会）
#    https://www.icecream.or.jp/data/expenditures.html
icecream = pd.DataFrame(\
  [[1, 464, 10.6], [2, 397, 12.2], [3, 493, 14.9], [4, 617, 20.3], \
   [5, 890, 25.2], [6, 883, 26.3], [7, 1292, 29.7], [8, 1387, 31.6], \
   [9, 843, 27.7], [10, 621, 22.6], [11, 459, 15.5], [12, 561, 13.8]], \
         columns=['月', '月間アイスクリーム支出', '平均気温'])
# 図I　月-気温-アイスクリーム支出を点の色で描く
icecream.plot.scatter(x='月', y='平均気温', s=81, \
    c=icecream['月間アイスクリーム支出'] * 0.5, cmap='bwr')
plt.title('2016年の気温と一世帯当たりアイスクリーム支出')
plt.xlabel('月')
plt.ylabel('平均気温')
```

---

[18] https://seaborn.pydata.org を参照。インストールはpipを用いて pip install seaborn とします。

```
plt.show()

# 図J  アイスクリーム支出との相関関係をヒートマップで描く
import seaborn as sns
nissho = [201.5, 160.1, 161.9, 149.2, 204.9, 139.1, 143.7, 156.5, 79.4, 119.6, \
          132.1, 193.7]
fusoku = [2.4, 2.9, 2.8, 3.3, 3.4, 2.9, 2.7, 3.1, 2.4, 2.4, 2.5, 2.6]
nissharyou = [9.9, 11.4, 13.5, 14.9, 19.3, 15.0, 15.3, 15.8, 10.0, 9.6, 8.2, 9.1]
icecream['日照時間'] = nissho
icecream['平均風速'] = fusoku
icecream['全天日射量'] = nissharyou
corrcoef = icecream[['平均気温', '日照時間', '平均風速', '全天日射量', '月間アイスクリーム支出
']].corr()
sns.heatmap(corrcoef, vmax=1, vmin=-1, center=0)
plt.show()
```

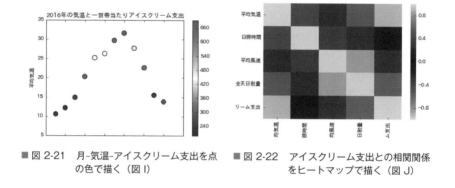

■ 図 2-21　月-気温-アイスクリーム支出を点の色で描く（図 I）

■ 図 2-22　アイスクリーム支出との相関関係をヒートマップで描く（図 J）

2.5　データアクセス

　データの解析には、外部からのデータの取り込み・読み込みが必要です。また、場合によっては外部のプログラムに渡す必要も出てきます。それぞれの場合で工夫する必要がありますが、ここでは代表的な CSV ファイル（カンマ区切りデータのファイル）の読み込み・書き出しと、SQL データベースへのアクセスについて、簡単に触れておきます（**図 2-23**）。

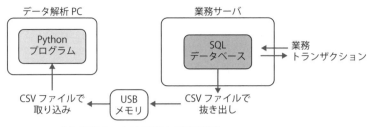

(a) CSV ファイルに変換して渡す場合

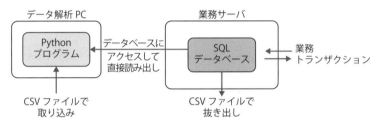

(b) データベースにアクセスして直接読み出す場合

■ 図 2-23　外部データを CSV ファイルで取り込む場合とデータベースに直接アクセスして取り込む場合

2.5.1　CSV ファイルの読み方・書き方

　データをファイルに収めるときには、ファイル内でのデータの書き方（書式、フォーマット）を決めておかなければなりません。いろいろな書式がありますが、Excel などとデータのやり取りができる（互換性がある）カンマ区切りの CSV（Comma Separated Values）形式は候補の 1 つです。CSV の仕様は RFC4180[19]で文書化されています。

　Python で CSV データを読むときには、自分でカンマを見つけてデータを分けるというやり方もできますが、CSV の読み取り（や書き出し）に特化したパッケージを使うほうが、簡単かつ間違いがないでしょう。

> **CSV の読み取りのいろいろな問題**
> CSV の一般的な読み取りが、行ごとに読み込んでカンマで区切るという簡単な方法で済まない一例を紹介します。
> CSV 形式で書かれたファイルは、たとえば次のような形式になっています。

---

[19]　https://tools.ietf.org/html/rfc4180

```
90,95,60,30,0
60,67,71,65,27
15,98,127,11,5
```

これは Excel で CSV 形式を指定して保存した結果に相当します。
これを、行ごとに読み込んでそれをカンマで分割するプログラムを Python で書くと、たとえば

```
for line in open('test.csv', 'r').readlines():
    l = line.rstrip().split(',')
    print(l)
```

のようにできます。また、NumPy ではテキストファイル読み出し関数 loadtxt を使って、区切り文字をカンマ","に設定して使うと、同じことができます。

```
import numpy as np
x = np.loadtxt('test.csv', delimiter=",")   # CSVファイルからデータを読み込む
```

ただし、NumPy ではデフォルトが数値データの読み込みなので、文字列を含む場合は dtype を指定する必要があります。
これらの具合が悪い点は、Excel で 1 つのセルの中に 2 行以上を書いたとき、それを CSV 形式に変換したものはデータセル内に改行を含むことです。たとえば、以下のような Excel のデータがあるとします。

	A	B	C	D	E
1	1	3	5	2	4
2	1 5	3 2	東京	大阪府	77

これを CSV 形式に変換すると、

```
1,3,5,2,4
"1
5","3
2","東
京","大阪
府",77
```

のようになってしまいます。二重引用符で囲まれた部分は文字列であって、その中に改行が入っていてもそれも含めて文字列データと解釈すべきですが、行単位で読み

> 込んだ後カンマで区切るとした場合（`loadtxt` の例も同じ）、改行が来るとレコードの終わりとこのプログラムでは判断するので、たとえば 2 番目のレコード（2 行目）は引用符と 1 だけしか含まないと判定されてしまいます。上記のプログラムや `loadtxt` ではもともと引用符に従う処理は想定していないので、このようなことが起こるわけです。
> なお、後述する Python の `csv` モジュールや pandas の `read_csv` ではこのような CSV の記法に対応しているので、正しく読み出すことができます。

Python の `csv` モジュールや pandas の `read_csv` は、NumPy の `loadtxt` などと違って、Excel から出力された CSV 形式を本格的にサポートしています。ただし、Python の `csv` モジュールは、CSV ファイルから要素を 1 行ずつ取り出すインタフェースになっていて汎用的ですが、データ解析で使う配列・行列型のデータにするには、行ごとに読むループを用意して、配列・行列に書き込むなどの処理が必要です。詳細はマニュアルページ https://docs.python.org/ja/3/library/csv.html を参照してください。

pandas の `read_csv` は、pandas の DataFrame に直接読み込むことができることに加えて、文字列で書かれた列名・行名を読み取れる、文字列データを読み取れる、セルの中に改行がある場合も正しく読み取れる、などの機能を備えていて便利です。Excel の表をほぼそのまま pandas の DataFrame に読み込むことができる感じです。

`read_csv` は多様なオプション機能を持っているので、たいていの入力処理に間に合ってしまいます。オプションとして指定できるパラメータの一覧は、https://pandas.pydata.org/pandas-docs/stable/generated/pandas.read_csv.html を参照してください。

また、さまざまな漢字コードに対応するために、文字コードを指定するパラメータ `encoding` が用意され、たとえば `cp932`[20]を指定すると、Windows で作られた CSV ファイルを読むことができます。

```
import pandas as pd
df = pd.read_csv('test_pandas_u.csv')
print(df)
# ファイルの文字コード指定をする場合
df2 = pd.read_csv('test_pandas.csv', encoding='cp932')
print(df2)
```

pandas から CSV ファイルに書き出す場合は、pandas の `to_csv` を使うと DataFrame

---

[20] `shift_jis` というコード系も同じように使えます。Python で使えるコード系の一覧は https://docs.python.org/3/library/codecs.html#standard-encodings を参照してください。なお、cp932 と shift-jis の差異については複雑な経緯があるようで、主には拡張文字の一部が異なります。

をそのまま CSV に書き出せます。入力のときと同様に、pandas の DataFrame から Excel の表にそのまま移せる感じで使えます。たとえば

```
import pandas as pd
df = pd.DataFrame([[1, 2], [3, 4]], columns=['欄1', '欄2'])
df.to_csv('write_pandas_u.csv')
```

を実行すると、

```
,欄1,欄2
0,1,2
1,3,4
```

のような CSV ファイルになります。さらに、デフォルトでは列名（columns）、行名（index）が入った形の CSV ファイルになっており、このまま Excel に読ませると列名・行名がデータに含まれているので、

	A	B	C
1		欄1	欄2
2	0	1	2
3	1	3	4

のようになります。なお、Windows 上の Excel で読み込むには、`encoding='cp932'` の指定が必要です。

　全体に見ると、CSV 形式のデータであれば、pandas の DataFrame とのやり取りが、いろいろなことを考えずに簡単に済むといえます。

2.5.2　SQL データベースとのデータ交換

　ときに、SQL のデータベースに置かれたデータを解析したい場合があります。特に、現業で使われているトランザクションデータやそのサマリが SQL データベースにあるとき、そのデータを CSV 形式などで抜き出して解析してもよいのですが、要求される解析頻度が高かったり、遅延を短くしたかったりする場合には、CSV 形式を介さず直接読み出したいというケースがあります。Python には SQL データベースに直接アクセスする方法が用意されています。SQL をサポートするデータベース管理システム（DBMS）には Oracle、DB2、Microsoft SQL Server、PostgreSQL、MySQL/MariaDB や SQLite など、何種類かあります。それぞれインタフェースやドライバが異なるので、それぞれに対して接続用のライブ

ラリがあります。本書の例では、データベース管理システムとしてMySQL/MariaDB[21]を使うこととし、MySQLに対応するPythonのライブラリMySQLdb[22]を利用します。また、不足する機能を補うライブラリとしてSQLAlchemy[23]を使うと便利です。

さて、PythonでSQLのデータを読み出す場合、基本はSQLのクエリを文字列として用意し、それをデータベースに投げて、結果を得ます。SQLのクエリは、文字列で用意したものがそのままデータベースシステムに渡されて処理されるので、SQLの書き方・文法に従って書きます。書き方の説明は本書の範囲を越えますので、SQLの教科書や各データベースシステム製品のドキュメント[24]を参照してください。SQLの文法は標準化されているので、どのSQLデータベースシステムでも同じはずですが、細かい書き方が微妙に異なることがあるので注意が必要です。

データベースからの返答はSQLの表の形式になっていますが、その読み出し方は2通りあります。1つは表を1行ずつ読み出すやり方、もう1つはpandasのDataFrameの形で読み出すやり方です。解析プログラムの本体でpandasを使っているのであれば、DataFrameの形で読み出すほうが簡単でわかりやすいでしょう。

実際のプログラムの例を見てみることにしましょう。まず**リスト2-5**に示すのは、読み出しアクセスの例です。表をDataFrameとして読み出すことができます。具体的には、SELECT文を用いたクエリを作り、メソッド read_sql_query によって表を読み出すと、DataFrameとして読み出すことができます。

■ リスト2-5　MySQLからの読み出しアクセスの例

```
import pandas as pd
import MySQLdb

con = MySQLdb.connect(
    user='DBのユーザ名',
    passwd='DBのパスワード',
    host='localhost',
    db='データベース名', charset='utf8')
con.autocommit(True)
cur = con.cursor()
cur.execute('SET NAMES utf8')    # カラム名に漢字が扱えるようにする。'utf-8'でない

query = "SELECT * FROM testtable where id=2"
df = pd.read_sql_query(query, con)
print(df)
```

---

[21] https://www.mysql.com/jp/、https://mariadb.org/
[22] http://mysql-python.sourceforge.net/MySQLdb.html
[23] https://www.sqlalchemy.org/
[24] たとえば以下のようなものがあります。
　　 MySQL 〜 https://dev.mysql.com/doc/refman/5.6/ja/
　　 Microsoft SQLServer 〜 https://docs.microsoft.com/ja-jp/sql/t-sql/queries/queries?view=sql-server-2017

次の**リスト 2-6** は、書き込みアクセスの例です。これによって、DataFrame として用意した表 df のデータを書き込むことができます。具体的には、前準備としていろいろなパラメータを設定した仮想的なデータベースエンジン engine をメソッド create_engine で作ります。パラメータは URL の形で指定され、この例では mysql+mysqldb://username:password@localhost/dbname とします。URL の意味は、DMBS mysql に対してライブラリ mysqldb を使うこと、データベースのユーザは user:password を使うこと、localhost の中にあるデータベース dbname を使うこと、を示しています。

この場合は、クエリは書かず、メソッド to_sql によって DataFrame をデータベースにそのまま書き込みます。したがって、DataFrame の列名（カラム名）がデータベースのカラム名になります。また、DataFrame での列のデータ型 dtype が、データベース上のデータ型に変換されます。つまり、元のイメージをほとんどそのまま保った形で、pandas の DataFrame をデータベースの表に格納できます[*25]。

■ リスト 2-6　MySQL へ書き込みアクセスの例

```
import numpy as np
import pandas as pd
import MySQLdb
from sqlalchemy import create_engine

engine = create_engine(
            'mysql+mysqldb://username:password@localhost/dbname?charset=utf8', \
            echo=False)
df = pd.DataFrame({ 'A' : 1.,
                    'B' : pd.Timestamp('20130102'),
                    'C' : pd.Series(1,index=list(range(4)), dtype='float32'),
                    'D' : np.array([3] * 4, dtype='int32'),
                    'E' : pd.Categorical(["test", "train", "test", "train"]),
                    'F' : 'foo' })
# データフレームdfをSQLの新しいテーブルにコピーする
df.to_sql('tablename', engine, index=False)
```

以上のデータベースからの読み出しと書き込みを組み合わせて使うことにより、pandas の DataFrame と SQL データベースの表とを比較的容易に行き来できる、といえます。もともと、pandas 上の DataFrame のデータの処理とデータベース上での処理とは、共通のものが多くあります。具体的には**表 2-1** に示すように、列の選択、条件による行の選択、表の結合、グルーピング、合計やカウントの計算などですが、どの処理も pandas でも SQL でも実現できます（**リスト 2-7**、**リスト 2-8**）。

[*25] 同じことをするのに、pandas の DataFrame を 1 行ずつ切り出して SQL の INSERT 文に作ってデータベースに書き込むループ（たとえば iterrows を使う）で実行するのに比べると、処理がだいぶ速いように思います。

	pandas での処理	SQL での処理
列の選択	df['平均気温']	select \`平均気温\` from table
行の条件による選択	df[df['平均気温']>=22]	select * from table where \`平均気温\`>=22
表の join 結合	pd.merge(df1, df2, on='月', how='inner')	select * from tab1 inner join tab2 on tab1.\`月\`=tab2.\`月\`
カウント	(df['平均気温']>=22).count()	select count(*) from tab where \`平均気温\`>=22
グルーピングと合計	df.groupby('季節')[['支出']].sum()	select \`季節\`,sum(\`支出\`) from tab group by \`季節\`
グルーピングとカウント	df.groupby('季節')[['月']].count()	select \`季節\`,count(\`月\`) from icecream group by \`季節\`

■ 表 2-1　pandas と SQL の表データ処理の比較

　そうなると、このような処理を pandas 側で行うかデータベース側で行うかという選択が必要になります（**図 2-24**）。基本的には pandas とデータベース間のデータ交換の回数をなるべく減らして無駄をなくすということになります。しかし、これらの典型的な処理は、データベース側のほうがデータの持ち方などを最適化しているだけに速いはずで、小さなデータでは差が出ないものの、大きなデータになると差を感じることがあります。環境と処理内容に応じたやり方を選択することになるでしょう。

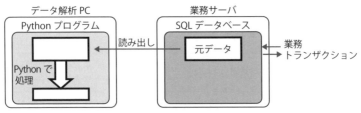

(a) 元データを読み出して Python で処理する場合

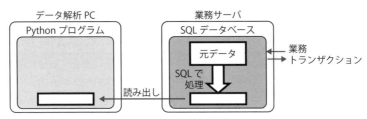

(b) SQL で処理してから Python で読み出す場合

■ 図 2-24　Python 側でデータ処理するか SQL 側でデータ処理するか

■ リスト 2-7　データの処理を pandas 側で行う場合

```
# データの処理をpandas側で行う場合の例
import pandas as pd
import numpy as np

# データ準備
# 2016年　一世帯当たりアイスクリーム支出金額（一般社団法人日本アイスクリーム協会）
#     https://www.icecream.or.jp/data/expenditures.html
# 2016年　月別平均気温（気象庁）
#     http://www.data.jma.go.jp/obd/stats/etrn/view/monthly_s3.php?
#                         prec_no=44&block_no=47662&view=a2
dfx = pd.DataFrame( [[1, 464, 10.6], [2, 397, 12.2], [3, 493, 14.9], \
    [4, 617, 20.3], [5, 890, 25.2], [6, 883, 26.3], [7, 1292, 29.7], \
    [8, 1387, 31.6], [9, 843, 27.7], [10, 621, 22.6], [11, 459, 15.5], \
    [12, 561, 13.8]], columns=['月', 'アイスクリーム支出', '平均気温'])
# 列の選択
dfcol = dfx['アイスクリーム支出']
print('アイスクリーム支出列の選択')
print(dfcol)
# 出力は
# 0      464
# 1      397
#   (中略)
# 11     561
#
```

```python
# 行の条件による選択
dfcond = dfx[dfx['平均気温'] >= 22]
print('平均気温>=22による行の選択')
print(dfcond)
# 出力は
#      月  アイスクリーム支出  平均気温
# 4    5       890   25.2
# 5    6       883   26.3
# 6    7      1292   29.7
# 7    8      1387   31.6
# 8    9       843   27.7
# 9   10       621   22.6
#
# 表のjoin結合  初めに月別アイスクリーム支出と月別平均気温の表を別々に作りjoinする
df1 = dfx[['月', 'アイスクリーム支出']]
df2 = dfx[['月', '平均気温']]
dfjoin = pd.merge(df1, df2, on='月', how='inner')  # 月をキーにしてdf1とdf2をjoinする
print('join結合')
print(dfjoin)
# 出力は
#      月  アイスクリーム支出  平均気温
# 0    1       464   10.6
# 1    2       397   12.2
#     (中略)
# 11  12       561   13.8
#
# カウント
print('条件を満たす行のカウント')
print( (dfx['平均気温'] >= 22).sum())
# 出力は
# 6
#
# グルーピングして合計・平均
dfseason = pd.DataFrame(['春', '春', '春', '夏', '夏', '夏', '秋', '秋', '秋', \
    '冬', '冬', '冬'], columns=['季節'])
season_order = ['春', '夏', '秋', '冬']
# Categoricalにするとprint時にこの順に並ぶ
dfx['季節'] = pd.Categorical(dfseason['季節'], season_order)
dfg1 = dfx.groupby('季節')[['アイスクリーム支出']].sum().rename( \
    columns={'アイスクリーム支出': 'アイスクリーム支出合計'})
print('アイスクリーム支出の季節ごとの合計')
print(dfg1)
# 出力は
#       アイスクリーム支出合計
# 季節
# 春        1354
# 夏        2390
# 秋        3522
# 冬        1641
#
dfg2 = dfx.groupby('季節')[['平均気温']].mean().rename( \
    columns={'平均気温': '季節ごとの月別気温の平均'})
```

```
print('月別平均気温の季節ごとの平均')
print(dfg2)
# 出力は
#       季節ごとの月別気温の平均
# 季節
# 春      12.566667
# 夏      23.933333
# 秋      29.666667
# 冬      17.300000
#
# グルーピングしてカウント
dfg3 = dfx.groupby('季節')[['月']].count()
print(dfg3)
# 出力は
#        月
# 季節
# 春      3
# 夏      3
# 秋      3
# 冬      3
```

■ リスト2-8 データの処理をSQL側で行う場合(SQLで処理する場合のクエリ文とその結果)

```
MariaDB [test]> select `アイスクリーム支出` from icecream;
+------------------------------+
| アイスクリーム支出           |
+------------------------------+
|                          464 |
|                          397 |
|                          493 |
|                          617 |
|                          890 |
|                          883 |
|                         1292 |
|                         1387 |
|                          843 |
|                          621 |
|                          459 |
|                          561 |
+------------------------------+
12 rows in set (0.00 sec)

MariaDB [test]> select * from icecream where `平均気温`>=22;
+------+--------------------+----------+--------+
| 月   | アイスクリーム支出 | 平均気温 | 季節   |
+------+--------------------+----------+--------+
|    5 |                890 |     25.2 | 夏     |
|    6 |                883 |     26.3 | 夏     |
|    7 |               1292 |     29.7 | 秋     |
|    8 |               1387 |     31.6 | 秋     |
|    9 |                843 |     27.7 | 秋     |
|   10 |                621 |     22.6 | 冬     |
```

```
+------+------------------------------+----------------+---------+
6 rows in set (0.00 sec)

MariaDB [test]> create table ice1 select `月`, `アイスクリーム支出` from icecream;
MariaDB [test]> create table ice2 select `月`, `平均気温` from icecream;
MariaDB [test]> create table icejoin select ice1.`月`, `アイスクリーム支出`, `平均気温
` from ice1 inner join ice2 on ice1.`月`=ice2.`月`;

MariaDB [test]> select `季節`, sum(`アイスクリーム支出`) from icecream group by `季節
`;
+--------+----------------------------+
| 季節   | sum(`アイスクリーム支出`)  |
+--------+----------------------------+
| 冬     |                       1641 |
| 夏     |                       2390 |
| 春     |                       1354 |
| 秋     |                       3522 |
+--------+----------------------------+
4 rows in set (0.00 sec)

MariaDB [test]> select count(*) from icecream where `平均気温`>=22;
+----------+
| count(*) |
+----------+
|        6 |
+----------+
1 row in set (0.01 sec)


MariaDB [test]> select `季節`, avg(`平均気温`) from icecream group by `季節`;
+--------+--------------------+
| 季節   | avg(`平均気温`)    |
+--------+--------------------+
| 冬     |               17.3 |
| 夏     | 23.933333333333334 |
| 春     | 12.566666666666665 |
| 秋     | 29.666666666666668 |
+--------+--------------------+
4 rows in set (0.00 sec)

MariaDB [test]> select `季節`, count(`月`) from icecream group by `季節`;
+--------+-------------+
| 季節   | count(`月`) |
+--------+-------------+
| 冬     |           3 |
| 夏     |           3 |
| 春     |           3 |
| 秋     |           3 |
+--------+-------------+
4 rows in set (0.01 sec)
```

2.6 欠損データの取り扱い

大量データを解析しようとすると、データの欠損に出くわすことがあります。たとえば気象データのような測定データは、測定機器の事情により、一部のデータが抜け落ちていることがあります。また、アンケート調査のデータでは未記入欄がありえます。このような欠損データがあると、処理の過程で不正終了を引き起こします。だからといって、深く考えずに 0 や平均値にすると結果の精度や妥当性に影響したりすることがあるので、取り扱いは十分に注意する必要があります。

2.6.1 欠損の表し方

データが欠損していることを示す方法として、空欄にする、欠損を表す値として N/A（Not Available、ときに Not Applicable）や NaN（Not a Number）を書く、0 を書く、無限大を示す inf を書く、などが使われます。これらを比較してみると、

空欄にする

数値データであることがわかっている場合は、空欄は例外値を示すマーカーになるのでよいのですが、文字データの場合は空文字列と区別がつかないという問題があります。また、ファイル等から読み込む場合には、読み込みルーチンによっては数値データの場合でも空欄を 0 とみなすので、注意を要します（0 というデータがあることになってしまいます）。

N/A, NaN

これらの記法は、例外値であることを陽に示すので良い方法といえるでしょう。ただし、後述するように場合によってやや込み入ってくるので、使い方には注意が必要です[*26]。

0 を書く

欠損の代わりに 0 を書くやり方は、人間が目で見たときにはたいてい欠損値だろうと判断がつくものですが、コンピュータにとっては値の 0 と区別がつかないので、計算の結果が正しくないものになる可能性があります。単純な例では、その 0 値によって平均値が不当に下がってしまうでしょう（本来はこのデータの平均は 0 値の数をエントリー数から引いたものを分母にすべきです）。Python/pandas でも欠損値を一律に 0 に置き換える処理がありますが、置き換えることの影響を十分に把握したうえで用

[*26] NumPy や pandas では NaN を用いますが、NaN は本来は「数でない」の意味で、浮動小数点数の表記（IEEE 745）において、無効な演算をした結果（たとえば負数に対して平方根を求めようとした結果）に用いるものです。しかし、Python/pandas では欠損値を表すのに用いるとしています（pandas Tutorial https://pandas.pydata.org/pandas-docs/stable/missing_data.html）。

2.6 欠損データの取り扱い

いることが必要です。

無限大を表す inf を書く

N/A や NaN と同様に例外値であることを陽に示しますが、inf は無限大を示すものなので、本来の無限大と混同するおそれがあります。

None と NaN

欠損値の扱い方として、存在しない（空欄である）None とする方法、存在するが値がない（または表せない）NaN とする方法の2つがあります。この違いに普段はあまり気がつきませんが、ときどきエラーが出るので、驚くことがあります。たとえば、None のデータ要素を NumPy や pandas に取り込んだとき、たとえば行列データとして取り込んだとき、行列の列の属性 dtype が数値であると、NaN に読み替えられます。このとき、列の dtype を気にしていないと置き換わったことに気が付かないので、注意が必要です。

None は、名前は存在するが値（データ）が存在しない状態（NoneType）で、Python の言語仕様で定義されています[*27]。使うことはないかもしれませんが、代入で x = None や y = [1, None, 5] なども可能です。

他方、NaN（Not a Number）は浮動小数点数として値が表せない（正確には、浮動小数点数の表記には、NaN の他に正の無限大 $+\infty$ を表す +inf、負の無限大 $-\infty$ を表す −inf がある）数です。これは IEEE 754（IEEE Standard for Floating-Point Arithmetic、浮動小数点数算術標準）における NaN の表現法です。Python の C 言語実装（CPython）では C 言語（C99）でのこれらの数への対応を取り込んでいるとの記述があります[*28]。

None に対して演算や操作を行うと、たいていはエラー（TypeError の例外）になります。たとえば x = None のときに、x + 1 を計算すると、

```
x = None
print(x + 1)
TypeError: unsupported operand type(s) for +: 'NoneType' and 'int'
```

といったエラーメッセージが出ます。

これに対して、NaN は浮動小数点数の1つなので、演算処理をすることができますが、結果は NaN になります。値 NaN を変数 x に代入する方法としては、たとえ

[*27] https://docs.python.jp/3/library/constants.html
[*28] https://docs.python.jp/3/library/math.html

ば x = float('Nan') やライブラリの math を使って x = math.nan、または NumPy を使って x = numpy.nan などがありますが、この x に対して足し算をすると

```
x = float('Nan')
print(x)                              # 出力は nan
print(x + 1)                          # 出力は nan
print(math.sin(math.nan))             # 出力は nan
print(math.fsum([math.nan, 5.0, 3.0]))      # 出力は nan
print(np.average([math.nan, 5.0, 3.0]))     # 出力は nan
```

となります。

データを CSV ファイルなどから取り込む場合、欠損値によってさまざまなことが引き起こされます。まず、NumPy の場合、load_txt('foo.csv', delimiter=',') のようにして読み込むのが普通ですが、NumPy では結果を float または int の array にして返そうとするので、ファイル foo.csv の中に欠損（カンマの間が無文字'' や空白文字' '）があると

```
ValueError: could not convert string to float:
```

のようなエラーを出します。

pandas の場合は read_csv で読み込みますが、文字を含む CSV ファイルも読み込めるように自動的に型を判定してくれます。たとえば

```
"X",,Z
"A",9,
"P",,5
"R",3,"T"
```

のファイルを

```
df = pd.read_csv('testdata.csv', header=None)
print(df)
print('dtypes:\n', df.dtypes)
```

によって DataFrame df に読み込むと、

```
    0    1  2
0   X  NaN  Z
1   A  9.0  NaN
2   P  NaN  5
3   R  3.0  T
dtypes:
0     object
1    float64
2     object
dtype: object
```

となっており、このなかで欠損データは NaN になっています。

それぞれのデータが列ごとに型付けされていて、その様子は df.dtypes を見ることでわかります。この例では dtypes は、0 列目と 2 列目は文字列を示している object になっていますが、1 列目はすべての要素が小数と判定されたために float64 になっています。NaN も float なので、つじつまが合っています。それに対して 2 列目は 1 行目が NaN なのですが、列全体としては object になっています。

欠損値を含む可能性があるデータについては、まず欠損値の有無を確認（検出）することが必要で、さらに欠損値があると計算処理ができない場合が出てくるので、欠損値を埋めるなどの対策が必要になります。

2.6.2　欠損値の検出

None については、個別要素 x が None であるかどうかの判定は

```
x is None
x is not None
```

で行います。比較演算子==は使わないほうがよいと推奨されています。

また、リスト l に None が含まれるかどうかは、

```
l = [3, None, 'ABC']
print(None in l)
```

のようにして調べることができます。

同様に、NaN については、math.isnan を使えば

```
x = math.nan
print(math.isnan(x))
```

のようにできます。ただし、x に float 以外のデータが入っていると

```
TypeError: a float is required
```

のようなエラーが出ます。すなわち、NaN でない部分の数値が整数や文字列であると引っかかってしまいます。

リストや NumPy の array に対しては、

```
x = [1.0, math.nan, 5.0, 3.0]
print(np.isnan(x))
print(np.isnan(x).any())
print(np.where(np.isnan(x)))
# 出力は
# [False True False False]
# True
# (array([1]),)
```

のようにすると、isnan() はリスト・配列の要素ごとに NaN であるかを [False True False False] のように出力するので、全要素中に 1 つでも True があるかを判定する any() を使ってリスト全体の NaN の有無を判定したり、True のある位置を出力する where を使って NaN のある位置を取り出すことができます。

pandas の Series や DataFrame の場合は、isnull() を使って NaN を探すことになります。

```
df = pd.read_csv('testdata.csv', header=None)
print(df)
print(df.isnull())
# dfの出力は、
#      0    1    2
# 0    X  NaN    Z
# 1    A  9.0  NaN
# 2    P  NaN    5
# 3    R  3.0    T
# df.isnull()の出力は
#        0      1      2
# 0  False   True  False
# 1  False  False   True
# 2  False   True  False
# 3  False  False  False
```

のようになります。ここで、NumPy と同様に any() や all() が使えます。この場合は 2 次元なので、df.isnull().any() とすれば df の列ごとに見て、そのなかに 1 つでも NaN があれば True になります。行ごとに見たいときは df.isnull().any(aixs=1) で判定できます。全体について見たければ

df.isnull().any().any() と重ねることで判定できます。さらには、列内のすべての要素が NaN であるかどうかの判定 df.isnull().all() や、行内についての同様の判定 df.isnull().all(axis=1) ができます。

また、NaN 要素の数や NaN でない要素の数を、列ごとや行ごと、あるいは全体の総数として数えることができます。すなわち、NaN 要素の列ごとの数は df.isnull().sum()、行ごとの数は df.isnull().sum(axis=1) で、全体の総数は df.isnull().sum().sum() で数えられます。NaN でない要素の数は df.isnull().count() や df.isnull().count(axis=1) によって数えられます。

2.6.3　欠損値の削除と置換

欠損があると解析の計算処理ができなくなります。つまり、途中で NaN が入ると、それ以降の計算はすべて NaN になってしまったり、例外が発生して異常終了したりしてしまいます。また、十分に考えておかないと、たとえば平均の計算をするときに和は NaN の値を除外したのに分母になる個数は除外しないままの個数であったりすると、計算の意味そのものがなくなります。いずれにしても、欠損値への対応はていねいに考える必要があります。

1つの上手な考え方は、欠損値を含むデータポイントを丸々1つ削除するというものです。pandas の DataFrame では1行分のデータを削除することになります。この場合、データとしては次に述べる欠損を補う方法よりは正確ですが、データポイントの数が減ってしまい、その分の結果の信頼性が落ちるでしょう。さらに、削除するデータポイントが偏っている場合、結果に影響を与える可能性があるので、結果の分析においてどういう削除をしたかを精査する必要が出てきます。

もう1つの上手な考え方は、欠損箇所に「それらしい値」を補うという方法です。この場合は「それらしい値」をどう決めるかが問題になります。

値として0を埋めるという発想もできますが、値0が他の値に比べて「それらしくない」ときには大きな影響が現れます。また、平均値で埋めるという発想もあります。平均値だと、0で埋めるよりは「それらしい値」になりますが、時系列のデータで上昇傾向や下降傾向があるときに、全体の平均値で欠損を埋めると唐突に異なる値が出てくることがありえます。このような場合はむしろ、欠損箇所の前後から埋める方法を考えたほうがよいかもしれません。

したがって、どのような値で埋めるかは解析の対象の性質によって異なり、埋める方法の選択は大きな問題で、それによって結果の妥当性に影響を与える可能性があります。また、いずれにしても欠損箇所を適当な値で埋めるということ自体が、それなりの問題を含んでいることも常に心得ておく必要があります。

以下では、解析対象の分析の結果、妥当と思われる埋め方の検討は済んでいるものとして、その埋め方を Python で記述する方法を紹介します。

NumPyの場合、配列 arr の要素をすべて 0 で置換するときは、

```
arr[np.isnan(arr)] = 0
```

のように、また平均値で置換するときは

```
arr[np.isnan(arr)] = np.nanmean(arr)
```

のようにします。

0 で置換するプログラムでは、配列 x の各要素が NaN であるか否かを np.isnan(x) で得られるので（ブールインデックス）、True の要素のみに 0 を代入することによって、0 に置換できます。

```
x = np.array([1.0, math.nan, 5.0, 3.0])
print(np.isnan(x))   # 出力は[False  True False False]
x[np.isnan(x)] = 0   # ブールインデックスを見て、Trueの要素のみ0を代入して置き換え
print(x)             # 出力は[1. 0. 5. 3.]
```

同様に、np.isnan(x) が True の要素のみ np.nanmean(x) で置き換えると、

```
x = np.array([1.0, math.nan, 5.0, 3.0])
print(np.isnan(x))
x[np.isnan(x)] = np.nanmean(x)
print(x)   # 出力は[1. 3. 5. 3.]
```

となります。

pandas の場合は、fillna() を用いて次のようにします。以下のような CSV ファイル testdata.csv

```
1, 3,, 5, 7
2,, 6, 8, 10
```

をメソッド read_csv() で読み込むと、欠損値が NaN として読み込まれます。

```
df = pd.read_csv('testdata.csv', header=None)
print(df)
```

出力は

```
   0    1    2  3   4
0  1  3.0  NaN  5   7
1  2  NaN  6.0  8  10
```

となります。

0 で置換するには

```
print(df.fillna(0))
```

とすると、

```
   0    1    2  3   4
0  1  3.0  0.0  5   7
1  2  0.0  6.0  8  10
```

のようになります。列ごとに異なる値に置き換えるには、辞書型で指定します。

```
print(df.fillna({1: 35, 2: 'PQR'}))    # 列ごとに異なる値で置き換え
```

この結果、

```
   0     1    2  3   4
0  1   3.0  PQR  5   7
1  2  35.0    6  8  10
```

のように、1列目に含まれる NaN 要素には値 35 を、2列目に含まれる NaN 要素には'PQR' を代入します。これは、列によってデータの性質が異なることを想定しています。

NaN を平均値 df.mean() で置き換えるには、

```
print(df.fillna(df.mean()))    # 列ごとに平均値で置き換え
```

とします。算術平均 mean() や中央値 median() が使えます。

結果は

```
   0    1    2  3   4
0  1  3.0  6.0  5   7
1  2  3.0  6.0  8  10
```

となります。

また、fillna() では、前後の値で置き換えるという方法も提供されています。

```
print(df.fillna(method='ffill'))    # 前の値で置き換え
```

結果は

```
     0  1    2  3   4
0    1  3.0  NaN  5   7
1    2  3.0  6.0  8  10
```

となります。2行目の第1欄はNaNだったのですが、前の値（上の行の値）で置き換えたために3.0になっています。第1行目の第2欄はNaNのままですが、これは第1行目なので前の値が存在しないため、NaNのままになっています。

同様に、

```
print(df.fillna(method='bfill'))    # 後ろの値で置き換え
```

によって、後ろの値（下の行の値）で置き換えることもできます。このときも、第1行目の第2欄はNaNだったため、後の行の値6.0に置き換えていますが、第2行目第1欄のNaNは後の行が存在しないので、NaNのままになっています。

```
     0  1    2  3   4
0    1  3.0  6.0  5   7
1    2  NaN  6.0  8  10
```

第3章

統計的な手法を使った多変量の分析
〜 相関分析・回帰分析・主成分分析・因子分析

本章では、多次元データに対する解析の手法のうち、連続データに対して統計的な手法を使った相関分析、回帰分析、主成分分析、因子分析と、カテゴリー変数の相関を表す連関分析の指標を概観します。

相関分析では、多変量間にどの程度の関係性があるかを示す相関係数の計算方法を紹介します。また、カテゴリーデータについて相関関係を分析するための連関分析についても、いくつかの指標を紹介します。

連続データに関する回帰分析・重回帰分析の解説では、相関がある場合にその関係を1次式に当てはめて係数を求め、モデルを作る方法を紹介します。

主成分分析は、多数の説明変数による1次の組み合わせのなかから最も目的変数のばらつきを説明するものを求める手法で、現象を多数の次元の説明変数から少ない次元の要因に圧縮して説明しようとする分析です。また因子分析は、主成分分析と似た手法ですが、多数の説明変数で表されるデータから共通する因子を抽出し、より少ない因子で現象を説明しようとする分析です。

3.1 相関分析と回帰分析

3.1.1 相関分析

2つの変数の間に関係性（相関）があるか、またどのような関係性があるのかを分析しようというのが**相関分析**です。

相関関係は、2つの変数を x 軸、y 軸にとってそれぞれのデータ点をプロットした**散布図**を描くと、視覚的に感じ取ることができます。たとえば、**図3-1**で見るように、x の値が大きければ y の値も大きく、x の値が小さければ y の値も小さいという関係が成り立つときは、グラフ上の点は左下から右上に連なる、右上がりの線上に固まってきます。このような右上がりの関係を**正の相関**と呼びます。逆に、x の値が増えると y の値が減るという関係にあるときは右下がりの線状にグラフ上の点が集まってきますが、このような右下がりの関係を**負の相関**と呼びます。また、x の値と y の値が無関係であれば、グラフ全体に点がばらまかれた状況になり、このような分布の仕方を**相関がない**（無相関）と呼びます。

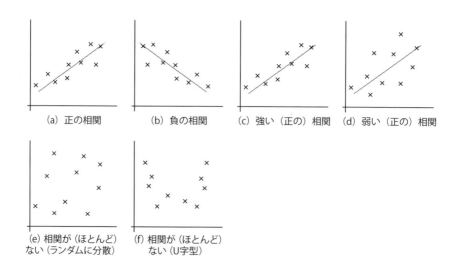

■ 図3-1　分布図と相関関係の対応

数値例3-1は、2016年の世帯当たりのアイスクリーム支出額と月別平均気温のデータです。夏に気温が高くなるとアイスクリームの支出額が増えるというのは容易に想像できる関係ですが、それを実際のデータで見ることができます。

3.1 相関分析と回帰分析

数値例 3-1　2016 年の気温と一世帯当たりのアイスクリーム支出金額

月	1	2	3	4	5	6	7	8	9	10	11	12
月別平均気温（℃）	10.6	12.2	14.9	20.3	25.2	26.3	29.7	31.6	27.7	22.6	15.5	13.8
アイスクリーム支出（円）	464	397	493	617	890	883	1292	1387	843	621	459	561

・2016 年の東京における日最高気温の月平均値（気象庁）

　http://www.data.jma.go.jp/obd/stats/etrn/view/

　　monthly_s3.php?prec_no=44&block_no=47662&view=a2

・2016 年の一世帯当たりアイスクリーム支出金額（一般社団法人日本アイスクリーム協会）

　https://www.icecream.or.jp/data/expenditures.html

をもとに作成。

これを、横軸を平均気温、縦軸を世帯当たりの月間アイスクリーム支出として散布図（各月のデータを点で表したグラフ）に描くと、**図 3-2** のようになります。

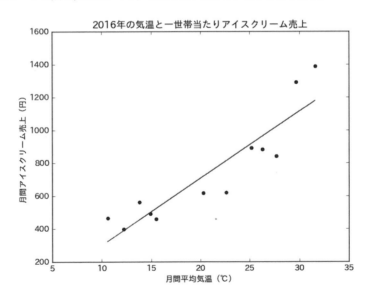

■ 図 3-2　平均気温と月間アイスクリーム支出の関連を示す散布図（2016 年の気温と一世帯当たりアイスクリーム売上）

このグラフを見てわかるように、平均気温とアイスクリーム支出には右上がりの関係、

つまり「気温が高くなるとアイスクリームの支出が増える」という、正の相関関係があります。

相関関係を表す指標として、以下のように定義される**相関係数**（ピアソンの積率相関係数）を使うことができます。

データ点 i ごとに 2 つの値 x_i と y_i が得られているときに、

$$r = \frac{\sum_{i=1}^{n}(x_i - \overline{x})(y_i - \overline{y})}{\sqrt{\sum_{i=1}^{n}(x_i - \overline{x})^2}\sqrt{\sum_{i=1}^{n}(y_i - \overline{y})^2}}$$

で定義される r を、相関係数（ピアソンの積率相関係数）と呼びます。ただし、ここで $\overline{x}$ は x_i の算術平均を、$\overline{y}$ は y_i の算術平均を表します。

この相関係数 r は $-1 \geq r \geq 1$ の値をとり、相関の正負と相関の強さを表しています。具体的には、

- r が 1 に近ければ正の相関
- 0 のときは相関がない状態
- -1 に近ければ負の相関

を示します。

さて、気温とアイスクリームの数値例 3-1 で相関係数を計算してみると、0.910 という値が得られ、かなり強い正の相関があることがわかります。

Python の NumPy 内の `corrcoef()` 関数を用いて、アイスクリームの数値例 3-1 の相関係数を計算するプログラムを、**リスト3-1** に示します。結果として相関行列が返されるので、そのうちから要素 `[0, 1]` だけを取り出して相関係数として表示しています。また、分布図を Matplotlib の `plot.scatter` で表示します。

■ リスト3-1　アイスクリームの支出と気温の相関係数

```
# -*- coding: utf-8 -*-
import numpy as np
import matplotlib.pyplot as plt
# 2016年　一世帯当たりアイスクリーム支出金額（一般社団法人日本アイスクリーム協会）
#   https://www.icecream.or.jp/data/expenditures.html
icecream = [[1, 464], [2, 397], [3, 493], [4, 617], [5, 890], [6, 883], \
    [7, 1292], [8, 1387], [9, 843], [10, 621], [11, 459], [12, 561]]
# 2016年　月別平均気温（気象庁）
#   http://www.data.jma.go.jp/obd/stats/etrn/view/monthly_s3.php?
#                          prec_no=44&block_no=47662&view=a2
temperature = [[1, 10.6], [2, 12.2], [3, 14.9], [4, 20.3], [5, 25.2], [6, 26.3], \
```

```
    [7, 29.7], [8, 31.6], [9, 27.7], [10, 22.6], [11, 15.5], [12, 13.8]]
x = np.array([u[1] for u in temperature])
y = np.array([u[1] for u in icecream])
print('correlation coefficient', np.corrcoef(x, y)[0, 1].round(4))
# グラフを描く
plt.scatter(x, y)
plt.title('2016年の気温と一世帯当たりアイスクリーム支出')
plt.xlabel('月間平均気温 (℃) ')
plt.ylabel('月間アイスクリーム支出 (円) ')
plt.show()
# 印刷出力は
# correlation coefficient 0.9105
```

Python で相関係数を計算する方法は、以下のようにいくつかあります。

- 定義の式を式のとおり Python で計算する
- NumPy の `corrcoeff()` 関数で計算する
- 3.1.2 節で詳しく見る回帰分析のためのパッケージを使って、相関係数も出す

このように相関係数は便利ですが、注意すべき点があります。すなわち、直線ではないような強い関連性がある場合に、相関係数が小さい値になってしまうことがあります。極端な例として、人工的に作った**図 3-3** のような 10 点について相関係数を計算してみます。このとき、それぞれの点の座標は**表 3-1** のようになります。V 字型の頂点の $(0, -1)$ は同位置に 2 点置いてあります。

x	-1	-0.75	-0.5	-0.25	0	0	0.25	0.5	0.75	1
y	1	0.5	0	-0.5	-1	-1	-0.5	0	0.5	1

■ 表 3-1　V 字型の分布のデータ

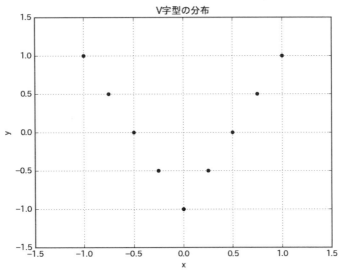

■ 図 3-3 　V 字型の分布

　この例で、相関係数を定義式に従って計算すると分子が 0 になるので、相関係数は 0 になります。しかし、図 3-3 のデータはもしかしたら、左側半分と右側半分の 2 つの分布が重ね合わされたもので、それぞれは強い相関（実際、左半分は相関係数 −1 で強い負の相関、右半分は +1 で強い正の相関）を持っているものかもしれません。

　つまりこの例の場合、相関係数をデータ点から計算した数字が 0 であるために「相関がない」と結論づけることは、分析としては誤りかもしれないわけです。念のため、データの散布状況を可視化して確認することが望ましいということになります。

　また、相関係数は、2 つの変数 x、y がいずれも量的なデータであることが前提です。必ずしも比例尺度である必要はなく、原点が決まらない間隔尺度でも計算できます[*1]。他方、3.2 節で議論する質的なデータ（カテゴリーデータ）については、値の間隔に意味がない尺度では、厳密には相関係数が意味をなしません（それでも順序尺度で同じ係数を計算することはあります）。

3.1.2 　回帰分析

　回帰分析は、相関があってそこに因果関係があると考えられるときに、そのモデルとなる関数、つまり因果関係の入力と出力の関係性を式（関数、通常は 1 次関数）としてモデル化し、その式の係数を求めようとする分析です。そこでは、どちらの変数が入力（つま

[*1] 計算式が各データ点と平均値との差、つまり平均値から見た相対位置で計算されていて、原点 0 までの距離にかかわりません。

り原因、統計では説明変数と呼びます）で、どちらの変数が出力（結果、統計では目的変数と呼びます）であるかを決める必要があります[*2]。

アイスクリームの支出の例では、平均気温を説明変数（入力）、アイスクリームの支出を目的変数（出力）とするのが、自然でしょう。つまり、「気温が高くなるとアイスクリームがほしくなるから支出が増える」というモデルを仮定することになります。そのうえで、

$$\text{アイスクリームの支出} = f(\text{平均気温})$$

という形での関数 f を決めよう、という分析です。

通常よく行われるのは、f を1次関数とする場合です。つまり、

$$f(x) = bx + a$$

とし、x の係数 b と定数 a を決める、という作業をします。その決め方は、直線を引いたときにそれぞれのデータ点 $(x_1, y_1), \ldots (x_n, y_n)$ からの距離（**図 3-4**）の2乗和が最小になるような引き方（最小二乗法）にします。

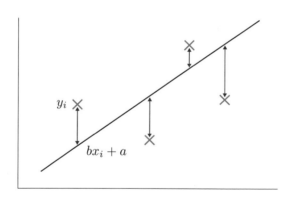

■ 図 3-4　データ点と直線との距離

距離の2乗和 L は

$$L = \sum_{i=1}^{n} \{y_i - (bx_i + a)\}^2$$

[*2] 相関係数の計算では、変数 x と y は同列・対称でした。一方、回帰分析では $y = bx + a$ の形の式を作りますが、変数 x が入力で変数 y が出力であるというように、入力と出力を分けた非対称な形（つまり関数）です。

なので、これを最小にする点 a, b を求めることになります。すなわち、最小点を求めるために L の式を a と b で偏微分してそれぞれ 0 と置くことで、a と b に関する連立 1 次方程式が得られます。データの数は n なので、

$$\begin{cases} \frac{\partial L}{\partial a} = \sum (-2) \cdot \{y_i - (bx_i + a)\} \text{ より } na + \left(\sum_{i=1}^{n} x_i\right) b = \sum_{i=1}^{n} y_i \\ \frac{\partial L}{\partial b} = \sum (-2x_i) \cdot \{y_i - (bx_i + a)\} \text{ より } \left(\sum_{i=1}^{n} x_i\right) a + \left(\sum_{i=1}^{n} x_i^2\right) b = \sum_{i=1}^{n} x_i y_i \end{cases}$$

これをもとにして a と b の式を得ることができます。

$$\begin{cases} b = \dfrac{\displaystyle\sum_{i=1}^{n} x_i y_i - n\overline{x}\,\overline{y}}{\displaystyle\sum_{i=1}^{n} x_i^2 - n\overline{x}^2} \\ a = \overline{y} - b\overline{x} \end{cases}$$

いま、アイスクリームの支出の例では、$a = -107.1$、$b = 40.70$ が得られました。この値を入れた式

$$y = 40.70x - 107.1$$

を**回帰方程式**あるいは**回帰直線**と呼びます。図 3-2 の散布図に描かれている直線は、このようにして決められた回帰直線です。

下式で表される R^2 は**決定係数**と呼ばれ、

$$R^2 = 1 - \dfrac{\displaystyle\sum_{i=1}^{n}(y_i - f(x_i))^2}{\displaystyle\sum_{i=1}^{n}(y_i - \overline{y})^2}$$

この回帰直線の当てはまりの良さの尺度になります。第 2 項の分数部分は回帰式による推定値の分散を標本値の分散で割ったものに当たり、決定係数が 1 に近いと当てはまりが良く、0 に近いと当てはまりが良くないことを表します。なお、今まで述べたような 1 次式による回帰（線形回帰）では、相関係数の 2 乗 r^2 と決定係数 R^2 は等しくなります。

上記の分析法をデータが多次元の場合に拡張するには、N 個の説明変数から 1 つの目的変数が決まるモデルを作ることになります。このまま散布図は $(N+1)$ 次元の空間に

なり、回帰直線の代わりに、各データ点から最も2乗距離の和が小さくなる回帰平面を置いて、その平面の式を求めることになります。1つの説明変数の場合に回帰直線を求める分析を単回帰、2つ以上の説明変数の場合に回帰平面を求める分析を重回帰と呼びます。

さて、Pythonプログラムで回帰直線を求めるにはいくつかのパッケージがありますが、ここではSciPyの`stats`モジュールの`linregress()`、scikit-learnの`linear_model`モジュールの`LinearRegression()`、StatsModelsパッケージの`api.OLS`モジュールを見てみます。

`stats`の`linregress()`は、相関係数のp値まで出してくれるのが具合の良いところですが、その代わり単回帰のみ（説明変数が1つだけ）で、重回帰分析は扱えません。

プログラムは**リスト3-2**のようになります。

■ リスト3-2　アイスクリーム支出と気温から回帰方程式を求める
　　　　　　（SciPyの`linregress`を使用）

```
# -*- coding: utf-8 -*-
# アイスクリーム支出の回帰分析  stats.linregressを用いる
import numpy as np
import matplotlib.pyplot as plt
import scipy.stats
# 2016年　一世帯当たりアイスクリーム支出金額（一般社団法人日本アイスクリーム協会）
#    https://www.icecream.or.jp/data/expenditures.html
icecream = [[1, 464], [2, 397], [3, 493], [4, 617], [5, 890], [6, 883], \
        [7, 1292], [8, 1387], [9, 843], [10, 621], [11, 459], [12, 561]]
# 2016年　月別平均気温（気象庁）
#    http://www.data.jma.go.jp/obd/stats/etrn/view/monthly_s3.php?
#                      prec_no=44&block_no=47662&view=a2
temperature = [[1, 10.6], [2, 12.2], [3, 14.9], [4, 20.3], [5, 25.2], [6, 26.3], \
        [7, 29.7], [8, 31.6], [9, 27.7], [10, 22.6], [11, 15.5], [12, 13.8]]
x = np.array([u[1] for u in temperature])
y = np.array([u[1] for u in icecream])
result = scipy.stats.linregress(x, y)
print('傾き=', result.slope.round(4), '切片=', result.intercept.round(4), \
      '信頼係数=', result.rvalue.round(4), 'p値=', result.pvalue.round(4), \
      '標準誤差=', result.stderr.round(4))
# グラフを描く
b = result.slope
a = result.intercept
plt.plot(x, [b * u + a for u in x])   # predict(X)はXに対応した回帰直線上のyの値を返す
plt.scatter(x, y)
plt.title('2016年の気温と一世帯当たりアイスクリーム支出')
plt.xlabel('月間平均気温（℃）')
plt.ylabel('月間アイスクリーム支出（円）')
plt.show()
# 出力結果は
# 傾き= 40.7016 切片= -107.0571 信頼係数= 0.9105 p値= 0.0 標準誤差= 5.8471
```

scikit-learnの`linear_model`を使うと、**リスト3-3**のようなプログラムになります。

この例では、回帰直線の y の値を自分で計算せず、model.predict(X) として model に任せる形で計算してみました。

■ リスト3-3　アイスクリーム支出と気温から回帰方程式を求める
　　　　　　（scikit-learn の linear_model を使用）

```
# -*- coding: utf-8 -*-
# アイスクリーム支出の回帰分析　sklearnのlinear_modelを用いる
import numpy as np
import pandas as pd
import matplotlib.pyplot as plt
from sklearn import linear_model  # scikit-learnのlinear_modelを使って回帰分析
# 2016年　一世帯当たりアイスクリーム支出金額（一般社団法人日本アイスクリーム協会）
#    https://www.icecream.or.jp/data/expenditures.html
icecream = [[1, 464], [2, 397], [3, 493], [4, 617], [5, 890], [6, 883], \
    [7, 1292], [8, 1387], [9, 843], [10, 621], [11, 459], [12, 561]]
# 2016年　月別平均気温（気象庁）
#    http://www.data.jma.go.jp/obd/stats/etrn/view/monthly_s3.php?
#                          prec_no=44&block_no=47662&view=a2
temperature = [[1, 10.6], [2, 12.2], [3, 14.9], [4, 20.3], [5, 25.2], [6, 26.3], \
    [7, 29.7], [8, 31.6], [9, 27.7], [10, 22.6], [11, 15.5], [12, 13.8]]
X = pd.DataFrame([u[1] for u in temperature])
Y = pd.DataFrame([u[1] for u in icecream])
model = linear_model.LinearRegression()
results = model.fit(X, Y)
print('a', model.coef_[0][0], 'b', model.intercept_[0])

# グラフを描く
plt.plot(X, model.predict(X))   # predict(X)はXに対応した回帰直線上のyの値を返す
plt.scatter(X, Y)
plt.title('2016年の気温と一世帯当たりアイスクリーム支出')
plt.xlabel('月間平均気温（℃）')
plt.ylabel('月間アイスクリーム支出（円）')
plt.show()
# 出力結果　a 40.7016 b -107.0571
```

　StatsModels の OLS（線形回帰）モジュールを使ったプログラムは、次のようになります。なお、OLS の詳細はマニュアル

　　http://www.statsmodels.org/dev/generated/statsmodels.regression.linear_model.OLS.html

を、また戻り値として返される値のクラスのマニュアルは回帰分析全体の説明

　　http://www.statsmodels.org/dev/generated/statsmodels.regression.linear_model.RegressionResults.html

を、および OLS 固有の記述

　　http://www.statsmodels.org/dev/generated/statsmodels.regression.linear_model.OLSResults.html

を見てください。

3.1 相関分析と回帰分析

リスト 3-4 では散布図の表示や細かいコメントは省略しました。

sm.OLS のインスタンス model を作るときに、sm.add_constant(x) によって x を 1 欄増やして定数 1 を入れています。add_constant() について詳しくはマニュアル

　　http://www.statsmodels.org/dev/generated/statsmodels.tools.tools.add_constant.html

を参照してください。

■ リスト 3-4　アイスクリーム支出と気温から回帰方程式を求める（StatsModels の OLS を使用）

```
# -*- coding: utf-8 -*-
# アイスクリーム支出の回帰分析　StatsModelsのOLSを用いる
import numpy as np
import pandas as pd
import statsmodels.api as sm    # 回帰分析はStatsModelsパッケージを利用する
icecream = [[1, 464], [2, 397], [3, 493], [4, 617], [5, 890], [6, 883], \
    [7, 1292], [8, 1387], [9, 843], [10, 621], [11, 459], [12, 561]]
temperature = [[1, 10.6], [2, 12.2], [3, 14.9], [4, 20.3], [5, 25.2], [6, 26.3], \
    [7, 29.7], [8, 31.6], [9, 27.7], [10, 22.6], [11, 15.5], [12, 13.8]]
x = np.array([u[1] for u in temperature])
y = np.array([u[1] for u in icecream])
# 切片計算のため、xに定数列を1列加えてからモデルを作る
model = sm.OLS(y, sm.add_constant(x))
results = model.fit()
print(results.summary())
print('p-values\n', results.pvalues)
a, b = results.params
print('a', a.round(4), 'b', b.round(4))
```

出力結果は、summary の部分が

```
                            OLS Regression Results
==============================================================================
Dep. Variable:                      y   R-squared:                       0.829
Model:                            OLS   Adj. R-squared:                  0.812
Method:                 Least Squares   F-statistic:                     48.46
Date:                Fri, 31 Aug 2018   Prob (F-statistic):           3.89e-05
Time:                        09:49:45   Log-Likelihood:                -75.369
No. Observations:                  12   AIC:                             154.7
Df Residuals:                      10   BIC:                             155.7
Df Model:                           1
Covariance Type:            nonrobust
==============================================================================
                 coef    std err          t      P>|t|      [0.025      0.975]
------------------------------------------------------------------------------
const       -107.0571    128.673     -0.832      0.425    -393.759     179.645
x1            40.7016      5.847      6.961      0.000      27.674      53.730
==============================================================================
```

```
Omnibus:                        1.129   Durbin-Watson:                  1.509
Prob(Omnibus):                  0.569   Jarque-Bera (JB):               0.744
Skew:                           0.204   Prob(JB):                       0.689
Kurtosis:                       1.850   Cond. No.                        69.4
==============================================================================
```

また、p 値と a、b の値を抜き出すと、

```
[  4.24828131e-01   3.89478187e-05]
a 40.7016 b -107.0571
```

となります。

ここで StatsModels の OLS の結果に出てくる R-squared（R^2）、t と $P>|t|$ について、定義を少し細かく見ておきます。まず、決定係数 R-squared の意味を見てみます。回帰分析では回帰式 $y=bx+a$ を立てるわけですが、実際に観測されるそれぞれのサンプルデータ (x_i, y_i) は誤差項 ε_i を含みます。つまり $y_i = bx_i + a + \varepsilon_i$ と書けます。また、平均値 $\overline{y}$ に対する観測値 y_i のばらつき $\sum(y_i - \overline{y})^2$ は、回帰式で説明できる変動 $\sum(\hat{y_i} - \overline{y})^2$ と説明できない変動 $\sum(y_i - \hat{y_i})^2$ $(= \sum {e_i}^2$ と書く) に分けられるので、変動全体に対して回帰式で説明できる変動の割合を R^2 とすると、

$$R^2 = \frac{\sum(\hat{y_i} - \overline{y})^2}{\sum(y_i - \overline{y})^2} = 1 - \frac{\sum(y_i - \hat{y_i})^2}{\sum(y_i - \overline{y})^2}$$

となります。したがって、線形の回帰式の場合は相関係数の 2 乗である r^2 が決定係数 R^2 と等しくなります。実際、上記のアイスクリームの例では、決定係数 R^2 が 0.83 とかなり高く、このデータは気温が高いとアイスクリームの支出が増える線形関係をある程度説明できているといえます。

また[*3]、「誤差項 ε_i が独立で正規分布をなす」という仮定をすると、標本の回帰係数 $\hat{a}$ は（ε_i の線形式であるから）同様に正規分布となり、平均は b、誤差項 ε_i の分散を σ とすると

$$\frac{\sigma^2}{\sum(x_i - \overline{x})^2}$$

と計算できます。ただし、検定に用いるためには σ^2 が直接求められないので、標本から

$$s^2 = \frac{\sum \hat{e_i}^2}{n-2}$$

[*3] 以下の t 検定に関する説明は、東京大学教養学部統計学教室 編『統計学入門』、東京大学出版会 (1991) の 13.2 節、260 ページ以降によります。

のように推定します。ここで $\hat{e}_i$ は回帰残差と呼ばれるもので $\hat{e}_i = Y_i - \hat{a} - \hat{b}X_i$、$n$ は標本の個数で、$n-2$ となるのは自由度が 2 失われているからです。ここから、$\hat{b}$ の標準偏差の推定量（標準誤差、standard error）se$(\hat{b})$ は、

$$\mathrm{se}(\hat{b}) = \frac{s^2}{\sqrt{\sum(x_i - \overline{x})^2}} = \frac{\sum \hat{e}_i{}^2 / (n-2)}{\sqrt{\sum(x_i - \overline{x})^2}}$$

となります。したがって、b の推定値のモデルからのずれを標準誤差で割った比率、つまり $\hat{b}$ の当てはまり度は

$$t_b = \frac{\hat{b} - b}{\mathrm{se}(\hat{b})}$$

となりますが、これは σ^2 を s^2 に置き換えたために、自由度 $(n-2)$ の t 分布に従います。同様に、

$$t_a = \frac{\hat{a} - a}{\mathrm{se}(\hat{a})}$$

も自由度 $(n-2)$ の t 分布に従うことがわかっています。

この t 分布を使って、標本から得られた傾きや切片の有意性を検定します。よく行われるのは、説明変数が目的変数を説明するか否かの検定で、帰無仮説を $b=0$ とし、対立仮説を $b>0$ としたものを片側検定、対立仮説を $b \neq 0$ としたものを両側検定と呼び、このときの

$$t_b = \frac{\hat{b}}{\mathrm{se}(\hat{b})}$$

を t 値（t-ratio）と呼びます。これが StatsModels の結果の summary にある `t` の値です。

さらに、t 分布を見て有意水準を 5% としたときの両側検定の p 値が P>|t| 欄に、また信頼区間が [0.025 0.975] の欄に書かれています。

上記のアイスクリームの例では、傾き b に関する p 値は十分に小さいので、帰無仮説「気温とアイスクリーム支出は関係しない（正確には $b=0$)」は棄却され、「関係あり」という結論になります。他方、切片 a については p 値が 0.425 とかなり大きいので、得られた推定値 -107.0571 は「正しくない可能性もある」ということになります。

3.1.3 重回帰分析

回帰分析は、1 次元の説明変数 x と目的変数 y の間にある 1 次式の関係をデータから推定する解析（単回帰分析）でしたが、**重回帰分析**は、説明変数が多次元の場合の回帰分析

第3章 統計的な手法を使った多変量の分析 〜 相関分析・回帰分析・主成分分析・因子分析

です。すなわち、説明変数 x がベクトルになっているところが違うだけで、後は単回帰分析と同じ原理です。

数値例 3-2　ボストンにおける住宅の価格の重回帰分析

> 重回帰分析の例として、scikit-learn に付属している、ボストンにおける住宅の価格のサンプルデータを試してみます。このデータ内容の詳細は、データに付属している description に書かれているので、**リスト 3-5 内の** print(dset.DESCR) の行のコメントマーク#を外して、プリントしてみてください。データの出所は Harrison, D. and Rubinfeld, D.L., "Hedonic prices and the demand for clean air", J. Environ. Economics & Management, vol.5, 81-102 (1978) で、https://archive.ics.uci.edu/ml/machine-learning-databases/housing/ からとられたものということです。
> ボストンの 506 の地区について、**表 3-2** にある 13 の属性値（環境因子）と住宅平均価格を表にしたものです。ここでは、13 の属性値から住宅価格が決まるというモデルを仮定して、1 次式モデルの係数を推定します。
> データは pandas の DataFrame として読み出しますが、説明変数に当たるさまざまな環境因子部分 data と、目的変数に当たる住宅価格部分 target に分かれています。リスト 3-5 では、変数 dset に読み出しておいて、dset.data と dset.target でそれぞれ説明変数 boston と目的変数 target に拾っています。重回帰分析は単回帰のときと同様、model.fit で行われ、傾き model.coef_ と切片 model.intercept_ を読み出すことができます。表示をわかりやすくするために、print 文で名前付けと昇順のソートをしています。

1	CRIM	per capita crime rate by town（町ごとの人口1人当たりの犯罪率）
2	ZN	proportion of residential land zoned for lots over 25,000 sq.ft.（宅地の比率。25,000平方フィート以上のゾーンで数えた値）
3	INDUS	proportion of non-retail business acres per town（町ごとの非小売業の面積比）
4	CHAS	Charles River dummy variable（= 1 if tract bounds river; 0 otherwise）（チャールズ川へ道がつながっているか）
5	NOX	nitric oxides concentration (parts per 10 million)（NO_x 濃度）
6	RM	average number of rooms per dwelling（住宅当たり部屋数）
7	AGE	proportion of owner-occupied units built prior to 1940（1940年以前に建てられた、所有者が住む建物の割合）
8	DIS	weighted distances to five Boston employment centres（ボストンの5つの雇用中心からの距離）
9	RAD	index of accessibility to radial highways（放射状幹線道路からの距離）
10	TAX	full-value property-tax rate per $10,000（固定資産税率）
11	PTRATIO	pupil-teacher ratio by town（町ごとの教師当たりの生徒数）
12	B	$1000(Bk - 0.63)^2$ where Bk is the proportion of blacks by town（Bkは町ごとの黒人の比率）
13	LSTAT	% lower status of the population（低階層人口の比率%）
14	MEDV	Median value of owner-occupied homes in $1000's（所有者が住む住宅の価値の中央値）

■ 表3-2　scikit-learnにあるボストン住宅価格の例の属性（環境因子）

■ リスト3-5　scikit-learnのlinear_modelを使った重回帰分析の例（ボストンの住宅価格）

```
# -*- coding: utf-8 -*-
# scikit-learn linear_modelを使ったボストン住宅価格の線形回帰
import numpy as np
import pandas as pd
import matplotlib.pyplot as plt
from sklearn import linear_model, datasets
dset = datasets.load_boston()
# print(dset.DESCR)
boston = pd.DataFrame(dset.data)
boston.columns = dset.feature_names
target = pd.DataFrame(dset.target)

model = linear_model.LinearRegression()
model.fit(boston, target)
```

```
# 偏回帰係数
print(pd.DataFrame({"Name":boston.columns,\
    "Coefficients":model.coef_[0]}).sort_values(by='Coefficients').round(4) )
# 切片（誤差）
print('intercept', model.intercept_[0].round(4))
# 出力結果は
#      Coefficients       Name
# 4        -17.7958        NOX
# 7         -1.4758        DIS
# 10        -0.9535    PTRATIO
# 12        -0.5255      LSTAT
# 0         -0.1072       CRIM
# 9         -0.0123        TAX
# 6          0.0008        AGE
# 11         0.0094          B
# 2          0.0209      INDUS
# 1          0.0464         ZN
# 8          0.3057        RAD
# 3          2.6886       CHAS
# 5          3.8048         RM
# intercept 36.4911
```

　説明変数 RM（1住居当たりの部屋数）が最も強く住宅価格を押し上げる要因になっており、CHAS（チャールズ川に面した地域）が上から2番目となっています。ただし CHAS 変数は 1/0 の2値なので、注意が必要です。他方、NOX（NO_x の汚染）が最も強いマイナス要因になっており、かなり下がって DIS（ボストンの5つの雇用中心からの距離）、PTRATIO（教師に対する生徒の比率）、LSTAT（低階層人口の比率）となっていることがわかります。

　さらに、StatsModels パッケージの OLS（Ordinary Least Squares）モジュールを使って重回帰分析を行うと、さまざまな追加情報を得ることができます。

```
import statsmodels
import statsmodels.api as sm
# statsmodels.OLS
#   examples:  http://www.statsmodels.org/dev/examples/notebooks/generated/ols.html
#   manual --- http://www.statsmodels.org/dev/regression.html#module-reference
#   OLSREsultsのmanual --- http://www.statsmodels.org/dev/generated/statsmodels.\
#       regression.linear_model.OLSResults.html\
#       #statsmodels.regression.linear_model.OLSResults
model3 = sm.OLS(target, sm.add_constant(boston))
result3 = model3.fit()
print(result3.summary())
print(result3.pvalues)
```

　結果の出力は、summary の部分は次のようになりました。

3.1 相関分析と回帰分析

```
LinregressResult(slope=-33.916055008661104, intercept=41.345874467973246, rvalue=
-0.42732077237328259, pvalue=7.0650415862534586e-24, stderr=3.1963370321953462)
                            OLS Regression Results
==============================================================================
Dep. Variable:                      0   R-squared:                       0.741
Model:                            OLS   Adj. R-squared:                  0.734
Method:                 Least Squares   F-statistic:                     108.1
Date:                Thu, 30 Aug 2018   Prob (F-statistic):          6.95e-135
Time:                        17:34:53   Log-Likelihood:                -1498.8
No. Observations:                 506   AIC:                             3026.
Df Residuals:                     492   BIC:                             3085.
Df Model:                          13
Covariance Type:            nonrobust
==============================================================================
                 coef    std err          t      P>|t|      [0.025      0.975]
------------------------------------------------------------------------------
const         36.4911      5.104      7.149      0.000      26.462      46.520
CRIM          -0.1072      0.033     -3.276      0.001      -0.171      -0.043
ZN             0.0464      0.014      3.380      0.001       0.019       0.073
INDUS          0.0209      0.061      0.339      0.735      -0.100       0.142
CHAS           2.6886      0.862      3.120      0.002       0.996       4.381
NOX          -17.7958      3.821     -4.658      0.000     -25.302     -10.289
RM             3.8048      0.418      9.102      0.000       2.983       4.626
AGE            0.0008      0.013      0.057      0.955      -0.025       0.027
DIS           -1.4758      0.199     -7.398      0.000      -1.868      -1.084
RAD            0.3057      0.066      4.608      0.000       0.175       0.436
TAX           -0.0123      0.004     -3.278      0.001      -0.020      -0.005
PTRATIO       -0.9535      0.131     -7.287      0.000      -1.211      -0.696
B              0.0094      0.003      3.500      0.001       0.004       0.015
LSTAT         -0.5255      0.051    -10.366      0.000      -0.625      -0.426
==============================================================================
Omnibus:                      178.029   Durbin-Watson:                   1.078
Prob(Omnibus):                  0.000   Jarque-Bera (JB):              782.015
Skew:                           1.521   Prob(JB):                     1.54e-170
Kurtosis:                       8.276   Cond. No.                     1.51e+04
==============================================================================

Warnings:
[1] Standard Errors assume that the covariance matrix of the errors is correctly
specified.
[2] The condition number is large, 1.51e+04. This might indicate that there are
strong multicollinearity or other numerical problems.
```

　この詳細な読み方は http://www.statsmodels.org/dev/generated/statsmodels.regression.linear_model.OLSResults.html#statsmodels.regression.linear_model.OLSResults を参照してください。

　主なところだけ見ると、R-squared が決定係数 R^2 の値であり、0.741 を得ているのでこの回帰モデルはそれなりに実データを説明できているといえます。

　表になっている部分では、coef が回帰式のそれぞれの説明変数における係数で、その

なかで変数 const は切片です。また、std_err が標準誤差、t、P は単回帰のアイスクリームの例で説明した t 値と p 値を表示しています。

ここで print(result3.pvalues) で p 値を抜き出すと、次のようになっています。

```
const     3.182440e-12
CRIM      1.126402e-03
ZN        7.836070e-04
INDUS     7.345971e-01
CHAS      1.912339e-03
NOX       4.117296e-06
RM        2.207486e-18
AGE       9.546859e-01
DIS       6.017651e-13
RAD       5.189664e-06
TAX       1.117826e-03
PTRATIO   1.268218e-12
B         5.072875e-04
LSTAT     6.595808e-23
```

このなかで p 値が極端に大きいのは、INDUS（商業用途の面積の比率）が 0.735、AGE（1940 年以前に建てられた割合）が 0.955 で、これらはいずれも係数が信頼できないことになります。一方、上記で取り上げた回帰式の係数の値が際立っている説明変数 RM、CHAS、NOX などは、いずれも信頼性があると考えられる p 値になっています。

結果の summary の中に AIC（Akaike's Information Criterion；赤池情報量規準）と BIC（Bayesian Information Criterion；ベイズ情報量規準）が出ています。これらはいずれもモデルの選択に使われる指標で、「小さいほどよく適合している」といわれます。簡単にいうと、モデルに多数の項を含めるとサンプル点ではよくフィットするようになりますが、他方でいわゆる過適合（オーバーフィッティング）が起こるので、データの量と適合度のバランスをとることが求められます。つまり、データの適合具合に項の多さのペナルティを加味した値と考えられます。

重回帰分析では、すべての観測値を説明変数として使うのではなく、現象をよくモデル化する変数を選択することが望まれますが、その際の基準として赤池情報量基準とベイズ情報量基準が使われます。具体的には、与えられたすべての観測値の組み合わせで重回帰分析を行って情報量基準が最小となるものを選ぶ方法や、逆に少ない説明変数から始めて、情報量基準が最小になり増え出すところまで、1 つずつ観測変数を追加する方法が使われます。

重回帰分析に特徴的な問題として、異なる説明変数の間に線形（依存）関係が生じてしまう**多重共線性**（multicollinearity）があります。多重共線性があると回帰係数が求められない、もしくは回帰係数の分散が大きくなって正しく求められない（誤差が大きい）といったことが起こります。このような説明変数を検出するには、基本的に説明変数のすべてのペアに対して相関係数を計算し、一定以上の相関がある（正負を含めて）場合には多

重共線性を避けるためにその説明変数を外すことが考えられます。また、分散拡大係数（VIF：Variance Inflation Factor）を計算してその値によって除外の要否を判断することもできます。たとえば変数 a と b の間の VIF は、ab 間の相関係数を r_{ab} とすると

$$\text{VIF}_{ab} = \frac{1}{1 - r_{ab}^2}$$

で定義されるので、対象とする説明変数が他の変数と依存関係がない（直交している）ときは VIF が 1 となり、そうでないときには 1 より大きくなります。

一般に VIF の値が 10 を超えると、依存関係が強いため適切に重回帰分析ができないといわれています[*4]。StatsModels では、`statsmodels.stats.outliers_influence.variance_inflation_factor` を使って VIF を計算することができます。上記のボストン住宅価格の例で `model3` にフィットした後、次の処理を行ってみました。

```
from statsmodels.stats.outliers_influence import *
num_cols = model3.exog.shape[1]   # 説明変数の列数
vifs = [variance_inflation_factor(model3.exog, i)
        for i in range(0, num_cols)]
pdv = pd.DataFrame(vifs, index=model3.exog_names, columns=["VIF"])
print(pdv)
```

なお、ドキュメントは http://www.statsmodels.org/devel/generated/statsmodels.stats.outliers_influence.variance_inflation_factor.html にあります。

得られた結果は次のとおりです。

```
              VIF
const    585.425210
CRIM       1.773321
ZN         2.298641
INDUS      3.991194
CHAS       1.073943
NOX        4.395064
RM         1.934161
AGE        3.100860
DIS        3.956551
RAD        7.480539
TAX        9.008472
PTRATIO    1.799220
B          1.345832
LSTAT      2.938127
```

[*4] ここで使う StatsModels の `variance_inflation_factor` のドキュメントには 5 を超えたら高い共線性があり、回帰分析の結果得られたパラメータ推定値には大きな誤差があるとしています。

このうち const に対する VIF は説明変数に関係ないので除いて考えるとして、その他の説明変数のなかでは、TAX=9.01 が 10 に近い他、RAD=7.48 も 5 を超えています。どちらも 10 を超えてはいないのですが、要注意ということになるでしょう。

しかし、幸いどちらも回帰係数が小さく、あまり価格に影響していないと思われるので、この場合は気にすることはないと思われます。

3.2 カテゴリデータの連関分析

2 つの質的な変数（カテゴリー変数）の間に「関係性（関連）があるか、どのような関連があるのかを分析しよう」というのが、質的データの**連関分析**です。

3.1 節では量的な変数（連続的な値をとる数値データ）の関係性を表す指標としての相関係数（ピアソンの積率相関係数）を見てきましたが、質的な変数についても関係（この場合**連関**と呼ぶ）を示す指標がいろいろと考えられています。

量的変数ではヒストグラムの形で頻度分布を描きましたが、質的変数では**分割表**（contingency table、また**クロス集計表**とも呼ぶ）を用います。分割表は、2 つ以上の質的変数（順序尺度だけでなく、名義尺度つまり量的な大小関係がない場合も含めて）の間の関係を記録し、分析するために用いる表です。たとえばアンケートで複数の項目について選択肢で尋ねたとき、その各項目が質的変数であり、それを集計して特定の項目間の関係（クロスの関係）を表にすると、分割表（クロス集計表）になります。たとえば 2 つの項目がそれぞれ 2 つの値を持つ質的変数の場合、**表 3-3** の左側(a)のような 2×2 の形をした表を作ることができます。右側の表(b)は表(a)に加えて行ごとの集計を右に、列ごとの集計を下に、全体の集計を右下に書き足した形で、これもよく用いられます。この例は 2×2 の分割表ですが、一般的に $m \times n$ の表が可能です。

	$B1$	$B2$
$A1$	a	b
$A2$	c	d

(a) 2×2 の分割表

	$B1$	$B2$	計
$A1$	a	b	s_{a1}
$A2$	c	d	s_{a2}
計	s_{b1}	s_{b2}	S

(b) 行と列の集計を書き足した 2×2 の分割表

■ 表 3-3 分割表の形

例として、タイタニック号遭難データ[*5]を見てみます。このデータは 22,014 人の乗客を 4 つの分類軸で分けた人数です。

[*5] 後述するように R のサンプルデータとして入手できます。https://stat.ethz.ch/R-manual/R-devel/library/datasets/html/Titanic.html を参照。

3.2 カテゴリデータの連関分析

Class（船室等級）	1st（一等）、2nd（二等）、3rd（三等）、Crew（船員）
Sex（性別）	Male（男性）、Female（女性）
Age（年齢）	Child（子供）、Adult（大人）
Survived（生還か）	Yes（生還）、No（死亡）

そのなかで二等船室・大人の乗客について、性別と、生還か否かに分けて分割表（クロス集計表）にしたのが、**表 3-4** です。

	生還	死亡
男性	154	14
女性	13	80

■ 表 3-4　タイタニック号遭難データにおける二等船室・大人の乗客の生死に関する分割表

この例にある男性・女性、生還・死亡という質的なデータについて、連関があるかを調べたいわけです。表 3-4 ではひと目で明らかに男性のほうが生還率が高いということが読み取れますが、これを統計のうえで「男女と生死に連関がある」といえるかどうかを調べるというのが狙いです。

3.2.1　ファイ係数（φ 係数）

ファイ係数は、2×2 の分割表の連関を示す係数で、2 つの定義がありますが、それぞれ同値です[*6]。

- それぞれの軸の値を 0/1 として（連続値の時と同じ）、ピアソンの積率相関係数を計算する方法
このとき連続変数（量的変数）の相関係数は、

$$r_{xy} = \frac{\sum_{i=1}^{n}(x_i - \overline{x})(y_i - \overline{y})}{\sqrt{\sum_{i=1}^{n}(x_i - \overline{x})^2}\sqrt{\sum_{i=1}^{n}(y_i - \overline{y})^2}} = \frac{s_{xy}}{s_x s_y}$$

（ただし s_x, s_y は x, y の標準偏差、s_{xy} は x と y の共分散）

で表されます。ファイ係数は 2 つの二値変数をそれぞれ値 0, 1 に置き直したものを、そのままこの式に当てはめて計算したものです。

[*6] これらが等しいことの証明は、上田博人『言語研究のための数値データ分析法』の第 6 章「関係」(p.17、言語データ分析の授業資料、https://lecture.ecc.u-tokyo.ac.jp/~cueda/gengo/4-numeros/doc/n6-kankei.pdf) にある式変形でされているので、参照のこと。

第3章 統計的な手法を使った多変量の分析 〜 相関分析・回帰分析・主成分分析・因子分析

● 以下の計算式によって得る方法
$$P = \frac{(ad - bc)}{\sqrt{(a+b)(c+d)(a+c)(b+d)}}$$

ただし、a, b, c, d は表 3-3 の内容です。

前出の表 3-4 のタイタニック号遭難の例で、ファイ係数を計算してみます。まず、計算式

$$P = \frac{(ad - bc)}{\sqrt{(a+b)(c+d)(a+c)(b+d)}}$$

によって計算すると、

$$P = \frac{(ad - bc)}{\sqrt{(a+b)(c+d)(a+c)(b+d)}}$$
$$= \frac{(154 \times 80 - 14 \times 13)}{\sqrt{(154+14)(13+80)(154+13)(14+80)}}$$
$$\fallingdotseq 0.775$$

となり、かなり相関が高いという結論になります。

同じことを、先のピアソンの積率相関係数を計算して求めるプログラムを**リスト 3-6** に示します[*7]。この方法では、質的データを量的データ 0 と 1 に変換して積率相関係数を求めるのですが、このデータは幸いなことに初めから 0・1 で表現されているので、書き換える手続きは必要ありませんでした。もしデータが「大人」「子供」といった表記で書かれている場合は、これを 0・1 に変換する必要があります。

ここで相関係数の計算には、NumPy の `corrcoef()` を使いました。結果は計算式の場合と同じく、0.775 を得ました。

■ リスト 3-6　タイタニック号遭難のデータで相関を計算する例

```
import pandas as pd
import numpy as np
from rpy2.robjects import pandas2ri
pandas2ri.activate()
from rpy2.robjects import r
# Rのタイタニック号遭難（Titanic）のデータを使う
# https://stat.ethz.ch/R-manual/R-devel/library/datasets/html/Titanic.html
```

[*7] このプログラムでは Python から R の機能にアクセスするためのパッケージとして rpy2 を使っています。手順は、あらかじめ pandas2ri をインポートしたうえで起動（pandas2ri.activate()）しておきます。なお、rpy2 の pip インストール時に、必要に応じて R パッケージの一部がインストールされるので、時間がかかります。その後、r をインポートして、R の持つサンプルデータに r["titanic"] のようにしてアクセスします。

```
# 5次元の配列で、内容は(船室等級，性別，年齢，生還/死亡，人数)の表なので、
# これを元の1人ひとりのデータの形に変換してから、ピアソンの積率相関係数を計算する
t = r["Titanic"]
# 人数のデータから、それぞれの客の(船室等級，性別，年齢，生還/死亡)のデータを生成する。
# tのそれぞれの人数は整数ではなく小数で入っているので、int()で整数に直して用いる
z = [[[i, j, k, l]] * (int(t[i, j, k, l])) for i in range(4) for j in range(2) \
     for k in range(2) for l in range(2)]
# 二重のリストになっているので、一重に展開する
tdata = []
for v in z:
    tdata.extend(v)
# コラム名を付けてDataFrameに変換する
tt = pd.DataFrame(tdata, columns=['客室', '性別', '年齢', '生還'])
# 本文どおり、二等船室・大人の乗客のみを取り出す
ttx = tt[(tt['客室'] == 1) & (tt['年齢'] == 1)]
# NumPyのcorrcoefを使って、積率相関係数（行列）を計算し、[0, 1]要素を取り出す
print(np.corrcoef(ttx['性別'], ttx['生還'])[0][1].round(4))
# 実行結果は 0.775
```

もう1つ同じような例でファイ係数を求めてみます。

たとえば、10人にリンゴとミカンの好き嫌いを尋ねたところ、次の結果を得たとします。

| リンゴ | 嫌い | 好き | 嫌い | 嫌い | 好き | 嫌い | 好き | 好き | 嫌い | 嫌い |
| ミカン | 好き | 好き | 嫌い | 嫌い | 嫌い | 嫌い | 好き | 好き | 嫌い | 嫌い |

これを、リンゴ・ミカンのそれぞれにおいて、「好き」を1、「嫌い」を0と置き換えて、相関係数を計算します。

| リンゴ | 0 | 1 | 0 | 0 | 1 | 0 | 1 | 1 | 0 | 0 |
| ミカン | 1 | 1 | 0 | 0 | 0 | 0 | 1 | 1 | 0 | 0 |

リスト3-7にあるプログラムで相関係数を計算すると0.583となるので、やや強い正の相関があるといえます。

■ リスト3-7 リンゴとミカンの好き嫌いの相関

```
# -*- coding: utf-8 -*-
import numpy as np
apple = [0, 1, 0, 0, 1, 0, 1, 1, 0, 0]
orange= [1, 1, 0, 0, 0, 0, 1, 1, 0, 0]
print('リンゴの平均値', np.mean(apple), 'ミカンの平均値', np.mean(orange))
print('相関係数', np.corrcoef(apple, orange)[0, 1].round(4))
#
# 実行結果は
# リンゴの平均値 0.4 ミカンの平均値 0.4
# 相関係数 0.5833
```

3.2.2 グッドマン-クラスカルの γ 係数とケンドールの順位相関係数（τ）

質的変数のなかでも、順位が付いている順序尺度の変数の場合には、以下に紹介するような指標を計算することができます。

変数の組 (x_i, y_i) について、同順位（複数が同じ順位になること）がない場合に、相関図にデータ点を描いたときに2つのデータ点 (x_i, y_i) と (x_j, y_j) のペアで見て

- C（Concordant の略）：右上がり、つまり $x_i < x_j$ かつ $y_i < y_j$ であるか、$x_j < x_i$ かつ $y_j < y_i$ のペアの個数
- D（Discordant の略）：右下がり、つまり $x_i < x_j$ かつ $y_i > y_j$ であるか、$x_j < x_i$ かつ $y_j > y_i$ のペアの個数

を数えます。**図 3-5** で実線の矢印が右上がり、破線の矢印が右下がりを示しています。この例では右上がりの数 C は 3、右下がりの数 D も 3 になっています。この C、D から計算した

$$\gamma = \frac{C - D}{n \cdot \frac{n-1}{2}} = \frac{C - D}{C + D} \quad (n \text{ はすべての点の数})$$

を**グッドマン-クラスカルの γ（ガンマ）係数**（Goodman-Kruskal's gamma）と呼びます。分母はすべての点のペアの数（2つの点による組み合わせの数 $=_n C_2$）です。

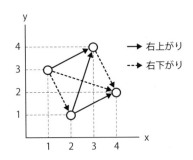

■ 図 3-5　分布図と相関関係

グッドマン-クラスカルの γ 係数は同順位の場合があると使えないので、代わって同順位に対応した**ケンドールの τ** が提案されています。ケンドールの τ の定義は上記の C と D に加えて、

- T:x_i のなかで同順位である要素を含む対の数
- U:y_i のなかで同順位である要素を含む対の数

を考え、

$$\tau = \frac{C - D}{\sqrt{n \cdot \frac{n-1}{2} - T} \cdot \sqrt{n \cdot \frac{n-1}{2} - U}}$$

とします。同順位の場合がなければ、つまり $T = U = 0$ ならば、ケンドールの τ はグットマン-クラスカルの γ と等しくなります。また、すべてが C であれば τ は 1 に、すべてが D であれば -1 になります。

たとえば、英語と数学のテストの順位が、**表 3-5** のような結果であったとします。

生徒	英語	数学	生徒	英語	数学	生徒	英語	数学
1	1	2	11	11	10	21	21	17
2	2	1	12	12	13	22	22	21
3	3	3	13	13	18	23	23	25
4	4	4	14	14	12	24	24	24
5	5	5	15	15	23	25	25	22
6	6	7	16	16	14	26	26	27
7	7	6	17	17	19	27	27	26
8	8	8	18	18	16	28	28	29
9	9	9	19	19	20	29	29	28
10	10	11	20	20	15	30	30	30

■ 表 3-5　英語と数学の順位の例

この中の、2 人の生徒 i と j の数学と英語を見たときに、数学も英語も生徒 i より生徒 j のほうが順位が高いというような i と j の組み合わせの数を数えて C とし、生徒 i は j より数学は高いが英語は低いというような i と j の組み合わせの数を数えて D とします。

この例では $C = 407$、$D = 28$ となっていました。$C + D$ を合計するとすべての組み合わせなので

$$\frac{30 \times 29}{2} = 435$$

のはずです。また、この例では同順位はなく、ケンドールの τ は T と U が 0 の場合になるので、

$$\tau = \frac{407 - 28}{407 + 28} \fallingdotseq 0.871$$

第3章 統計的な手法を使った多変量の分析 ～ 相関分析・回帰分析・主成分分析・因子分析

となります。実際、元のデータを見ても、数学の成績順位と英語の成績順位がほとんど一致していることがわかります。

Python では SciPy の stats モジュールの中に、ケンドールの τ を計算する kendalltau 関数があります。これを使ったプログラムを**リスト 3-8** に示します。結果は、$\tau = 0.8713$ になりました。

■ リスト 3-8　ケンドールの τ を計算した例

```
# Kendall Tauの例
# -*- coding: utf-8 -*-
import numpy as np
import scipy.stats as st
rank1 = [
    (1, 2), (2, 1), (3, 3), (4, 4),
    (5, 5), (6, 7), (7, 6), (8, 8),
    (9, 9), (10, 11), (11, 10), (12, 13),
    (13, 18), (14, 12), (15, 23), (16, 14),
    (17, 19), (18, 16), (19, 20), (20, 15),
    (21, 17), (22, 21), (23, 25), (24, 24),
    (25, 22), (26, 27), (27, 26), (28, 29),
    (29, 28), (30, 30)
]
x = [u[0] for u in rank1]
y = [u[1] for u in rank1]
tau, p_value = st.kendalltau(x, y)
print('tau', tau.round(4), 'p_value', p_value)
# 出力結果は
# tau 0.8713 p_value 1.3633427475e-11
```

別の例として、順序尺度のサンプルが分割表の形に整理されている場合を考えます。たとえば、賛成・反対や好き・嫌いなどの尺度でのアンケート調査で、集計後の**表 3-6** のような結果がある場合です。この例では、（賛成）＞（どちらでもない）＞（反対）のような順序関係を想定できます。

	案件 A に賛成	どちらでもない	案件 A に反対
案件 B に賛成	91	284	22
どちらでもない	35	106	6
案件 B に反対	52	55	10

■ 表 3-6　アンケート結果の分割表

この分割表に整理済みのデータを使って、右上がりの組み合わせの数 C を数えるためには、次のように考えます。

まず、この分割表の行・列の並び方が、散布図で描くときの「右方向・上方向が値が大きい」という軸の向きと異なるので、わかりやすくするために同じにしておきます。この

変形は見た目だけの工夫で、計算上の本質ではありません。その結果が**表 3-7** です。

	案件 A に反対	どちらでもない	案件 A に賛成
案件 B に賛成	$22\cdots a$	$284\cdots b$	$91\cdots c$
どちらでもない	$6\cdots d$	$106\cdots e$	$35\cdots f$
案件 B に反対	$10\cdots g$	$55\cdots h$	$52\cdots i$

■ 表 3-7　アンケート結果の分割表（横軸を反転した）

この表 3-7 で、2 つの要素をとったときの右上がり・左上がりの対の数を数えます。右上がりの対では、$d \to b$、$d \to c$、$e \to c$、$g \to e$、$g \to f$、$g \to b$、$g \to c$、$h \to f$、$h \to c$ の組が当たります。それ以外の組は右上がりになりません。

さらに、それぞれの組は両端の数の積が組み合わせ数になります。たとえば、b（6 個）→ d（284 個）の組は 6×284 の対があります。これらの和が右上がりの対の数 C になります。結果は $C = 23986$ となりました。

同様に、右下がりの対は、$a \to e$、$a \to f$、$a \to h$、$a \to i$、$b \to f$、$b \to i$、$d \to h$、$d \to i$、$e \to i$ の組が当たります。同様に両端の数を掛けたものの和が右下がりの対の数 $D = 36318$ になります。

同順位のペアは、行ごと（A への賛否が同順位）と列ごと（B への賛否が同順位）の両方を考える必要があります。つまり、行ごとには、a（A 賛成、B 賛成）と同順位なのは B 賛成の行にあるすべての要素からの対ですから、a（A 賛成、B 賛成）＋ b（A 中立、B 賛成）＋ c（A 反対、B 賛成）の中から 2 つ（1 対）を選ぶ組み合わせの数

$$_{a+b+c}C_2 = \frac{(a+b+c) \cdot (a+b+c-1)}{2}$$

になります。同様に他の行も $_{d+e+f}C_2$ および $_{g+h+i}C_2$ として計算できます。これらの和が T になります。その値は $T = 96123$ でした。

同様に、列ごとで考えた同順位ペアは、同じ考え方で $_{a+d+g}C_2$、$_{b+e+h}C_2$、$_{c+f+i}C_2$ になり、これらの和が U になります。$U = 115246$ となりました。

また、全要素の中から 2 個を対にする組み合わせの数は、$n = a+b+c+d+e+f+g+h+i = 22+284+91+6+106+35+10+55+52 = 661$ とすると、

$$S = {}_nC_2 = \frac{n!}{(n-2) \cdot 2!} = \frac{n \cdot (n-1)}{2} = 218130$$

これらを使って

$$\tau = \frac{C - D}{\sqrt{S-T} \cdot \sqrt{S-U}} \fallingdotseq -0.1101$$

第3章 統計的な手法を使った多変量の分析　～ 相関分析・回帰分析・主成分分析・因子分析

が得られます。

これを計算するプログラムとして、**リスト 3-9** に上記の式から求める手続きを示します。また**リスト 3-10** は、分割表から元になったアンケートデータを再生成し、それを SciPy の stats にあるライブラリ kendalltau を用いて計算するプログラムです（アンケートの元データが入手できるのであれば、それをそのまま使うことができます）。いずれも、τ の値として -0.1101 を得ており、相関係数として見るとほとんど相関がないといえる程度になっています。

■ リスト3-9　ケンドールの τ を分割表のセルの値から計算するプログラム例

```
# -*- coding: utf-8 -*-
# 分割表のセルの値からケンドールのτを計算する例
import math
import pandas as pd
import numpy as np
import scipy.stats as st
def comb(u):
    # 個数ベクトルu=[a, b, ... n]のデータ点から2つをとる組み合わせ数
    # a+b+...+n C 2 を計算する関数
    return sum(u)*(sum(u)-1)/2

# このdは、分割表を、散布図と同じような軸方向に並べ替えたもの
d = np.array([ [ 22, 284, 91 ],
    [ 6, 106, 35 ],
    [ 10, 55, 52 ] ] )
# CとDの計算、ここでは1つひとつ数えた
C = d[0, 2] * (d[1, 0] + d[2, 0] + d[1, 1] + d[2, 1]) + \
    d[0, 1] * (d[1, 0] + d[2, 0]) + d[1, 2] * (d[2, 0] + d[2, 1]) + \
    d[1, 1] * d[2, 0]
D = d[2, 2] * (d[0, 0] + d[0, 1] + d[1, 0] + d[1, 1]) + \
    d[2, 1] * (d[0, 0] + d[1, 0]) + d[1, 2] * (d[0, 0] + d[0, 1]) + \
    d[1, 1] * d[0, 0]
# UとSの計算
U = comb(d[0, :]) + comb(d[1, :]) + comb(d[2, :])
S = comb(d[:, 0]) + comb(d[:, 1]) + comb(d[:, 2])
# すべての要素から2つをとる対の組み合わせの数allを計算
all = sum(sum(d)) * (sum(sum(d)) - 1) / 2
print('C', C, 'D', D, 'U', U, 'S', S, 'all', all)
# これらより、ケンドールのτを計算
ttau = (C - D) / (math.sqrt(all - U) * math.sqrt(all - S))
print('ttau', ttau.round(4))
# 出力結果は
# C 23986 D 36318 U 96123.0 S 115246.0 all 218130.0
# ttau -0.1101
```

■ リスト 3-10　ケンドールの τ を scipy.stats.kendalltau によって計算するプログラム例

```
# -*- coding: utf-8 -*-
# 分割表からデータを生成し、それをscipy.stats.kendalltauによって計算する例
import numpy as np
import scipy.stats as st

d = np.array([ [ 91, 284, 22 ],
    [ 35, 106, 6 ],
    [ 52, 55, 10 ] ] )
# dの分割表に従うデータを生成するループ
z = [[[i, j]] * (d[i, j]) for i in range(3) for j in range(3)]
# zを二重リストから平らなリストに変換する
tdata = []
for v in z:
    tdata.extend(v)
# kendalltauの入力はxの値のベクトルとyの値のベクトルなのでそれに合わせる
x = [u[0] for u in tdata]
y = [u[1] for u in tdata]
# kencalltauを呼び出す。結果はtauとp値が返る
tau, p_value = st.kendalltau(x, y)
print('tau', tau.round(4), 'p_value', p_value)
# 出力結果は
# tau -0.1101 p_value 2.29971067849e-05
```

3.2.3　χ^2 とクラメールの連関係数 V

ピアソンの χ^2 二乗検定などで用いられる χ^2 とは、観測値を O、理論値（期待値）を E とするとき、

$$\chi^2 = \sum \frac{(O-E)^2}{E}$$

と定義されるもので、統計学ではたとえば適合度検定や独立性検定などに広く用いられています。

ここでカテゴリー $[1, \cdots, i, \cdots, k]$ に対して、O_i は観測度数 f_i を、E_i は理論的に予測される度数、つまり総観測度数 n と理論上の発生確率 p_i の積 np_i を用いて計算できます。これらによって上式を置き換えると

$$\chi^2 = \sum_{i=1}^{k} \frac{(f_i - np_i)^2}{np_i}$$

となります。

クラメールの連関係数 V は、χ^2 をピアソンの χ 二乗検定で得られる値、N をデータの総数、k を行数・列数の少ないほうとすると

$$V = \sqrt{\frac{\chi^2}{N \times (k-1)}}$$

と定義されます。

特に 2×2 の分割表の場合、$k = 2$ となるので、

$$V = \sqrt{\frac{\chi^2}{N}}$$

となります。なお、2×2 の分割表の場合に限り、クラメールの連関係数 V とファイ係数 φ の絶対値は一致します。つまり、

$$V = \sqrt{\frac{\chi^2}{N}} = |\varphi|$$

となります。

3.2.4　スピアマンの順位相関係数

スピアマンの順位相関係数は、連続変数に対するピアソンの（積率）相関係数の算出法を、順序尺度の場合に適用したものです。

ここで順位を数値としておいて、ピアソンの相関係数を計算します。

$$\rho = 1 - \frac{6\sum_i d_i^2}{n(n^2 - 1)}$$

ただし n はデータの個数、d_i は順位の差とし、同順位は存在しないものとします。なお、連続変数に対するピアソンの相関係数と異なる点として、検定を行うときに、ピアソンの相関係数は、母分布が正規分布であることを仮定しますが、スピアマンの順位相関係数は、分布の形を仮定しないで検定できることがあります（ノンパラメトリックな指標）。

この式は、ピアソンの相関係数の定義から単純に式変形で導出されます。

$$\begin{aligned}
r_{xy} &= \frac{\sum_{i=1}^{n}(x_i - \overline{x})(y_i - \overline{y})}{\sqrt{\sum_{i=1}^{n}(x_i - \overline{x})^2}\sqrt{\sum_{i=1}^{n}(y_i - \overline{y})^2}} \\
&= \frac{\frac{1}{n}\sum(x_i - \overline{x})(y_i - \overline{y})}{\sqrt{\frac{1}{n}\sum(x_i - \overline{x})^2 \times \frac{1}{n}\sum(y_i - \overline{y})^2}} \\
&= \frac{\sum x_i \cdot y_i - n\overline{x} \cdot \overline{y}}{\left(\sum x_i^2 - n\overline{x}^2\right) \times \left(\sum y_i^2 - n\overline{y}^2\right)}
\end{aligned}$$

ここで、$(x \text{の個数}) = (y \text{の個数}) = n$ で、同順位がないとすると、

$$\sum x_i = \sum y_i = \frac{n(n+1)}{2}$$
$$\sum x_i{}^2 = \sum y_i{}^2 = \frac{n(n+1)(2n+1)}{6}$$
$$\overline{x} = \frac{n+1}{2}, \quad \overline{y} = \frac{n+1}{2}$$

であるので、

$$r_{xy} = \frac{\sum x_i y_i - \frac{n(n+1)^2}{4})}{\frac{n(n+1)(n-1)}{12}}$$
$$= \frac{12 \cdot \sum x_i y_i - 3n \cdot (n+1)^2}{n(n+1)(n-1)}$$
$$= 1 - \frac{-12 \cdot \sum x_i y_i + 3n \cdot (n+1)^2 + n(n+1)(n-1)}{n(n+1)(n-1)}$$
$$= 1 - \frac{1}{n(n+1)(n-1)} \cdot \left(-12 \cdot \sum x_i y_i + 3n \cdot (n+1)^2 + n(n+1)(n-1)\right)$$
$$= 1 - \frac{6}{n(n+1)(n-1)} \cdot \left(-2 \cdot \sum x_i y_i + \frac{1}{6}n(n+1)(3(n+1) + (n-1))\right)$$
$$= 1 - \frac{6}{n(n+1)(n-1)} \cdot \left(-2 \cdot \sum x_i y_i + \frac{1}{6}n(n+1) \times 2(2n+1)\right)$$
$$= 1 - \frac{6}{n(n+1)(n-1)} \cdot \left(-2 \cdot \sum x_i y_i + 2 \cdot \frac{n(n+1)(2n+1)}{6}\right)$$
$$= 1 - \frac{6}{n(n+1)(n-1)} \cdot \left(-2 \cdot \sum x_i y_i + \sum x_i{}^2 + \sum y_i{}^2\right)$$
$$= 1 - \frac{6}{n(n+1)(n-1)} \cdot \left(\sum x_i{}^2 + \sum y_i{}^2\right) - 2 \sum x_i y_i$$
$$= 1 - \frac{6}{n(n^2-1)} \cdot \sum (x_i - y_i)^2$$

Pythonでは、上記の導出の計算式どおりに計算することもできますし、scikit-learnのstatsにあるパッケージspearmanrによっても計算できます。両方のプログラム例をリスト3-11に示します。

■ リスト3-11 スピアマンの順位相関係数の計算例

```
import numpy as np
import scipy.stats
# 自前で計算する関数rank_corrcoef
def rank_corrcoef(data):
    n = len(data)
    d = 0
    for x, y in data:
        d += (x - y) ** 2
    return 1.0 - 6.0 * d / (n ** 3 - n)
```

```
# 順位の値を与えるサンプルデータ
rank1 = [
    (1, 2), (2, 1), (3, 3), (4, 4),
    (5, 5), (6, 7), (7, 6), (8, 8),
    (9, 9), (10, 11), (11, 10), (12, 13),
    (13, 18), (14, 12), (15, 23), (16, 14),
    (17, 19), (18, 16), (19, 20), (20, 15),
    (21, 17), (22, 21), (23, 25), (24, 24),
    (25, 22), (26, 27), (27, 26), (28, 29),
    (29, 28), (30, 30)
]
# 自前の関数rank_corrcoefを使った例
print('rank_corrcoefの出力', round(rank_corrcoef(rank1), 4))

# scipy.statsのspearmanrを使った例。戻り値はrhoとp値の2つ
rho, p = scipy.stats.spearmanr(rank1)
print('rho', rho.round(4), 'p', p)

# 実行結果は
# rank_corrcoefの出力 0.9617
# rho 0.9617 p 2.79517615013e-17
```

　与えたデータが、たとえばそれぞれの生徒の数学の順位と理科の順位だとすると、明らかに数学と理科の順位は相関がある、数学の順位が高ければ理科の順位も高い、という関係を見て取ることができます。このとき、実行結果で見ると順位相関係数は 0.96 と非常に高く、また p 値も十分低くなって、無相関という帰無仮説が棄却されることがわかります。

3.3 主成分分析

　主成分分析は、「多次元の変数を結合して、なるべく少ない次元でデータ全体の特徴を表そう、説明しよう」とする手法で、「次元の圧縮」ということができます。2 次元や 3 次元のデータであれば、グラフを描いて全体をつかむことができますが、それ以上の変数の次元があると感覚的につかむことが難しくなることがあります。もしうまく 2〜3 次元の変数に圧縮して説明ができれば、図を描くことができ、理解しやすくなります。
　例を考えてみましょう。身長と体重の間にはかなり強い正の相関があります。もちろん同じ身長でも体重の多い人と少ない人があり、年齢によっても子供と大人、若者と中年と老人ではいろいろと違いますから幅はあるのでしょうが、それでも正の相関があります。そうだとすると、身長と体重の一方を指定すれば、他方は従属的に値が決まる、ということになります。つまり、値を指定するのに 2 つはいらない、1 つで済む、ということになります。つまり、2 次元のデータが 1 次元に圧縮できる、ということです。

3.1 節で相関を理解するのに、散布図上で回帰直線を引きました。回帰直線はそれに沿ってデータが散らばっているので、回帰直線が横軸になるように座標を回転すると、横軸が（主な）散らばりの向き、縦軸がそれと直角な向きになります（**図 3-6**）。そうすると、横軸の位置がデータ全体のなかでの大まかな位置を表し、縦軸の位置は大まかな位置からのずれを表すと解釈できます。主成分分析は、このように「座標を回転して、データの大まかな位置付けを最もうまく表す方向にその向きを決める」ということを行います。この横軸のことを第1主成分と呼びます。データの次元数が3次元であれば、まだ2次元の自由度があります。その残った2次元のなかで同じように主たる成分とそれに直行する成分に分けることができて、それを第2主成分と呼びます。散布図を見てわかるように、第1主成分は成分のばらつきが最も大きくなる方向にとり、これによって大まかな位置付けが最もよくわかるということになります。

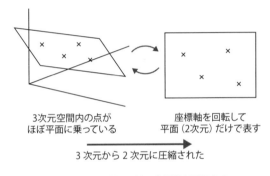

■ 図 3-6　主成分分析は座標軸を回転する

数値例 3-3　iris の主成分分析

> データ解析の参考書によく出されるフィッシャーのアヤメ（iris）の例を見てみましょう。アヤメの花は、大きな花びらに見える3枚が「がく片」（sepal；正式には「外花被片」）で、中央に立っているやや小さい花びら3枚が「花びら」（petal；花弁、正式には「内花被片」）だそうですが、それぞれの「長さ」と「幅」を測ったデータがあります。
>
> 3品種のアヤメ setosa、versicolor、virginica について測定し、種間の花びらの形態の違いが議論されているのだそうです[8]。フィッシャーのアヤメのデータは、3品種

---

[8]　データの出典：Fisher, R.A., "The use of multiple measurements in taxonomic problems", Annual Eugenics, 7, Part II, 179-188（1936）
　　研究の出典：Anderson, E., "The Species Problem in Iris", Annals of the Missouri Botanical Garden 23:457-509（1936）

それぞれから 50 個の花について（計 150 個）、がく片・花びらの長さと幅（4 データ）があります。

図 3-7 は、これらの花びらの長さと花びらの幅を軸にとって描いた 2 次元の散布図ですが、3 品種を区別するのにこの 2 つだけの組み合わせでかなりうまく区別できています。しかし細かく見ると、分布の重なりがあって品種を区別しづらい部分があります。

参考に、この散布図を描くプログラムを**リスト 3-12** に示します。これを、4 つの座標軸を回転することによって、2 軸に射影したときの散布図が 3 つの種の区別をよく表すようにしたいが、どう回転したらよいか、というのがまさに主成分分析の狙いです。

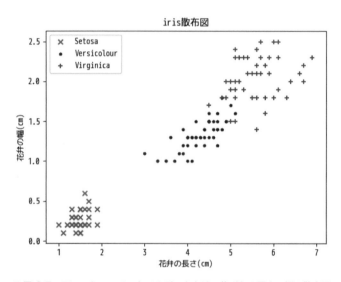

■ 図 3-7　フィッシャーのアヤメのデータより、花びらの長さ・幅の散布図

■ リスト 3-12　フィッシャーのアヤメのデータより、花びらの長さ・幅の散布図を描くプログラム例

```
# -*- coding: utf-8 -*-
# フィッシャーのアヤメのデータより、花びらの長さ・幅の散布図を描くプログラム
import numpy as np
import matplotlib.pyplot as plt
from sklearn.datasets import load_iris
import pandas as pd
# フィッシャーのアヤメのデータを読み込む。iris.data、iris.target、iris.DESCRからなる
iris = load_iris()
```

```
species = ['Setosa', 'Versicolour', 'Virginica']
irispddata = pd.DataFrame(iris.data, columns=iris.feature_names)
irispdtarget = pd.DataFrame(iris.target, columns=['target'])
irispd = pd.concat([irispddata, irispdtarget], axis=1)
irispd0 = irispd[irispd.target == 0]
irispd1 = irispd[irispd.target == 1]
irispd2 = irispd[irispd.target == 2]
plt.scatter(irispd0['petal length (cm)'], irispd0['petal width (cm)'], c='red', \
    label=species[0], marker='x')
plt.scatter(irispd1['petal length (cm)'], irispd1['petal width (cm)'], c='blue', \
    label=species[1], marker='.')
plt.scatter(irispd2['petal length (cm)'], irispd2['petal width (cm)'], c='green', \
    label=species[2], marker='+')
plt.title('iris散布図')
plt.xlabel('花弁の長さ(cm)')
plt.ylabel('花弁の幅(cm)')
plt.legend()
plt.show()
```

主成分を求める計算の原理を、単純な場合を例にして紹介します（実際のデータでの計算はプログラムパッケージで行います）。

簡単のため、2次元（2変量）のデータから第1主成分の方向を計算する方法を考えます。主成分の方向は、主成分の軸上で分散が最大になる（つまりデータ点が最もばらけて、よく表される）方向に決めます。つまり、軸変換後の分散を計算して、それを最大化する方向を決めればよいわけです。

元の座標でのデータ点 $a_i = (a_x, a_y)_i$ があるとき、(第1) 主成分軸への変換後の値 $z_i = e_x \cdot a_{xi} + e_y \cdot a_{yi}$ を考えます。ここで (e_x, e_y) は主成分軸を表す単位ベクトルです。

このとき、主成分の分散 V は、

$$\begin{aligned} V &= \frac{1}{n}\sum(z_i - \bar{z})^2 \quad (\text{ただし } \bar{z} \text{ は } z \text{ の平均}) \\ &= \frac{1}{n}\sum[(e_x a_{xi} + e_y a_{yi}) - (e_x \bar{a}_x + e_y \bar{a}_y)]^2 \\ &= \frac{1}{n}\sum[e_x(a_{xi} - \bar{a}_x) + e_y(a_{yi} - \bar{a}_y)]^2 \\ &= \frac{1}{n}\sum[e_x^2(a_{xi} - \bar{a}_x)^2 + 2e_x e_y(a_{xi} - \bar{a}_x)(a_{yi} - \bar{a}_y) + e_y^2(a_{yi} - \bar{a}_y)^2] \\ &= e_x^2 s_{xx} + 2e_x e_y s_{xy} + e_y^2 s_{yy} \end{aligned}$$

ただし、最後の行は、

$$\begin{cases} \overline{a}_x = \dfrac{1}{n}\sum a_{xi}, \quad \overline{a}_y = \dfrac{1}{n}\sum a_{yi} \\ s_{xx} = \dfrac{1}{n}\sum(a_{xi}-\overline{a}_x)^2, \quad s_{yy} = \dfrac{1}{n}\sum(a_{yi}-\overline{a}_y)^2 \\ s_{xy} = s_{yx} = \dfrac{1}{n}\sum(a_{xi}-\overline{a}_x)(a_{yi}-\overline{a}_y) \end{cases}$$

で置き換えたものです。この分散 V を最大にする (e_x, e_y) を求めればよいわけです。このとき、(e_x, e_y) は単位ベクトルなので、${e_x}^2 + {e_y}^2 = 1$ の制約条件下での最大化になります。

このような制約条件付きの最大化はラグランジュの未定乗数法によって解くことができます。すなわち、未定乗数を λ と置いたとき、

$$L(e_x, e_y, \lambda) = {e_x}^2 s_{xx} + 2e_x e_y s_{xy} + {e_y}^2 s_{yy} - \lambda({e_x}^2 + {e_y}^2 - 1)$$

を最大化する問題に帰着されるので、L を e_x, e_y, λ でそれぞれ偏微分して 0 と置くことで、e_x, e_y を求めることができます。

$$\begin{cases} \dfrac{\partial L}{\partial e_x} = 2e_x s_{xx} + 2e_y s_{xy} - 2e_x \lambda = 0 \\ \dfrac{\partial L}{\partial e_y} = 2e_y s_{yy} + 2e_x s_{xy} - 2e_y \lambda = 0 \\ \dfrac{\partial L}{\partial \lambda} = -\lambda({e_x}^2 + {e_y}^2 - 1) = 0 \end{cases}$$

ここで 3 番目の式は常に成り立つので、上 2 つの式を e_x, e_y の連立方程式として解きます。行列で書くと

$$\begin{pmatrix} s_{xx} & s_{xy} \\ s_{yx} & s_{yy} \end{pmatrix} \begin{pmatrix} e_x \\ e_y \end{pmatrix} = \lambda \begin{pmatrix} e_x \\ e_y \end{pmatrix}$$

のようになり、実は共分散行列

$$\begin{pmatrix} s_{xx} & s_{xy} \\ s_{yx} & s_{yy} \end{pmatrix}$$

の固有値を求める問題になっています。この固有値 λ は第 1 主成分上の分散に等しくなります。

実際の計算はデータ点の数が多いので、プログラムで処理します。まずフィッシャーのアヤメのデータを主成分分析してみます。元のデータが 4 つの成分を持つ（4 次元）ので、回転して最もデータのばらつきを表す軸から順に、4 つの軸を決めることができます。こ

3.3 主成分分析

こではリスト3-13のプログラムにより、次のような4つの主成分ベクトル（軸の向きのベクトル）が得られました（表3-8）。

	pc1 （第1主成分）	pc2 （第2主成分）	pc3 （第3主成分）	pc4 （第4主成分）
第1次元	0.3616	−0.0823	0.8566	0.3588
第2次元	0.6565	0.7297	−0.1758	−0.0747
第3次元	−0.5810	0.5964	0.0725	0.5491
第4次元	0.3173	−0.3241	−0.4797	0.7511

■ 表3-8　フィッシャーのアヤメの4つの主成分ベクトル

また、各主成分軸に回転した後に取り直した平均と分散は表3-9のようになっています。

	pc1 （第1主成分）	pc2 （第2主成分）	pc3 （第3主成分）	pc4 （第4主成分）
平均	5.843	3.054	3.759	1.199
分散	4.197	0.241	0.078	0.025
寄与率	0.9246	0.053	0.0172	0.0052
累積寄与率	0.9246	0.9776	0.9948	1.

■ 表3-9　フィッシャーのアヤメの4つの主成分軸での平均、分散、寄与率、累積寄与率

分散を見ると、第1主成分軸の分散、つまり散らばり方が最も大きく、第2、第3、第4と次第に小さくなっています。

それぞれの主成分軸の分散が分散の総和に占める割合、言い換えると各主成分軸上のばらつきが元のデータ全体のばらつきに占める割合を、**寄与率**と呼びます。ここで求めた各主成分については、第1主成分からそれぞれ 0.9246、0.0530、0.0172、0.0052 となっており、第1主成分が全体のばらつきの92%を説明し、残りの成分はほとんど影響しないということがわかります。

寄与率の別の見方として、第1主成分から第 m 主成分までの寄与率の和を示した**累積寄与率**を示すこともあります。これは、「第何主成分までとれば、ばらつきがほぼ表現できるか」を示す指標になります。この例題では累積寄与率は、0.9246、0.9776、0.9948、1.0000 なので、第1主成分だけだと92%、第2主成分までを使うと98%、第3主成分まで加えると99%であることがわかります（もともと4次元しかないのですから、第4主成分まで加えれば100%になります）。

図3-8 は、それぞれのデータ点を主成分の方向に合わせて回転した結果のうち、第1主成分（横軸、pc1）と第2主成分（縦軸、pc2）だけをとった（投射した）グラフです。注目したいのは、グラフの横軸と縦軸のスケールの違いです。横軸 pc1 は −3 から +4 まで広がっているのに対して、縦軸 pc2 は −1.0 から +1.5 までになっています。つまり、第

1主成分の広がりに対して、第2主成分は広がりが少ない、散らばりの説明度合が小さい、ということがわかります。

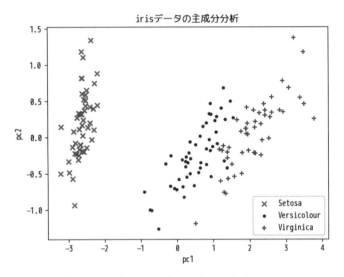

■ 図 3-8　フィッシャーのアヤメのデータの主成分分析の結果

なお、このフィッシャーのアヤメの主成分の散布図（図3-8）を、元の（花びらの長さ、花びらの幅）のデータで描いた散布図（図3-7）と比較してみると、元の散布図を回帰直線の方向に第1主成分が合うように回転したものとなっていることがわかります。

まとめると、主成分分析は、軸の回転、つまり座標の線形変換によって、最も散らばりをよく説明できる軸を選んでいます。得られた回転を用いて元のデータ点を変換できると同時に、回転してできた主成分の軸が、データの散らばりをどれだけ説明できるかを評価することができます。

プログラム例をリスト3-13に示します。主成分分析の処理を行っているのは pca = PCA(...) と pca.fit(irisdata) の部分だけで、それ以降はグラフに表示するための処理を行っています[*9]。

■ リスト 3-13　フィッシャーのアヤメの主成分分析のプログラム例

```
# -*- coding: utf-8 -*-
# iris-pcaplot.py
import numpy as np
import pandas as pd
from sklearn.decomposition import PCA
```

---

*9　実行環境（特にパッケージのバージョン等）で、出力結果の値がわずかに違ってくるケースが見られました。数値が完全に再現しない場合があることをご了承ください。

```python
from sklearn.datasets import load_iris
from matplotlib import pyplot as plt

colors = ['red', 'blue', 'green']
markers = ['x', 'point', 'plus']
# データを準備する
# scikit-learnのデータライブラリからフィッシャーのアヤメのデータを読み込む
iris = load_iris()
species = ['Setosa', 'Versicolour', 'Virginica']
irisdata = pd.DataFrame(iris.data, \
    columns=iris.feature_names)  # データ部分を取り出す
iristarget = pd.DataFrame(iris.target, columns=['target'])  # どの種かの情報を取り出す
irispd = pd.concat([irisdata, iristarget], axis=1)  # 結合する
pca = PCA(n_components = 4)  # PCAクラスのインスタンス生成、成分数を4にする
pca.fit(irisdata)              # データ部分だけを主成分分析に与えて解析する
print('主成分', pca.components_.round(4))  # 結果を表示
print('平均', pca.mean_.round(4))
print('分散', pca.explained_variance_.round(4))
print('共分散', pca.get_covariance().round(4))
print('寄与率', pca.explained_variance_ratio_.round(4))
print('累積寄与率', np.cumsum(pca.explained_variance_ratio_).round(4))
# 出力結果は
# 主成分 [[ 0.3616 -0.0823  0.8566  0.3588]
#  [ 0.6565  0.7297 -0.1758 -0.0747]
#  [-0.581   0.5964  0.0725  0.5491]
#  [ 0.3173 -0.3241 -0.4797  0.7511]]
# 平均 [ 5.8433  3.054   3.7587  1.1987]
# 分散 [ 4.2248  0.2422  0.0785  0.0237]
# 共分散 [[ 0.6857 -0.0393  1.2737  0.5169]
#  [-0.0393  0.188  -0.3217 -0.118 ]
#  [ 1.2737 -0.3217  3.1132  1.2964]
#  [ 0.5169 -0.118   1.2964  0.5824]]
# 各次元の寄与率 [ 0.9246  0.053   0.0172  0.0052]
# 累積寄与率 [ 0.9246  0.9776  0.9948  1.    ]

# 主成分に変換したデータ点をプロットする。表示色を変えるために種ごとに分けて処理する
transformed0 = pca.transform(irisdata[irispd.target == 0])
transformed1 = pca.transform(irisdata[irispd.target == 1])
transformed2 = pca.transform(irisdata[irispd.target == 2])
# scatterメソッドは、xとyを位置の揃った別のリストとして受け取るので、合うように加工
plt.scatter( [u[0] for u in transformed0], [u[1] for u in transformed0], \
    c='red', label=species[0], marker='x')
plt.scatter( [u[0] for u in transformed1], [u[1] for u in transformed1], \
    c='blue', label=species[1], marker='.')
plt.scatter( [u[0] for u in transformed2], [u[1] for u in transformed2], \
    c='green', label=species[2], marker='+')
plt.title('irisデータの主成分分析')
plt.xlabel('pc1')
plt.ylabel('pc2')
plt.legend()
plt.show()
```

また、**因子負荷量**は、主成分に強く寄与している変数を見つけるのに役立つ量です。因子負荷量は、主成分 y が $y = h_1 x_1 + h_2 x_2 + \cdots + h_n x_n$ と表されるとき、$(\sqrt{l}\, h_i, \sqrt{l}\, h_2, \cdots, \sqrt{l}\, h_n)$ で表されます。ただし l は y の固有値（分散）です。

上記の例で因子負荷量を求めると、**表 3-10** のようになっています。花弁の長さ、がくの長さ、がくの幅は第 1 主成分に対して大きな因子負荷を持っているので、これらが第 1 主成分の値を決めていることがわかります。

	pc1	pc2
花弁長さ	0.8912	0.6352
花弁幅	−0.4493	1.5791
がく長さ	0.9917	0.036
がく幅	0.965	0.1116

■ 表 3-10　フィッシャーのアヤメにおける 4 つの成分の因子負荷量

表し方として、それぞれのデータ点と因子負荷量を図にしたバイプロット（biplot）がよく使われます。Python のパッケージではバイプロットを描く関数がないので、R で行われているバイプロットを真似た作図をしてみました。プログラムは**リスト 3-14** に、結果は**図 3-9** に示します。

■ リスト 3-14　フィッシャーのアヤメでバイプロットを描くプログラム例

```python
# -*- coding: utf-8 -*-
import math
import numpy as np
import pandas as pd
from sklearn.decomposition import PCA
from sklearn.datasets import load_iris
from matplotlib import pyplot as plt

from sklearn.preprocessing import scale

def biplot(score, coeff, pcax, pcay, labels=None):
# https://sukhbinder.wordpress.com/2015/08/05/biplot-with-python/を参考にして作成
    pca1 = pcax - 1
    pca2 = pcay - 1
    xs = score[:, pca1]
    ys = score[:, pca2]
    n=score.shape[1]
    scalex = 2.0 / (xs.max() - xs.min())
    scaley = 2.0 / (ys.max() - ys.min())
    # plt.scatter(xs * scalex, ys * scaley)
    for i in range(len(xs)):
        plt.text(xs[i] * scalex, ys[i] * scaley, str(i + 1), color='k', \
            ha='center', va='center')
    for i in range(n):
        plt.arrow(0, 0, coeff[i, pca1], coeff[i, pca2], color='r', alpha=1.0)
```

```
            if labels is None:
                plt.text(coeff[i, pca1] * 1.10, coeff[i, pca2] * 1.10, "Var" + \
                    str(i + 1), color='k', ha='center', va='center')
            else:
                plt.text(coeff[i, pca1] * 1.10, coeff[i, pca2] * 1.10, labels[i], \
                    color='k', ha='center', va='center')

    plt.xlim(min(coeff[:, pca1].min() - 0.1, -1.1), \
        max(coeff[:, pca1].max() + 0.1, 1.1))
    plt.ylim(min(coeff[:, pca2].min() - 0.1, -1.1), \
        max(coeff[:, pca2].max() + 0.1, 1.1))
    plt.xlabel("PC{}".format(pcax))

    plt.ylabel("PC{}".format(pcay))
    plt.grid()
    plt.show()
iris = load_iris()
species = ['Setosa', 'Versicolour', 'Virginica']
irisdata = pd.DataFrame(scale(iris.data), columns=iris.feature_names)
iristarget = pd.DataFrame(iris.target, columns=['target'])
irispd = pd.concat([irisdata, iristarget], axis=1)
pca = PCA(n_components=4)
pca.fit(irisdata)
print('主成分', pca.components_.round(4))
print('平均', pca.mean_.round(4))
print('分散', pca.explained_variance_.round(4))
print('共分散', pca.get_covariance().round(4))
# 寄与率
print('各次元の寄与率', pca.explained_variance_ratio_.round(4))
print('累積寄与率', np.cumsum(pca.explained_variance_ratio_).round(4))
print('標準偏差\n', pd.DataFrame([math.sqrt(u) \
    for u in pca.explained_variance_]).T.round(4))
# 出力結果は
# 主成分 [[ 0.5224 -0.2634  0.5813  0.5656]
#  [ 0.3723  0.9256  0.0211  0.0654]
#  [-0.721   0.242   0.1409  0.6338]
#  [-0.262   0.1241  0.8012 -0.5235]]
# 平均 [-0. -0. -0. -0.]
# 分散 [ 2.9304  0.9274  0.1483  0.0207]
# 共分散 [[ 1.0067 -0.1101  0.8776  0.8234]
#  [-0.1101  1.0067 -0.4233 -0.3589]
#  [ 0.8776 -0.4233  1.0067  0.9692]
#  [ 0.8234 -0.3589  0.9692  1.0067]]
# 各次元の寄与率 [ 0.7277  0.2303  0.0368  0.0052]
# 累積寄与率 [ 0.7277  0.958   0.9948  1.    ]
# 標準偏差
#         0      1      2      3
# 0  1.7118  0.963  0.3852  0.144

u = pd.DataFrame([ [math.sqrt(u) for u in pca.explained_variance_] ] * 9)
u0 = u[0][0]
```

```
pca_components = pd.DataFrame(pca.components_)
x = pca.components_[0, :] * u0
y = pca.components_[1, :] * u0
fuka = (np.array([x, y])).T
biplot(pca.transform(irisdata), fuka, 1, 2, labels=irisdata.columns)
```

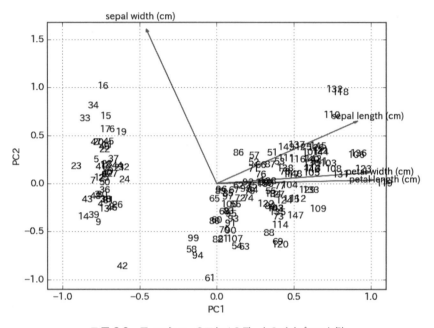

■ 図 3-9　フィッシャーのアヤメのデータのバイプロット例

数値例 3-4　テストの成績の主成分分析

もう1つ例題として、テストの成績の主成分分析を試みます。30人のテストの成績が**表 3-11** のようであったとします。

この成績データから主成分を求めて、主成分軸上にデータ点をプロットしたのが**図 3-10** で、それを行うプログラムを**リスト 3-15** に掲載しています。

3.3 主成分分析

国語	社会	数学	理科	英語
42	49	42	35	48
35	48	45	52	46
44	52	49	38	52
42	52	43	49	46
34	47	45	46	48
43	52	46	36	48
41	39	42	39	43
62	59	59	48	54
46	44	47	39	37
77	61	48	48	67
49	55	57	48	53
48	44	42	46	60
40	38	45	49	34
36	36	44	47	47
54	50	50	45	46

国語	社会	数学	理科	英語
52	47	61	66	46
40	52	36	47	46
63	28	35	42	48
44	33	49	20	29
46	59	50	53	57
51	41	60	59	63
45	39	48	46	45
34	39	43	50	40
34	29	45	44	48
57	46	54	46	42
38	42	41	36	41
43	47	41	53	44
45	51	53	46	53
49	56	54	61	51
35	38	57	65	57

■ 表 3-11　5 教科の点数

　実行結果は、主成分ベクトルとして**表 3-12** が得られ、これをもとに散布図を重ねたものが図 3-10 です。

	pc1 (第1主成分)	pc2 (第2主成分)	pc3 (第3主成分)	pc4 (第4主成分)	pc5 (第5主成分)
第1次元	0.3933	0.4492	0.4494	0.4147	0.5192
第2次元	−0.6098	−0.3268	0.3074	0.652	−0.0421
第3次元	0.3473	−0.2955	0.7246	−0.1959	−0.4782
第4次元	0.4497	−0.7576	−0.23	0.1736	0.3752
第5次元	0.388	0.1737	−0.3543	0.5783	−0.5994

■ 表 3-12　成績データの 5 つの主成分ベクトル

第3章 統計的な手法を使った多変量の分析 ～ 相関分析・回帰分析・主成分分析・因子分析

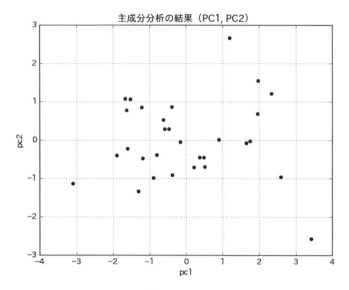

■ 図 3-10 成績データの主成分分析の結果

また、各主成分軸に回転した後の値について、取り直した平均と分散は**表 3-13**のようになっています。

第1主成分の分散が最大で寄与率も 47%、第2主成分の寄与率は 20% と、ここまでで 68% を占めています。

	pc1 （第1主成分）	pc2 （第2主成分）	pc3 （第3主成分）	pc4 （第4主成分）	pc5 （第5主成分）
平均	0.	0.	−0.	0.	−0.
分散	2.3721	1.0231	0.6664	0.5987	0.3396
寄与率	0.4744	0.2046	0.1333	0.1197	0.0679
累積寄与率	0.4744	0.679	0.8123	0.9321	1.

■ 表 3-13　成績データの 5 つの主成分軸での平均、分散、寄与率、累積寄与率

■ リスト 3-15　成績データの主成分分析

```
# -*- coding: utf-8 -*-
import math
import numpy as np
import pandas as pd
import matplotlib.pyplot as plt
from sklearn.decomposition import PCA
from sklearn.preprocessing import scale
subject = ['国語', '社会', '数学', '理科', '英語']
seiseki_a = np.array([
```

```
    [42, 49, 42, 35, 48], [35, 48, 45, 52, 46], [44, 52, 49, 38, 52],
    [42, 52, 43, 49, 46], [34, 47, 45, 46, 48], [43, 52, 46, 36, 48],
    [41, 39, 42, 39, 43], [62, 59, 59, 48, 54], [46, 44, 47, 39, 37],
    [77, 61, 48, 48, 67], [49, 55, 57, 48, 53], [48, 44, 42, 46, 60],
    [40, 38, 45, 49, 34], [36, 36, 44, 47, 47], [54, 50, 50, 45, 46],
    [52, 47, 61, 66, 46], [40, 52, 36, 47, 46], [63, 28, 35, 42, 48],
    [44, 33, 49, 20, 29], [46, 59, 50, 53, 57], [51, 41, 60, 59, 63],
    [45, 39, 48, 46, 45], [34, 39, 43, 50, 40], [34, 29, 45, 44, 48],
    [57, 46, 54, 46, 42], [38, 42, 41, 36, 41], [43, 47, 41, 53, 44],
    [45, 51, 53, 46, 53], [49, 56, 54, 61, 51], [35, 38, 57, 65, 57]
])
seiseki_in = pd.DataFrame(seiseki_a, columns=subject)
seiseki = scale(seiseki_in)
pca = PCA()
pca.fit(seiseki)
print('主成分', pca.components_.round(4))
print('平均', pca.mean_)
print('共分散', pca.get_covariance())
# 寄与率
print('各次元の寄与率', pca.explained_variance_ratio_)
print('累積寄与率', np.cumsum(pca.explained_variance_ratio_).round(4))
print('標準偏差', [math.sqrt(u) for u in pca.explained_variance_])

u = pd.DataFrame([ [math.sqrt(u) for u in pca.explained_variance_] ] * 9)
u0 = u[0][0]
pca_components = pd.DataFrame(pca.components_)
x = pca.components_[0, :] * u0
y = pca.components_[1, :] * u0
fuka = (np.array([x, y])).T
print('負荷\n', fuka.round(4))
# 主成分をプロットする
transformed = pca.fit_transform(seiseki)
plt.scatter( [u[0] for u in transformed], [u[1] for u in transformed] )
plt.title('主成分分析の結果（PC1, PC2）')
plt.grid()
plt.xlabel('pc1')
plt.ylabel('pc2')
plt.show()

# 出力結果は
# 主成分 [[ 0.3933   0.4492   0.4494   0.4147   0.5192]
#  [-0.6098  -0.3268   0.3074   0.652   -0.0421]
#  [ 0.3473  -0.2955   0.7246  -0.1959  -0.4782]
#  [ 0.4497  -0.7576  -0.23     0.1736   0.3752]
#  [ 0.388    0.1737  -0.3543   0.5783  -0.5994]]
# 平均 [ 0.  0. -0.  0. -0.]
# 共分散 [[ 1.0345   0.3863   0.2964   0.0597   0.4366]
#  [ 0.3863   1.0345   0.3277   0.2253   0.4717]
#  [ 0.2964   0.3277   1.0345   0.4749   0.3412]
#  [ 0.0597   0.2253   0.4749   1.0345   0.4824]
#  [ 0.4366   0.4717   0.3412   0.4824   1.0345]]
# 各次元の寄与率 [ 0.4744   0.2046   0.1333   0.1197   0.0679]
```

```
# 累積寄与率 [ 0.4744  0.679   0.8123  0.9321  1.      ]
# 標準偏差 [ 1.5665  1.0288  0.8303  0.787   0.5927]
# 負荷
# [[ 0.6161 -0.9553]
#  [ 0.7037 -0.5119]
#  [ 0.704   0.4816]
#  [ 0.6496  1.0213]
#  [ 0.8134 -0.066 ]]
```

　この成績データの因子負荷量は、**表 3-14** のようになっています。この例の場合は第1主成分への因子負荷が正の大きい値で科目の差があまりないので、5つの科目の合計点もしくは平均点と連動する値になっているでしょう。

　他方、第2主成分では、負荷が負になっている国語と社会、正になっている数学と理科、ほぼ0の英語、と3つのグループに分かれています。これは、数理系科目と文科系科目の2グループを区別する因子と見ることができます。英語は第2主成分の面では中立（負荷がほぼ0）ですが、全体の合計点には強く影響しています。

　図 3-11 に示すバイプロットでは、それぞれの生徒の点が番号で書かれていますが、図の右側ほど合計点が高く左は低い、また、図の上側が数理系で下側が文科系科目というように見ることができます。たとえば30番の生徒は「数理系科目で成績が良い」という表示になっていますが、実際の点数でも国語35点、社会38点、数学57点、理科65点、英語57点と、数学と理科で平均より高い点をとっています。

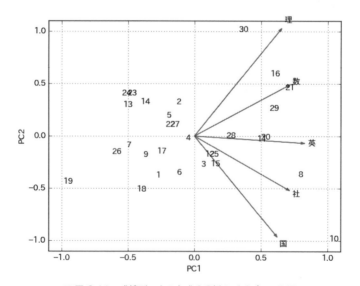

■ 図 3-11　成績データの主成分分析のバイプロット図

3.3 主成分分析

	pc1	pc2
国語	0.6057	−0.9392
社会	0.6919	−0.5033
数学	0.6921	0.4735
理科	0.6387	1.0041
英語	0.7997	−0.0649

■ 表 3-14　成績データの 5 つの成分における因子負荷量

プログラムを**リスト 3-16** に示します。

■ リスト 3-16　成績データの主成分分析、バイプロットを描く

```
# -*- coding: utf-8 -*-
# 成績データ30人を主成分分析
import math
import numpy as np
import pandas as pd
import matplotlib.pyplot as plt
from sklearn.decomposition import PCA
from sklearn.preprocessing import scale


def biplot(score, coeff, pcax, pcay, labels=None):
# https://sukhbinder.wordpress.com/2015/08/05/biplot-with-python/よりアイデアを借用
    pca1 = pcax - 1
    pca2 = pcay - 1
    xs = score[:, pca1]
    ys = score[:, pca2]
    n=score.shape[1]
    scalex = 2.0 / (xs.max() - xs.min())
    scaley = 2.0 / (ys.max() - ys.min())
    for i in range(len(xs)):
        plt.text(xs[i] * scalex, ys[i] * scaley, str(i + 1), color='k', \
            ha='center', va='center')
    for i in range(n):
        plt.arrow(0, 0, coeff[i, pca1], coeff[i, pca2], color='r', alpha=1.0)
        if labels is None:
            plt.text(coeff[i, pca1] * 1.10, coeff[i, pca2] * 1.10, \
                "Var" + str(i + 1), color='k', ha='center', va='center')
        else:
            plt.text(coeff[i, pca1] * 1.10, coeff[i, pca2] * 1.10, \
                labels[i], color='k', ha='center', va='center')
    plt.xlim(min(coeff[:, pca1].min() - 0.1, -1.1), \
        max(coeff[:, pca1].max() + 0.1, 1.1))
    plt.ylim(min(coeff[:, pca2].min() - 0.1, -1.1), \
        max(coeff[:, pca2].max() + 0.1, 1.1))
    plt.xlabel("PC{}".format(pcax))
    plt.ylabel("PC{}".format(pcay))
    plt.grid()
    plt.show()
```

```
subject = ['国語', '社会', '数学', '理科', '英語']
seiseki_a = np.array([
  [42, 49, 42, 35, 48], [35, 48, 45, 52, 46], [44, 52, 49, 38, 52],
  [42, 52, 43, 49, 46], [34, 47, 45, 46, 48], [43, 52, 46, 36, 48],
  [41, 39, 42, 39, 43], [62, 59, 59, 48, 54], [46, 44, 47, 39, 37],
  [77, 61, 48, 48, 67], [49, 55, 57, 48, 53], [48, 44, 42, 46, 60],
  [40, 38, 45, 49, 34], [36, 36, 44, 47, 47], [54, 50, 50, 45, 46],
  [52, 47, 61, 66, 46], [40, 52, 36, 47, 46], [63, 28, 35, 42, 48],
  [44, 33, 49, 20, 29], [46, 59, 50, 53, 57], [51, 41, 60, 59, 63],
  [45, 39, 48, 46, 45], [34, 39, 43, 50, 40], [34, 29, 45, 44, 48],
  [57, 46, 54, 46, 42], [38, 42, 41, 36, 41], [43, 47, 41, 53, 44],
  [45, 51, 53, 46, 53], [49, 56, 54, 61, 51], [35, 38, 57, 65, 57]
])
seiseki_in = pd.DataFrame(seiseki_a, columns=subject)
seiseki = scale(seiseki_in)

pca = PCA()
pca.fit(seiseki)

print('主成分', pca.components_.round(4))
print('平均', pca.mean_.round(4))
print('共分散', pca.get_covariance().round(4))
print('各次元の寄与率', pca.explained_variance_ratio_.round(4))
print('累積寄与率', np.cumsum(pca.explained_variance_ratio_).round(4))
print('分散', pca.explained_variance_.round(4))
print('標準偏差', pd.DataFrame([math.sqrt(u) \
    for u in pca.explained_variance_]).T.round(4))

u = pd.DataFrame([ [math.sqrt(u) for u in pca.explained_variance_] ] * 9)
u0 = u[0][0]
pca_components = pd.DataFrame(pca.components_)

x = pca.components_[0, :] * u0
y = pca.components_[1, :] * u0
fuka = (np.array([x, y])).T
print('fuka\n', fuka.round(4))

biplot(pca.transform(seiseki), fuka, 1, 2, labels=subject)
```

3.4 因子分析

3.4.1 因子分析の考え方

因子分析は、多数の変数で表されるデータからいくつかの共通する因子を抽出し、より少ない因子で現象を説明しようとするものです（**図 3-12**）。主成分分析とよく似ているのですが、因果関係の考え方が逆方向ということで区別する議論がよく見られます。

具体的には、観測される変数を $[X_1, X_2, \cdots, X_p]$ とするとき、主成分分析における主

成分 PC_i は

$$PC_i = l_{i1}X_1 + \cdots + l_{ip}X_p$$

であって、観測変数 X_j から作られる合成変数だと考えられます。つまり、「観測変数が原因で、主成分が結果である」という因果関係になっています。他方、因子分析ではモデルは

$$X_i = \lambda_{i1}F_1 + \cdots + \lambda_{ik}F_k + u_i$$

であって、「因子 F_j が原因であって、観測変数 X_i が結果」という関係になっています[*10]。

実際の処理では、主成分分析では、主成分の数は元の観測変数の次元の成分を用意して、その中から少ない成分でどれだけカバーされるかを累積寄与率で見ますが、因子分析では初めから因子の数を決めておき、それにできるだけフィットする形を作ります。さらに、因子分析では説明できない部分を独自の誤差因子として認めますが、これは主成分分析では行わないこと（誤差の項を立てない、解析自体が誤差を含む）です。

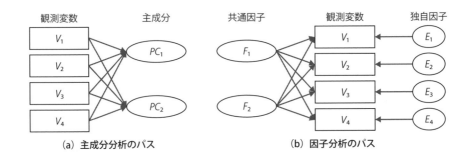

■ 図 3-12　因子分析と主成分分析

たとえば、主成分分析で用いた成績の**数値例 3-4** のように 5 教科の点数があるとします。これを観測変数 x_i として、2 つの共通因子 f_1, f_2 から説明するモデルを作ることを考えます。ただし、観測変数は事前に標準化（平均が 0、分散が 1 となるように変換）されているものとします。式で書くと

[*10] 狩野裕「主成分分析は因子分析ではない！」(http://www.sigmath.es.osaka-u.ac.jp/~kano/research/seminar/30BSJ/kano.pdf) を参考にしました。

$$\begin{cases} x_{11} = a_{11}f_{11} + a_{12}f_{12} + e_{11}, & \cdots, \ x_{51} = a_{51}f_{11} + a_{52}f_{12} + e_{15} \\ x_{12} = a_{11}f_{21} + a_{12}f_{22} + e_{21}, & \cdots, \ x_{52} = a_{51}f_{21} + a_{52}f_{22} + e_{25} \\ \qquad\qquad\qquad\qquad \vdots \\ x_{1n} = a_{11}f_{n1} + a_{12}f_{n2} + e_{n1}, & \cdots, \ x_{5n} = a_{51}f_{n1} + a_{52}f_{n2} + e_{n5} \end{cases}$$

です。行列で書くと

$$x = af + e$$

になります。また、e は独自因子と呼ばれる項で、共通因子 $f = (f_1, f_2)$ で説明しきれない部分を表します。この式の係数 a を**因子負荷量**と呼びます。上式の因子負荷量を推定することが分析のゴールです。具体的には、この式の値から計算する分散・共分散の値が、サンプルから計算される分散・共分散の値となるべく同じになるような因子負荷量を求めます。

計算のために、いくつかの仮定をします。まず前提として、共通因子 $f = (f_1, f_2)$ と独自因子 e の間は独立で相関がないこと、独立因子相互の間も独立で相関がないことを仮定します。さらに、ここでは議論を単純にするために、共通因子の間にも相関がないことを仮定します。この共通因子間の無相関を仮定するモデルを**直交モデル**と呼び、無相関を仮定しないモデルを斜交モデルと呼んでいます。

直交モデルの条件下で、共通因子を用いて表された観測変数 x の相関行列[11]を R（因子決定行列と呼ぶ）と書くことにします。

R を計算すると、その非対角成分 $r_{i,j}$ $(i \neq j)$ は $a_{i1}a_{j1} + a_{i2}a_{j2}$ と等しくなり、対角成分 $r_{i,j}$ $(i = j)$ は $a_{i1}^2 + a_{i2}^2 + V(e_i)$（ただし $V(e_i)$ は e_i の分散）に等しくなることが導けます。したがって、行列の形を使うと、

$$V = \begin{pmatrix} V(e_1) & 0 & \cdots & 0 \\ 0 & V(e_2) & \cdots & 0 \\ & & \vdots & \\ 0 & 0 & \cdots & V(e_n) \end{pmatrix}$$

のような対角行列を考えて

---

[11] 標本相関係数 r_{ij} は標本分散 s_{ii}、共分散 s_{ij} を用いて

$$r_{ij} = \frac{s_{ij}}{\sqrt{s_{ii}}\sqrt{s_{jj}}}$$

と表わせるので、標準化した後のデータを使った分散共分散行列と同じになります。

のように書くこともできます。また、

$$R - V = a \cdot a^{\mathrm{T}}$$

なので、相関行列 R の対角成分 R_{ii} が 1 であることから、

$$\begin{pmatrix} 1-V(e_1) & R_{12} & \cdots & R_{1n} \\ R_{21} & 1-V(e_2) & \cdots & R_{2n} \\ & & \vdots & \\ R_{n1} & R_{n2} & \cdots & 1-V(e_n) \end{pmatrix} = a \cdot a^{\mathrm{T}}$$

となります。さらにそれぞれの対角要素を、$h = a_{i1}{}^2 + a_{i2}{}^2 = 1 - V(e_i)$（**共通性**と呼ぶ）と、$V(e_i)$（**独自性**と呼ぶ）に分けることができます。

ここで共通性 $h = 1 - V(e_i)$ は因子分析の理論で導けるものではないので、他の方法で推定します。この推定には、x_i を目的変数、残りのすべての x_j $(j \neq i)$ を説明変数としたときの重回帰分析による決定係数 $R_i{}^2$（寄与率）を共通性 h とする方法（SMC 法）がよく使われます。

ここまでで、因子負荷量 a を用いて相関行列 R を表すことができました。次に、この行列 R の固有値・固有ベクトルを求めます。以下に、主因子法と呼ばれる、固有値の大きいものから選ぶ手法を紹介します。

$$R \cdot w = \lambda \cdot w \quad (w \text{ は } 0 \text{ でないベクトル})$$

となるような固有ベクトル w、固有値 λ を求めると

$$R = \lambda_1 w_1 w_1{}^{\mathrm{T}} + \lambda_2 w_2 w_2{}^{\mathrm{T}} + \cdots + \lambda_n w_n w_n{}^{\mathrm{T}}$$

と書けるので、たとえば λ_i の上位 2 つをとったものが他より十分に大きければ、その 2 項で R を近似できることになります。これによって、因子決定行列 R を 2 次元に圧縮できます。他の固有値を 0 とおくと、

$$R = \lambda_1 w_1 w_1{}^{\mathrm{T}} + \lambda_2 w_2 w_2{}^{\mathrm{T}}$$

共通性を推定するために、独自性 V を無視して

$$R = a_{*1} \cdot a_{*1}{}^{\mathrm{T}} + a_{*2} \cdot a_{*2}{}^{\mathrm{T}}$$

とおいて

$$a_{*1} = \sqrt{\lambda}w_1, \quad a_{*2} = \sqrt{\lambda}w_2$$

のようにして因子負荷量 a を求めることができます。

　このようにして求めた因子負荷量から共通性の値を計算すると、SMC 法で求めた値と異なるので、因子負荷量から算出した共通性の値を再び推定値と置いて、同じ計算を繰り返します。このプロセスを、共通性の値が 1 を超えるまで繰り返し（反復推定）、その直前の値をとります。

　ここまでで、因子負荷量や共通性の値が計算できましたが、共通因子を解釈しやすくするために回転します。回転ができるのは、因子負荷量の方程式

$$r = a \cdot a^T + V \quad (\text{ただし } r_{ii} = 1)$$

は、その解が回転や反転に対して値が不変な形になっていて、解を回転・反転しても方程式が成り立つという性質があるからです。

　この性質を使って、解を都合のよい方向、具体的には解釈しやすい方向（それぞれの項目がなるべく 1 つの因子だけに依存し、他の因子に依存しないようになる解の方向［単純構造と呼ぶ］）に回転することが行われています。

　いろいろな回転方法が提案されており、バリマックス回転やプロマックス回転が有名です。回転は大別して直交回転と斜交回転に分けられ、**直交回転**は因子軸が直交している、つまり軸間にお互いに相関がないような制約を与える考え方で、**斜交回転**は軸間に相関があってもよい（無相関の制約がない）という考え方です。あらかじめ因子間に相関がないことがわかっている場合は直交回転が有効ですが、そうでない場合は斜交回転を使うことになります。相関がある場合に直交回転を使うと、単純構造から遠くなりがちです。

　バリマックス回転は直交回転の 1 つで、因子負荷行列の列の分散の和を最大にするような回転方法です。1 つの特定の共通因子について見るとき、ある観測変量の負荷（の絶対値）が大きく他の変量の負荷が小さくなるように回転します。また、**プロマックス回転**は斜交回転の 1 つで、初めにバリマックス回転した因子負荷行列を計算し、その行列を 3～4 乗程度して強調した行列をターゲットとしておき、このターゲットに最小二乗基準で最も近くなるような斜交回転を求めます[12]。後述するパッケージ factor_analyzer では、ここであげた 2 つの回転または回転なしを選択できます[13]。

---

[12] 「因子分析における因子軸の回転法について」（清水裕士、http://norimune.net/706）を参考にしました。
[13] scikit-learn の decomposition パッケージにある因子分析モジュール sklearn.decomposition.FactorAnalysis には回転の機能はないようです。

3.4.2　Pythonによる因子分析

Pythonでは、他章でも用いてきた標準的に使われるライブラリscikit-learnのdecompositionパッケージの中に、主成分分析のモジュールPCAと並んで因子分析のモジュールFactorAnalysisがあります。しかし、やや機能不足な面もあるので、ここでは別のfactor_analyzierパッケージを使う例を紹介します。

主成分分析で用いた5教科の成績の数値例3-4を観測変数x_iとして、これを2つの共通因子f_1、f_2から説明するモデルを計算してみましょう。

factor_analyzerパッケージをインストールします。

```
pip install factor_analyzer
```

factor_analyzerのホームページはhttps://pypi.python.org/pypi/factor-analyzer/0.2.2/、ドキュメントはhttps://media.readthedocs.org/pdf/factor-analyzer/latest/factor-analyzer.pdfにあります。

5教科の成績の因子分析のプログラムを、**リスト3-17**に示します。このプログラムは、データを準備し、factor_analyzerを呼び出します。さらにパッケージ内では計算されない寄与率・累積寄与率、回帰法による因子得点（スコア）を追加で計算した後、各観測値の因子得点と因子負荷量をグラフにしたバイプロット図（**図3-13**）を描きます。

■ リスト3-17　5教科の成績の因子分析

```
# -*- coding: utf-8 -*-
import math
import numpy as np
import pandas as pd
import matplotlib.pyplot as plt
from sklearn.preprocessing import scale
from factor_analyzer import FactorAnalyzer
from sklearn.decomposition import FactorAnalysis

def biplot(score, coeff, pcax, pcay, labels=None):
# https://sukhbinder.wordpress.com/2015/08/05/biplot-with-python/よりアイデアを借用
    pca1 = pcax - 1
    pca2 = pcay - 1
    xs = score.iloc[:, pca1]
    ys = score.iloc[:, pca2]
    n=coeff.shape[0]
    scalex = 2.0 / (xs.max() - xs.min())
    scaley = 2.0 / (ys.max() - ys.min())
    for i in range(len(xs)):
        plt.text(xs[i] * scalex, ys[i] * scaley, str(i + 1), color='k', \
            ha='center', va='center')
    for i in range(n):
        plt.arrow(0, 0, coeff.iloc[i, pca1], coeff.iloc[i, pca2], color='r', \
            alpha=1.0)
```

```
            if labels is None:
                plt.text(coeff.iloc[i, pca1] * 1.10, coeff.iloc[i, pca2] * 1.10, \
                    "Var" + str(i + 1), color='k', ha='center', va='center')
            else:
                plt.text(coeff.iloc[i, pca1] * 1.10, coeff.iloc[i, pca2] * 1.10, \
                    labels[i], color='k', ha='center', va='center')
        plt.xlim(min(coeff.iloc[:, pca1].min() - 0.1, -1.1), \
            max(coeff.iloc[:, pca1].max() + 0.1, 1.1))
        plt.ylim(min(coeff.iloc[:, pca2].min() - 0.1, -1.1), \
            max(coeff.iloc[:, pca2].max() + 0.1, 1.1))
        plt.xlabel("F{}".format(pcax))
        plt.ylabel("F{}".format(pcay))
        plt.grid()
        plt.show()
subject = ['国語', '社会', '数学', '理科', '英語']
seiseki_a = np.array([
    [42, 49, 42, 35, 48], [35, 48, 45, 52, 46], [44, 52, 49, 38, 52],
    [42, 52, 43, 49, 46], [34, 47, 45, 46, 48], [43, 52, 46, 36, 48],
    [41, 39, 42, 39, 43], [62, 59, 59, 48, 54], [46, 44, 47, 39, 37],
    [77, 61, 48, 48, 67], [49, 55, 57, 48, 53], [48, 44, 42, 46, 60],
    [40, 38, 45, 49, 34], [36, 36, 44, 47, 47], [54, 50, 50, 45, 46],
    [52, 47, 61, 66, 46], [40, 52, 36, 47, 46], [63, 28, 35, 42, 48],
    [44, 33, 49, 20, 29], [46, 59, 50, 53, 57], [51, 41, 60, 59, 63],
    [45, 39, 48, 46, 45], [34, 39, 43, 50, 40], [34, 29, 45, 44, 48],
    [57, 46, 54, 46, 42], [38, 42, 41, 36, 41], [43, 47, 41, 53, 44],
    [45, 51, 53, 46, 53], [49, 56, 54, 61, 51], [35, 38, 57, 65, 57]
])
seiseki_in = pd.DataFrame(seiseki_a, columns=subject)
seiseki = pd.DataFrame(scale(seiseki_in), columns=seiseki_in.columns.values)

fa = FactorAnalyzer()
fa.analyze(seiseki, 2, rotation="varimax")    # varimax回転を用いるとき
# fa.analyze(seiseki, 2, rotation="promax")   # promax回転を用いるとき
# fa.analyze(seiseki, 2, rotation=None)       # 回転をしないとき

print('相関行列\n', seiseki.corr(method='pearson'))
print()
print('因子負荷量', fa.loadings.round(4))
print()
print('独自性', fa.get_uniqueness().round(4))
print()
print('因子分散', fa.get_factor_variance().round(4))
print()

#################
# 寄与率
kiyo = np.array([0, 0])
for i in range(len(fa.loadings)):
    u = np.array(fa.loadings.iloc[i])
    kiyo = kiyo + u * u
kiyo = pd.DataFrame(kiyo / len(fa.loadings), index=fa.loadings.columns.values).T
```

```
kiyo = kiyo.append(pd.DataFrame(np.cumsum(kiyo, axis=1)), \
    ignore_index=True).rename({0: '寄与率', 1: '累積寄与率'})
print('寄与率\n', kiyo)
print()


#################
def factor_score(X, load):
    Xs = pd.DataFrame(scale(X), columns=X.columns.values)
    ir = np.linalg.inv(Xs.corr(method='pearson'))
    return(pd.DataFrame(np.dot(Xs, np.dot(ir, load)), \
        columns=load.columns.values, index=X.index.values))

score = factor_score(seiseki, fa.loadings)
print('回帰法スコア\n', factor_score(seiseki, fa.loadings))
print()

biplot(score, fa.loadings, 1, 2, labels=subject)
```

実行結果の出力は、以下のようになります。

まず相関行列を計算しておきます。これは 3.1 節の相関係数の計算と同じものです。異なる科目間で最大 0.46 程度の相関がありますが、ここでは一応お互いに独立であると仮定します。

相関行列	国語	社会	数学	理科	英語
国語	1.000000	0.373463	0.286529	0.057743	0.422064
社会	0.373463	1.000000	0.316808	0.217825	0.456014
数学	0.286529	0.316808	1.000000	0.459037	0.329818
理科	0.057743	0.217825	0.459037	1.000000	0.466340
英語	0.422064	0.456014	0.329818	0.466340	1.000000

次に因子分析の計算を行います。プログラム上は、モデルのクラスを fa = FactorAnalyzer() として作り、データ seiseki を与えて fa.analyze(seiseki, 2, rotation="varimax") によって分析計算を行います。因子分析では分析の前提として因子数を与えますが、このケースでは 2 を指定しています。また、最後の回転の部分でバリマックス回転を使うように指定しています。これ以降は、因子分析結果を表示したものです。

因子負荷量	Factor1	Factor2
国語	−0.0135	−0.6705
社会	−0.1844	−0.5959
数学	−0.4093	−0.3715
理科	−1.0001	−0.0836
英語	−0.3962	−0.6063

　この**因子負荷量**（loadings）は、式の記述で出てきた f です。2つの因子 Factor1 と Factor2 に対する重み行列の値です。2つの因子に名前を付けることがありますが、プログラムでは単に第1因子（Factor1）、第2因子（Factor2）という表記になります。

　因子分析の結果は、回転のところで説明しましたが、正負の反転（裏返し）の値もまた成り立ちます。この例では第1因子も第2因子も負の値になっていますが、ひっくり返してよいわけです。

　計算の結果として得られた第1因子は、理科の負荷量が −1 で、絶対値が非常に大きくなっています。つまり第1因子は理科をよく代表する因子であるといえます。第2因子は理科を除くと大体似たような値、特に国語・社会・英語に対して同じ程度の重みを持っています。つまり第1因子は理科に代表される理系的な学力、第2因子は国語・社会に代表される文系的な学力の2つで、それぞれの科目の第1・第2因子への負荷の比率を見ると、「数学はどちらかというと第1因子（理科）に近いが、両方の因子から影響を受けている。英語はどちらかというと第2因子（国語・社会）に近いが、両方の因子から影響を受けている」ということが読み取れます。

独自性	Uniqueness
国語	0.5502
社会	0.6109
数学	0.6945
理科	−0.0072
英語	0.4755

　次に表示したのは、**独自性**（uniqueness）です。これは [1 − (共通性)] に当たります。理科の独自性が非常に小さい値なのは、共通因子1が理科を非常によく説明しているからです。他方、数学の独自性がかなり高いのは、共通因子1と2の両方の負荷量が大きいことに対応しています。

因子分散寄与率	Factor1	Factor2
SS Loadings（分散）	1.3588	1.3173
Proportion Var（寄与率）	0.2718	0.2635
Cumulative Var（累積寄与率）	0.2718	0.5352

　ここで、それぞれの観測変数について 1 つの共通因子 F が説明する情報（共通性）を全体で集めた量を、因子 F の総共通性と呼ぶことにします。すると、すべての因子の共通性を集めた分散量は変数の個数 n と等しくなるので、

$$\frac{F \text{ の総共通性}}{\text{変数の個数}}$$

は因子 F の全体に対する割合、すなわち**寄与率**になります。

　上記の表の 1 行目は因子ごとの総共通性の量、2 行目はその全体に対する比率、3 行目は累積の寄与率を示しています。このデータでは第 1 因子も第 2 因子も寄与率はあまり差がなく 0.26～0.27 程度で、累積寄与率はこの 2 つを合わせて 0.54 程度になっています。累積寄与率が大きければ、そこまでの範囲の因子によってデータ全体が説明させることになりますが、この例の場合はやや小さめの値になっています。これはこの 2 つの因子では説明しきれていない情報があることを示しているので、対策としてたとえば因子の数を増やした分析を試みることが考えられます。

因子得点 (スコア)	Factor1	Factor2	因子得点 (スコア)	Factor1	Factor2
0	1.304481	−0.154610	15	−2.168774	0.019106
1	−0.668745	0.645119	16	−0.163432	0.402330
2	1.051467	−0.616568	17	0.455625	0.118649
3	−0.340259	0.207135	18	2.915859	0.634027
4	0.051650	0.452912	19	−0.638168	−0.777176
5	1.216943	−0.366027	20	−1.172844	−0.732255
6	0.795738	0.575178	21	0.051036	0.371186
7	−0.017999	−1.610371	22	−0.507564	1.271539
8	0.765415	0.379766	23	0.302892	1.005221
9	0.032054	−2.608345	24	0.058748	−0.330486
10	−0.040096	−0.877931	25	1.112020	0.626711
11	0.159922	−0.488592	26	−0.837808	0.595977
12	−0.439340	1.287220	27	0.164882	−0.545491
13	−0.072081	0.848999	28	−1.598374	−0.376954
14	0.182313	−0.472153	29	−1.955562	0.515885

　最後の表は因子得点（スコア）と呼ばれるもので、それぞれの観測データに対する共通因子の得点を行列にしたものです。いくつかの計算法がありますが、ここでは回帰法を使って求めています。

　以上の結果をもとに、それぞれの生徒についての2つの因子に対する得点と科目ごとの因子負荷量を、2つの因子の作る平面上にプロットしたバイプロットを図3-13に示します。

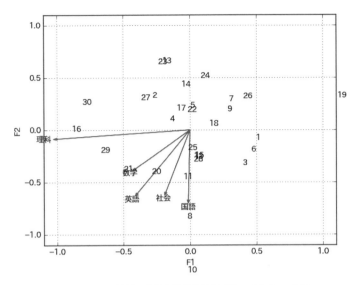

■ 図 3-13　5 教科の成績の因子分析の結果・バイプロット図

同様に、`factor_analyzer` を使ってボストンの住宅価格のデータについての因子分析を行うことができます。プログラムを**リスト 3-18** に示します。

■ リスト 3-18　ボストンの住宅価格の因子分析でバイプロットを描くプログラム例

```
# -*- coding: utf-8 -*-
# ボストンの住宅価格　factor_analyzerによる因子分析
import math
import numpy as np
import pandas as pd
import matplotlib.pyplot as plt
from sklearn import datasets
from sklearn.preprocessing import scale
from factor_analyzer import FactorAnalyzer

def biplot(score,coeff,pcax,pcay,labels=None):
# https://sukhbinder.wordpress.com/2015/08/05/biplot-with-python/よりアイデアを借用
    pca1 = pcax - 1
    pca2 = pcay - 1
    xs = score.iloc[:, pca1]
    ys = score.iloc[:, pca2]
    n = coeff.shape[0]
    scalex = 2.0 / (xs.max() - xs.min())
    scaley = 2.0 / (ys.max() - ys.min())
    for i in range(len(xs)):
        plt.text(xs[i] * scalex, ys[i] * scaley, str(i + 1), color='k', \
            ha='center', va='center')
    for i in range(n):
```

```
                plt.arrow(0, 0, coeff.iloc[i, pca1], coeff.iloc[i, pca2], color='r', \
                    alpha=1.0)
                if labels is None:
                    plt.text(coeff.iloc[i, pca1] * 1.10, coeff.iloc[i, pca2] * 1.10, \
                        "Var" + str(i + 1), color='k', ha='center', va='center')
                else:
                    plt.text(coeff.iloc[i,pca1] * 1.10, coeff.iloc[i, pca2] * 1.10, \
                        labels[i], color='k', ha='center', va='center')
        plt.xlim(min(coeff.iloc[:, pca1].min() - 0.1, -1.1), \
            max(coeff.iloc[:, pca1].max() + 0.1, 1.1))
        plt.ylim(min(coeff.iloc[:, pca2].min() - 0.1, -1.1), \
            max(coeff.iloc[:, pca2].max() + 0.1, 1.1))
        plt.xlabel("F{}".format(pcax))
        plt.ylabel("F{}".format(pcay))
        plt.grid()
        plt.show()

dset = datasets.load_boston()
boston = pd.DataFrame(dset.data)
boston.columns = dset.feature_names
target = pd.DataFrame(dset.target)
boston = pd.DataFrame(scale(boston), columns= boston.columns)

fa = FactorAnalyzer()
fa.analyze(boston, 2, rotation="varimax")    # varimax回転をする場合
# fa.analyze(boston, 2, rotation="promax")    # promax回転をする場合
# fa.analyze(boston, 2, rotation=None)    # 回転をしない場合
# fa.analyze(boston, 7, rotation="varimax")    # scree plotのときに7因子まで算出

print('相関行列\n', boston.corr(method='pearson').round(4))
print()
print('因子負荷量', fa.loadings.round(4))
print()
print('独自性', fa.get_uniqueness().round(4))
print()
print('因子分散', fa.get_factor_variance().round(4))
print()


################
def factor_score(X, load):
    Xs = pd.DataFrame(scale(X), columns=X.columns.values)
    ir = np.linalg.inv(Xs.corr(method='pearson'))
    return(pd.DataFrame(np.dot(Xs, np.dot(ir, load)), \
        columns=load.columns.values, index=X.index.values))

score = factor_score(boston, fa.loadings)
# print('回帰法スコア\n', factor_score(boston, fa.loadings).round(4))
print()

biplot(score, fa.loadings, 1,2, labels=boston.columns)
'''
# スクリープロットを描く場合、この部分のコメントを外す
```

```
u = fa.get_factor_variance()
y = u[0:1].values[0]
x = np.arange(len(y)) + 1
plt.plot(x, y, "o-")
plt.title("scree plot")
plt.xlabel("Factors")
plt.ylabel("Variance")
plt.show()
'''
```

結果は次のようになりました。まず相関行列は、

相関行列	CRIM	ZN	INDUS	CHAS	NOX	RM	AGE
CRIM	1.0000	−0.1995	0.4045	−0.0553	0.4175	−0.2199	0.3508
ZN	−0.1995	1.0000	−0.5338	−0.0427	−0.5166	0.3120	−0.5695
INDUS	0.4045	−0.5338	1.0000	0.0629	0.7637	−0.3917	0.6448
CHAS	−0.0553	−0.0427	0.0629	1.0000	0.0912	0.0913	0.0865
NOX	0.4175	−0.5166	0.7637	0.0912	1.0000	−0.3022	0.7315
RM	−0.2199	0.3120	−0.3917	0.0913	−0.3022	1.0000	−0.2403
AGE	0.3508	−0.5695	0.6448	0.0865	0.7315	−0.2403	1.0000
DIS	−0.3779	0.6644	−0.7080	−0.0992	−0.7692	0.2052	−0.7479
RAD	0.6220	−0.3119	0.5951	−0.0074	0.6114	−0.2098	0.4560
TAX	0.5796	−0.3146	0.7208	−0.0356	0.6680	−0.2920	0.5065
PTRATIO	0.2883	−0.3917	0.3832	−0.1215	0.1889	−0.3555	0.2615
B	−0.3774	0.1755	−0.3570	0.0488	−0.3801	0.1281	−0.2735
LSTAT	0.4522	−0.4130	0.6038	−0.0539	0.5909	−0.6138	0.6023

第3章 統計的な手法を使った多変量の分析 ～ 相関分析・回帰分析・主成分分析・因子分析

相関行列	DIS	RAD	TAX	PTRATIO	B	LSTAT
CRIM	−0.3779	0.6220	0.5796	0.2883	−0.3774	0.4522
ZN	0.6644	−0.3119	−0.3146	−0.3917	0.1755	−0.4130
INDUS	−0.7080	0.5951	0.7208	0.3832	−0.3570	0.6038
CHAS	−0.0992	−0.0074	−0.0356	−0.1215	0.0488	−0.0539
NOX	−0.7692	0.6114	0.6680	0.1889	−0.3801	0.5909
RM	0.2052	−0.2098	−0.2920	−0.3555	0.1281	−0.6138
AGE	−0.7479	0.4560	0.5065	0.2615	−0.2735	0.6023
DIS	1.0000	−0.4946	−0.5344	−0.2325	0.2915	−0.4970
RAD	−0.4946	1.0000	0.9102	0.4647	−0.4444	0.4887
TAX	−0.5344	0.9102	1.0000	0.4609	−0.4418	0.5440
PTRATIO	−0.2325	0.4647	0.4609	1.0000	−0.1774	0.3740
B	0.2915	−0.4444	−0.4418	−0.1774	1.0000	−0.3661
LSTAT	−0.4970	0.4887	0.5440	0.3740	−0.3661	1.0000

となり、因子数を2に設定して因子分析をして、それぞれの因子負荷量を求めた結果は、

因子負荷量	Factor1	Factor2
CRIM	−0.6320	0.1676
ZN	0.1926	−0.6697
INDUS	−0.5440	0.6552
CHAS	0.1118	0.1397
NOX	−0.4771	0.7203
RM	0.3074	−0.2776
AGE	−0.3211	0.7724
DIS	0.3140	−0.8252
RAD	−0.8875	0.2128
TAX	−0.8978	0.2808
PTRATIO	−0.4570	0.1781
B	0.4633	−0.1678
LSTAT	−0.5273	0.4972

のようになります。第1因子への負荷量はCRIM、RAD、TAXなどが目立って大きいのに対して、第2因子へは正にはNOXやAGE、負にはZN、DISなどが目立ちます。いずれも1つの因子を強く引っ張っている観測変数です。

また、各観測変数の独自性（Uniqueness、[1− 共通性]）は

独自性	Uniqueness
CRIM	0.5725
ZN	0.5143
INDUS	0.2748
CHAS	0.9680
NOX	0.2536
RM	0.8284
AGE	0.3003
DIS	0.2205
RAD	0.1671
TAX	0.1152
PTRATIO	0.7594
B	0.7572
LSTAT	0.4748

となり、CHAS、RM、PTRATIO、B が高くなっています。

さらに、因子分散寄与率・累積寄与率は、

因子分散寄与率	Factor1	Factor2
SS Loadings（分散）	3.5640	3.2299
Proportion Var（寄与率）	0.2742	0.2485
Cumulative Var（累積寄与率）	0.2742	0.5226

のようになり、第1因子・第2因子だけでは52%程度しか説明できていません。したがって、因子数を増やして試してみる必要があります。因子数の決定によく使われるスクリープロットを分散比率について描いたものが**図3-14**です。仮に7因子で分析しておき、第1〜7因子を横軸に、各因子の負荷を縦軸にプロットしてあります。下り勾配が急になる直前の因子までをとることがよく行われますが、この場合、第2因子までとるか第4因子までとるか、悩むところかもしれません。

また、それぞれのデータに対して因子スコアを出したものが下記の表です。この因子スコアを使ってバイプロット図を描いたものが**図3-15**です。

回帰法スコア	Factor1	Factor2
0	0.886754	−0.160093
1	0.872442	−0.000340
2	0.946776	−0.227425
3	0.844867	−0.732613
4	0.831296	−0.647017
5	0.815161	−0.575424
6	0.363662	−0.360974
7	0.295168	−0.137166
8	0.064084	−0.054194
9	0.235394	−0.375243
10	0.236429	−0.241584
11	0.336884	−0.343073
12	0.225100	−0.578765
13	0.622834	0.043001
14	0.667643	0.309763
15	0.616401	0.042578
⋮	⋮	⋮
500	0.390273	0.622418
501	1.136834	0.891973
502	1.169348	1.022439
503	1.320406	1.130066
504	1.270421	1.077860
505	1.180762	1.012993

3.4 因子分析

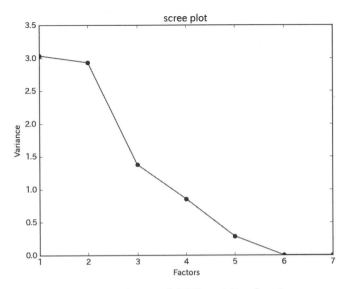

■ 図 3-14　ボストンの住宅価格のスクリープロット

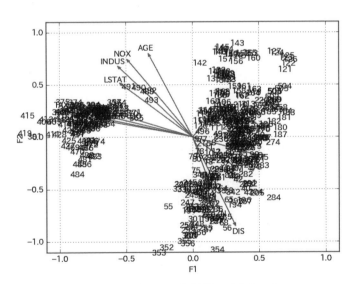

■ 図 3-15　ボストンの住宅価格のバイプロット

3.5 コレスポンデンス分析

コレスポンデンス分析は、3.2 節で見たようなカテゴリーデータ・質的な変数の関係について、3.4 節で見た主成分分析のような分析をする解析手法です。アンケート調査などで得られたカテゴリー項目の回答を分析する場面でよく使われます。類似の考え方の解析法として、双対尺度法や数量化 3 類と呼ばれる分析手法があります。

表 3-15[14]のような分割表（クロス集計表）で与えられたデータに対して、項目間の値（選択肢）の関連性を見つけたいとします。3.2 節で用いた相関係数は、選択肢に順序関係があるときにうまくいきますが、順序関係がないとすると、どの順に並べるかが難しくなります。このとき、データの順序を変えて山を寄せることで、項目間の関連を見つけることが考えられます。たとえば、各列のなかでのカウントが最大である選択肢を色でマーク（図中では網かけ）します（**表 3-16**）。これを左上から揃えて、**表 3-17** のようにします。これだけでも、髪の色が Fair か Red で眼の色が Light である生徒、髪が Medium で眼が Medium の生徒、髪が Dark か Black で眼が Dark な生徒、この 3 つのかたまりがあることが、何となく見てとれます。これをもう少しきちんと整理しようとする解析法です。

	Hair Color					
Eye Color	Fair	Red	Medium	Dark	Black	Totals
Blue	326	38	241	110	3	718
Light	688	116	584	188	4	1,580
Medium	343	84	909	412	26	1,774
Dark	98	48	403	681	85	1,315
Totals	1,455	286	2,137	1,391	118	5,387

■ 表 3-15　髪と眼の色の統計（元データ）

	Hair Color				
Eye Color	Fair	Red	Medium	Dark	Black
Blue	326	38	241	110	3
Light	688	116	584	188	4
Medium	343	84	909	412	26
Dark	98	48	403	681	85

■ 表 3-16　髪と眼の色の統計（列ごとの最大値をマーク）

---

[14] スコットランドの小学校で 5,387 人の髪と眼の色を調べたデータ。出典は Izenman の教科書 "Modern Multivariate Statistical Techniques"、639 ページの Table 17.3。

3.5 コレスポンデンス分析

Eye Color	Hair Color				
	Fair	Red	Medium	Dark	Black
Light	688	116	584	188	4
Medium	343	84	909	412	26
Dark	98	48	403	681	85
Blue	326	38	241	110	3

■ 表 3-17 髪と眼の色の統計（行や列を入れ替えて片寄せ）

理論の細かい点は教科書[15]に詳しく書かれているので、それを参照してください。原理を簡単に紹介すると、

- 元の分割表を行列 N とし、それぞれの要素を全体の合計人数 n（この表では 5,387人）で割った行列 $P = N/n$ を作る。
  同時に、行ごとの総和 $\sum_j n_{ij} = n_{i\cdot}$（$i$ は行番号）を全合計 n で割ったベクトルを r、列ごとの総和 $\sum_i n_{ij} = n_{\cdot j}$（$j$ は列番号）を全合計 n で割ったベクトルを c として作る。
- 残差 $\tilde{P} = P - rc^T$ を計算する。$\tilde{P}$ を n 倍して個数のドメインに戻したものは、χ 二乗検定で出てくる観測値（Observed、O_{ij}）と期待度数（Expected；E_{ij}）の差 $O_{ij} - E_{ij} = n\tilde{P}$ に当たる。
- $\tilde{P}$ を特異値分解（主成分分解で用いている手法）する。つまり、$\tilde{P} = AD_\lambda B^T$ となるユニタリ行列 A、B と特異値を対角要素とする対角行列 D_λ に分解する。得られた主成分座標軸上で元のデータを表す。

Python では、標準的に使われるライブラリではコレスポンデンス分析を行うパッケージは含まれておらず、別途いくつかのライブラリが提供されています。ここでは mca（Multiple correspondence analysis）パッケージを試してみることにします[16]。パッケージの詳細は https://github.com/esafak/mca を参照してください。docs フォルダ内の mca-BurgundiesExample.ipynb は Jupyter Notebook のノートブック形式のファイルなので、チュートリアルとして試すことができます。

パッケージは PyPi サイトを使って

---

[15] たとえば Izenman, A. J., "Modern Multivariate Statistical Techniques", Springer（2008）
[16] この他に参照されているライブラリとして Orange があります。これは各種の統計・データマイニングのパッケージを含んでおり、5.2 節でもアソシエーション分析のために利用しています。Python 2 環境用の Orange 2 から Python 3 用の Orange 3 に移行しているのですが、Orange 3 では、スタンドアローンでデータ解析をする部分ではコレスポンデンス分析が含まれていますが、Python 用 API ではコレスポンデンス分析用の API の説明が見当たりません。Python 2 で Orange 2 を使ってコレスポンデンス解析をする場合は、https://docs.orange.biolab.si/2/reference/rst/Orange.projection.correspondence.html があります。

第3章　統計的な手法を使った多変量の分析　〜 相関分析・回帰分析・主成分分析・因子分析

```
pip install mca
```

でインストールすることができます。

　mca パッケージでは、入力データは観測データをワンホット（One Hot）形式にしたものを使います。元のデータが分割表（クロス集計表）の形式なので、これを個人ごとの対（髪の色, 眼の色）のデータに展開し、さらにそれぞれの欄のカテゴリー値を scikit-learn の `OneHotEncoder` を使ってワンホット形式に変換します。この部分のプログラムは以下のようになります。なお、全体のプログラムは**リスト 3-19** に示します。

```
t = np.array([
  [326, 38, 241, 110, 3],
  [688, 116, 584, 188, 4],
  [343, 84, 909, 412, 26],
  [98, 48, 403, 681, 85]])
# 集計されたデータを個別のデータに展開する（ピボット集計の逆操作）
z = [[[i, j]] * (int(t[i, j])) for i in range(4) for j in range(5)]
tdata = []
for v in z:
    tdata.extend(v)
# OneHot形式に変換
oh = OneHotEncoder()
oh_fit = oh.fit(tdata)
oh_ary = oh_fit.transform(tdata).toarray()
hair = ['Fair hair', 'Red hair', 'Medium hair', 'Dark hair', 'Black hair']
eyes = ['Blue eyes', 'Light eyes', 'Medium eyes', 'Dark eyes']
colindex = hair + eyes
X = pd.DataFrame(oh_ary, columns=colindex).astype(int)    # 念のためにint型に揃えた
```

　できた DataFrame X を与えて、クラス MCA のインスタンスを生成し、`mca_ben` とします。

```
ncols = 2  # hair, eye
mca_ben = mca.MCA(X, ncols=ncols)
```

　クラス MCA のパラメータやメソッドについては、パッケージの作者が用意している https://github.com/esafak/mca/blob/master/docs/usage.rst の使い方のメモと、http://nbviewer.jupyter.org/github/esafak/mca/blob/master/docs/mca-BurgundiesExample.ipynb の利用例を参照してください[17]。

　次に、`mca_ben` からモデルのパラメータを取り出し、新しい軸への元データの変換を

---

*17　オンラインでは提供されていないようですが、https://github.com/esafak/mca または https://pypi.org/project/mca からパッケージ全体をダウンロード・解凍すると doc ディレクトリができるので、そのなかで make すれば Sphinx によってドキュメントが生成されます。

行います。プロパティ L は固有値の値を、expr_var は貢献度を返します。それぞれを np.array に作り、さらにデータフレームに変換してみました。

```
data = np.array([mca_ben.L[:2],
                 mca_ben.expl_var(greenacre=True, N=2) * 100]).T
df3 = pd.DataFrame(data=data, columns=['cλ', '%c'], index=range(1, 3))
print('df3\n', df3)
```

結果は、

	cλ	%c
1	0.19924	86.55627
2	0.03009	13.07035

のようになりました。第 1 主成分と第 2 主成分の貢献度 %c を合計すると 99.6% なので、この 2 成分でほとんどすべて説明できていることになります。主成分分析の結果の解釈については、3.3 節を参照してください。また、このプログラムでは N=2 によって出力を 2 成分に限定していますが、必要であれば大きくすることができます。

元データの新しい軸への変換は、

```
fs, cont = 'Factor score', 'Contributions x 1000'
table3 = pd.DataFrame(columns=X.index, index=pd.MultiIndex\
                      .from_product([[fs, cont], range(1, 3)]))
table3.loc[fs,   :] = mca_ben.fs_r(N=2).T
table3.loc[cont, :] = mca_ben.cont_r(N=2).T * 1000
print('table3\n', np.round(table3.astype(float), 2))
```

で計算できます。fs_r は因子スコア、つまり元データの各行の主成分軸への変換結果で、const_r は各行の貢献度です。表はデータ点数が 5,387 個と多いので大きくなります。元のデータは同じ値を持つ点が分割表に描かれた個数だけ並んでいるので、実は因子スコアや貢献度は、同じ値のデータに対して同じ値が書かれています。上手に処理するならば、異なる値を持つデータ点についてのみ計算すればよいので、20 種類（5×4）だけ計算すれば済む話です。

最後に、これらの点を主成分軸上に、第 1 主成分と第 2 主成分上に散布図としてプロットしてみます。わかりにくいので各データ点を、髪の色をマーカーの色で、眼の色をマーカーの形で、それぞれ区別するようにしてみました。白黒の印刷では色が見えませんが、プログラムを実行して色を確認してください。

```
colors = {0: 'red', 1: 'orange', 2: 'green', 3: 'blue', 4: 'yellow'}
markers = {0: 'o', 1: '>', 2: '^', 3: 's'}
tdf = pd.DataFrame(tdata, columns=['eyes', 'hair'])
tdf['fs0'] = mca_ben.fs_r(N=2)[:, 0]   # 第1主成分のデータを抽出
tdf['fs1'] = mca_ben.fs_r(N=2)[:, 1]   # 第2主成分のデータを抽出
# データ点ごとに色と形状を変えて重ねて描いてみた
for u in [0, 1, 2, 3, 4]:
    for v in [0, 1, 2, 3]:
        if (u == 0) and (v == 0):
            ax = tdf[(tdf['hair'] == u) & (tdf['eyes'] == v)].plot.scatter( \
                x='fs0', y='fs1', s=50, c=colors[u], marker=markers[v])
        else:
            tdf[(tdf['hair'] == u) & (tdf['eyes'] == v)].plot.scatter( \
                x='fs0', y='fs1', s=50, c=colors[u], marker=markers[v], ax=ax)
plt.title('コレスポンデンス分析・髪と眼の色')
plt.margins(0.1)
plt.axhline(0, color='gray')
plt.axvline(0, color='gray')
plt.show()
```

図 3-16 のような散布図が得られました。表 3-16 では、色付けされたセルは 3 つのグループを形成していますが、それらを散布図上で見ると

- 髪が Fair か Red で眼が Light ⇒ 赤の右三角かオレンジの右三角
- 髪が Medium で眼が Medium ⇒ 緑の上三角
- 髪が Dark か Black で眼が Dark ⇒ 青の四角か黄色の四角

で描かれた点で、これらのグループを線で囲ってみると、グループ内の点は近くにあり、グループ同士は離れていて、特徴を表しています。

3.5 コレスポンデンス分析

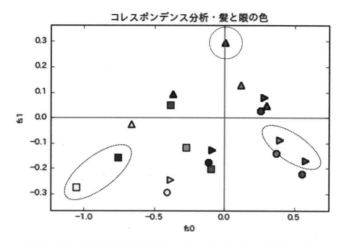

■ 図 3-16　髪の色と眼の色のデータをコレスポンデンス分析した結果

プログラム全体をまとめると、リスト 3-19 のようになります。

■ リスト 3-19　パッケージ mca を使ったコレスポンデンス分析の例

```
%matplotlib inline
# コレスポンデンス分析のライブラリ　髪の色・眼の色の例
# hair/eye distribution  https://www.utdallas.edu/~herve/Abdi-MCA2007-pretty.pdf
import numpy as np
import pandas as pd
import matplotlib.pyplot as plt
from sklearn.preprocessing import OneHotEncoder
import mca
np.set_printoptions(formatter={'float': '{: 0.4f}'.format})
pd.set_option('display.precision', 5)
pd.set_option('display.max_columns', 25)

t = np.array([
    [326, 38, 241, 110, 3],
    [688, 116, 584, 188, 4],
    [343, 84, 909, 412, 26],
    [98, 48, 403, 681, 85]])
# データを1人ずつに展開して、OneHot形式に変換する
z = [[[i, j]] * (int(t[i, j])) for i in range(4) for j in range(5)]
tdata = []
for v in z:
    tdata.extend(v)
oh = OneHotEncoder()
oh_fit = oh.fit(tdata)
oh_ary = oh_fit.transform(tdata).toarray()
hair = ['Fair hair', 'Red hair', 'Medium hair', 'Dark hair', 'Black hair']
eyes = ['Blue eyes', 'Light eyes', 'Medium eyes', 'Dark eyes']
colindex = hair + eyes
```

```python
X = pd.DataFrame(oh_ary, columns=colindex).astype(int)

# mcaでコレスポンデンス分析
ncols = 2    # hair, eye
mca_ben = mca.MCA(X, ncols=ncols)

# 固有値と貢献度
data = np.array([mca_ben.L[:2],
                 mca_ben.expl_var(greenacre=True, N=2) * 100]).T
df3 = pd.DataFrame(data=data, columns=['cλ', '%c'], index=range(1, 3))
print('df3\n', df3)
# 各データ点の因子負荷量と貢献度
fs, cont = 'Factor score', 'Contributions x 1000'
table3 = pd.DataFrame(columns=X.index, index=pd.MultiIndex
                      .from_product([[fs, cont], range(1, 3)]))
table3.loc[fs,   :] = mca_ben.fs_r(N=2).T
table3.loc[cont, :] = mca_ben.cont_r(N=2).T * 1000
print('table3\n', np.round(table3.astype(float), 2))

# 各データを主成分軸上に散布図でプロット
colors = {0: 'red', 1: 'orange', 2: 'green', 3: 'blue', 4: 'yellow'}
markers = {0: 'o', 1: '>', 2: '^', 3: 's'}
tdf = pd.DataFrame(tdata, columns=['eyes', 'hair'])
tdf['fs0'] = mca_ben.fs_r(N=2)[:, 0]
tdf['fs1'] = mca_ben.fs_r(N=2)[:, 1]
for u in [0, 1, 2, 3, 4]:
    for v in [0, 1, 2, 3]:
        if (u == 0) and (v == 0):
            ax = tdf[(tdf['hair'] == u) & (tdf['eyes'] == v)].plot.scatter( \
                x='fs0', y='fs1', s=50, c=colors[u], marker=markers[v])
        else:
            tdf[(tdf['hair'] == u) & (tdf['eyes'] == v)].plot.scatter( \
                x='fs0', y='fs1', s=50, c=colors[u], marker=markers[v], ax=ax)
plt.title('コレスポンデンス分析・髪と眼の色')
plt.margins(0.1)
plt.axhline(0, color='gray')
plt.axvline(0, color='gray')
plt.savefig('correspondence-haireyes-tutorialstyle.png')
plt.show()
```

第4章

学習の手法を使った多変量の分析
～ クラスター解析・k-近傍・決定木・SVM

　データに偏りがあれば、その偏り自体が情報になります。クラスタリングとは、データがどのようにグループ（クラスター）にまとまっているか（あるいは分かれているか）を見つけ出す技術です。クラスターへの分類を見つけることで、まとまる（分かれる）理由を考えたり、その分かれ方のルールを新しいデータに適用して分類を決めたりすることができます。対象は1次元データでも多次元データでもよいのですが、特に多次元の場合は直感的にわかりにくいため、コンピュータ処理によって分類の発見をする対象になります。本章ではクラスタリングの手法のうち、階層的クラスタリング、k-means法、EMアルゴリズムによる混合分布の推定、k-近傍法、決定木、サポートベクターマシンといった分類学習の手法を概観します。

4.1 クラスタリングの考え方

クラスタリングとは、データがどのようにグループ（クラスター）にまとまっているか、あるいは分かれているかを見つけ出す技術です。クラスターへの分類を見つけることで、一方ではまとまる（分かれる）理由を考えるきっかけになったり、他方ではその分かれ方のルールを新しいデータに適用して分類を決めたりする（判別する）ことができます。

1つのデータの中に、複数の異なる性質のデータが混在していることがあります。それを、「データだけを見てグループに分割したい」、また「どの値の点がどのグループに属するかを決めたい」というのがクラスター分析の狙いです。前章のフィッシャーのアヤメの例の場合では、「花びらの長さ・幅、がく片の長さ・幅を測定して、どの品種に属するのかを決められる、もしくは決めたい」という動機があります。図3-7で、あらかじめアヤメの種がわかっていない（マーク分けされていない）散布図が与えられたとして、データの散らばり具合だけからグループを分けて図のような種類分けを作ろうということです。また、テキストの例では、文章の持つ計測可能な量、たとえば文の長さや文の終わり方、特徴となる語の出現数などを組み合わせてグループ分けをし、作者の判別をすることができるでしょう。分類が実際に役に立つケースは多いので、分類のためのいろいろな方法が作られ、場合に応じて使われています。

クラスター分析の出発点は、「2つのデータが似ているか」、「どれだけ似ているか」という点です。より似ているものをグループにまとめ、似ていないものはグループを分けるということになります。似ている具合を類似度と呼びます。似ている尺度の逆は、「距離」とも考えられます。似ていれば距離が近い、似ていなければ距離が遠いということです。ですから、類似度の代わりに距離を考えることもできます。

フィッシャーのアヤメのデータの例では、1つの花は花びらの長さ pl、幅 pw、がく片の長さ sl、幅 sw の4つの数値の組（pl, pw, sl, sw）で表されていました。数値の組の間の距離としては、それぞれを4次元の空間内の点と考えて、その間の幾何的な距離、**ユークリッド距離**を使うことができます。

$$d = \sqrt{(pl_1 - pl_2)^2 + (pw_1 - pw_2)^2 + (sl_1 - sl_2)^2 + (sw_1 - sw_2)^2}$$

ユークリッド距離の他にも、重み付き距離、マンハッタン距離、マハラノビス距離など、いろいろな距離が定義され、使われています。

クラスタリングは、本来の意味は分類を決めることですが、見方によっては次元の圧縮とも考えられます。多次元のデータに対して、あるグループ化のルールによってどのクラスターに属するか、すなわち属するクラスターの番号を決める、という操作をしています。つまり、多次元のデータを圧縮して、数の少ないクラスター番号にマッピングしてい

ると見ることができるというわけです。

とはいっても、第3章で見たような変数変換によるマッピング、それも第3章で見てきたものは線形（1次式）による変換ですが、仮にそれがより複雑な数学的な関数（たとえば高次関数、対数や指数関数など）であっても、連続な関数が先にあって、その組み合わせで表現するというのが通常のアプローチです。これに対して、データの偏りの側から攻めて次元圧縮の変換関数を決める、データから関数を導き出すというデータ駆動型の考え方をするのが、いわゆる「クラスタリング」の本領だと思います。

データ駆動で次元圧縮関数を決めるクラスタリングは、マッピング関数をデータによって決める、つまりデータからマッピング関数を「学習」していることになります。この議論からすると、最近注目されているいわゆる「人工知能」、特にニューラルネットワーク（神経回路網）による画像認識や音声認識、言語理解などは、同じ枠組みのものといえます。両者は、利用する仕組みが古典的な分類学習かニューラルネットかという点が違いますが、ニューラルネットで指摘される問題は学習の枠組み全体に共通するものがあります。たとえば、

- **分類はできるようになるが、分類の背景にある物理的な理由がわからない**
  これはニューラルネットの AI でよく指摘される問題ですが、データ駆動の分類学習にすべて共通した問題です。むしろ、得られた分類例から背景にある物理的な理由を推測することが、1つの研究になり得ます。
- **いわゆる「過学習（過剰適合）」の問題**
  過学習とは、学習用に入力されたデータ（教師データ）に分類を合わせようとするあまり、雑音に惑わされて、本来の物理的な振舞いとは異なるモデルを作ってしまうことです。その結果、学習用以外のデータで正しく分類できなくなります。

4.2 階層型クラスタリング

階層型クラスタリングは、階層的なクラスター構造、つまりグループ内でさらにグループに分かれ、またそのグループ内でグループに分かれる、という構造を作っていくやり方です。作り方の手順は簡単です。

1. クラスター化したいすべての点またはグループについて、他の点またはグループとの距離を計算する。このとき、グループとの距離の計算法はいくつかあるので、後から紹介する。
2. 距離が最小である2つの点またはグループを結合して、1つのグループとする。
3. できあがった状態から、再びステップ1、2を行う。

4. 最後にすべての点、グループが 1 つのグループにまとまった時点で終わりとする。

複数の点からなるグループとの距離の計算法は、グループの点のうち距離が最大となる点をとる最長距離法、最小となる点をとる最短距離法、それぞれのグループの中心点の間の距離をとる重心法、グループのすべての点の間の距離の平均をとる群平均法、次式で定義される Ward 法などがあります。

$$d(P, Q) = E(U \cup Q) - E(P) - E(Q)$$

ただし P, Q は点の集合（クラスタ）、

$E(A)$ は A のすべての点から A の重心までの距離の 2 乗の総和

例を考えてみましょう。2 次元のデータ $a = (1, 2)$、$b = (2, 1)$、$c = (3, 4)$、$d = (4, 3)$ をクラスター化します。すべての点の間の距離を計算します。ここではユークリッド距離を使います。

	a	b	c	d
a				
b	1.41			
c	2.83	3.16		
d	3.16	2.83	1.41	

■ 表 4-1　2 点間のユークリッド距離を表した距離行列の例

表 4-1 を距離行列と呼びます。この中の最小ペアは (a, b) と (c, d) です。まず (a, b) をグループにします。次のステップでは $(a, b), c, d$ の 3 つの要素があることになります。

グループとの距離は、中心点をとる重心法を使ってみます。(a, b) の中心点は $(1.5, 1.5)$ です。この中心点を使って距離行列を作り直したのが**図 4-2** です。

	(a, b)	c	d
(a, b)			
c	2.92		
d	2.92	1.41	

■ 表 4-2　階層的クラスタリング処理の第 1 ステップの結果

この表での最小ペアは、(c, d) です。よって、(c, d) をグループにします。次のステップでは $(a, b), (c, d)$ の 2 つの要素があることになります。グループ (c, d) の中心点は $(3.5, 3.5)$ です。

4.2 階層型クラスタリング

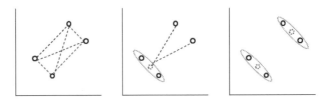

■ 表 4-3　階層的クラスタリング処理の第 2 ステップの結果

次のステップでは、2 つのグループを併合して 1 つになるので、ここまでで終わりです。つまり、(a,b) と (c,d) の 2 つのグループができたことになります（**表 4-3**）。経過をデータ点で見ると**図 4-1** のようになっています。

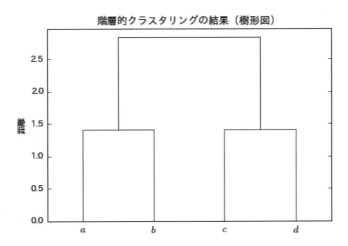

■ 図 4-1　階層的クラスタリングの処理の経過

クラスタリングの結果を**樹形図**（デンドログラム）の形に描くことができます（**図 4-2**）。樹形図では、縦軸が距離を表します。一番下の縦軸 0.0 から合流点の 1.41、一番上の 2.92 は、それぞれ**表 4-2** に表されている値です。点 a と点 b が距離 1.41 で結合し、同様に点 c と点 d が距離 1.41 で結合し、その中点と中点がさらに距離 1.41 で結合しているという図になっています。

■ 図 4-2　階層的クラスタリングの結果を樹形図（デンドログラム）に表示した場合

階層型クラスタリングは、要素を1つずつまとめていく処理なので、あらかじめクラスター数がわかっていなくても処理できます。これは他の非階層的な方法と違うところです。その代わり、要素をまとめる処理を (要素数 − 2) 回繰り返しますが、その繰り返しごとにすべてのグループ間の距離を計算しなければなりません。要素数が大きいときには、この処理量が非常に増え、時間がかかる傾向があります。また、要素を1つずつまとめていくため、データの出現する順番によってクラスターの分かれ方、特に上下関係が変わり、そのために最終的なクラスターの形も影響されることがあります。

上記の例題を処理するプログラムの例を**リスト4-1**に示します。

■ リスト4-1　SciPyパッケージを使った階層的クラスタリングのプログラム例

```
# SciPyによる階層的クラスタリングの処理
# -*- coding: utf-8 -*-
import numpy as np
from scipy.cluster.hierarchy import dendrogram, linkage
from scipy.spatial.distance import pdist
import matplotlib.pyplot as plt
X = np.array([[1, 2], [2, 1], [3, 4], [4, 3]])
Z = linkage(X, 'single')   # ward法を使うならば'single'の代わりに'ward'を指定する
dendrogram(
    Z,
    labels=[r'$a$', r'$b$', r'$c$', r'$d$']
)
plt.show()
```

もう1つ、フィッシャーのアヤメのデータを使った階層的クラスタリングの処理例をあげておきます。このデータは3種類のアヤメの、4次元（花弁の長さ・幅、がくの長さ・幅）の形状のデータですが、形状を使って階層的クラスタリングを行い、そのクラスターが元データにあるアヤメの種類の情報とどのように一致するか突き合わせてみます。

結果は次のようになりました。

	クラスタ０の個数	クラスタ１の個数	クラスタ２の個数
アヤメの種類０	50	0	0
アヤメの種類１	0	50	1
アヤメの種類２	0	15	34

花弁の長さと幅の2次元について描いた散布図を**図4-3**に示します。図中では3種類のアヤメがそれぞれ赤○、緑×と緑横向き△、青△と青□で示されています[*1]。赤○、緑×、青△は正しいクラスターに分類されたデータ点、緑横向き△と青□は誤ったクラスタに分

---

*1　紙面では、赤はやや濃い灰色、緑はやや薄い灰色に印刷されていますが、マーカーの形状で区別できます。**リスト4-2**のプログラムを実行して描画すると色が見えるので、クラスターがよりよく判別できます。

類された点を示しています。誤って分類されたデータは、緑×の種類と青△の種類が重なっているところにある花で、重なっているためにうまくクラスター化できなかったことがわかります。この散布図は花弁の長さ・幅の2次元だけで描いたものです。もし他の次元の値がこの図上で重なっている花をうまく区別していれば、このような分類誤りは起こらなかったはずですが、実際は他の次元の値も種類を区別できるような値ではなかったということです。なお、左下の赤○の種類はクラスターとしてもうまく分類されています。

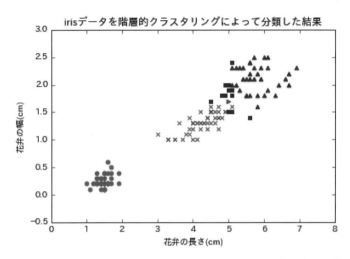

■図 4-3　フィッシャーのアヤメのデータを階層的クラスタリングで分類した結果

処理プログラムを**リスト 4-2** に示します。

■ リスト 4-2　フィッシャーのアヤメを階層的クラスタリングするプログラム例

```
%matplotlib inline
# Iris - 階層的クラスタリング
import numpy as np
import pandas as pd
import matplotlib.pyplot as plt
from scipy.cluster.hierarchy import linkage, fcluster
from sklearn.datasets import load_iris
pd.set_option("display.max_rows", 200)

irisset = load_iris()
species = ['Setosa', 'Versicolour', 'Virginica']
iris = pd.DataFrame(irisset.data, columns=irisset.feature_names)
target = pd.DataFrame(irisset.target)

X = np.array(iris)
Z = linkage(X, 'ward')   # ward法を使う
```

第4章　学習の手法を使った多変量の分析　〜 クラスター解析・k-近傍・決定木・SVM

```python
r = fcluster(Z, t=3, criterion='maxclust')  # 階層的クラスタリングで3種類に分類
# rに各データ点のクラスタへのマップ（1か2か3）が得られる
import collections
print(collections.Counter(r))  # 数えてみる

# クラスタ番号はクラスタリングで適当に付けられるので、元データの種類とは異なる。
# 同じ番号付けにするために、各種類でのクラスタ番号の平均（ほとんどが正解という前提）をとる
cl_no = {int(r[0:49].mean().round()): 0, int(r[50:99].mean().round()): 1, \
    int(r[100:149].mean().round()):2}
r2 = [cl_no[u] for u in r]  # rのクラスタ番号を変換する
iris['hierarchical'] = r2  # iris DataFrameに'hierarchical'欄を作って書いておく
iris['target'] = irisset.target  # 元データにある種類情報を'target'欄に書いておく
irisOK = iris[iris['hierarchical'] == iris['target']]  # 正しく分類されたデータ
irisNG = iris[iris['hierarchical'] != iris['target']]  # 誤って分類されたデータ
print(irisOK)
print(irisNG)

# 散布図を描くために、クラスタごとにデータ点を分類しておく
irishOK = [irisOK[irisOK['target'] == u] for u in [0, 1, 2]]
irishNG = [irisNG[irisNG['target'] == u] for u in [0, 1, 2]]
# 散布図を描く。正しく分類されたデータ点
plt.scatter(irishOK[0]['petal length (cm)'], irishOK[0]['petal width (cm)'], \
    c='red', marker='o', edgecolors='face')
plt.scatter(irishOK[1]['petal length (cm)'], irishOK[1]['petal width (cm)'], \
    c='green', marker='x', edgecolors='face')
plt.scatter(irishOK[2]['petal length (cm)'], irishOK[2]['petal width (cm)'], \
    c='blue', marker='^', edgecolors='face')
# 散布図を描く。誤って分類されたデータ点
plt.scatter(irishNG[0]['petal length (cm)'], irishNG[0]['petal width (cm)'], \
    c='red', marker='<', edgecolors='face')
plt.scatter(irishNG[1]['petal length (cm)'], irishNG[1]['petal width (cm)'], \
    c='green', marker='>', edgecolors='face')
plt.scatter(irishNG[2]['petal length (cm)'], irishNG[2]['petal width (cm)'], \
    c='blue', marker='s', edgecolors='face')
plt.title('irisデータを階層的クラスタリングによって分類した結果')
plt.xlabel('花弁の長さ(cm)')
plt.ylabel('花弁の幅(cm)')
plt.show()
```

4.3 k-means法による非階層型クラスタリング

　非階層型クラスタリングは、最終的に分けるグループの数をあらかじめ指定してグループ分けします。階層型はグループがわからないときでも処理を始められますが、非階層型クラスタリングはグループ数についておよそ見当がついていなければなりません。他方、階層型は点の数が増えるに従って計算量が多くなる傾向がありますが、一般的には計算量

がそれほど増えないといわれています(計算法によっては、もともと要素数が少なくても計算量が非常に多いものもあります)。

非階層型クラスタリングで代表的なのは、k-means 法です。k-means 法では、次のような手順でグループを作ります。

1. あらかじめ決められたグループ数だけ、そのグループの中心の初期値を作っておきます。
2. 次に、1つひとつの観測点について、すべてのグループの中心までの距離を求め、中心までの距離が最も近いグループにこの点を加えます。
3. すべての点を加え終わったら、すべてのグループのメンバーが決まったわけですから、改めてこのメンバーの点からグループの中心を計算し直します。
4. 新しく決まったグループ中心の値を使って、ステップ2から計算をし直します。つまり、1つひとつの観測点について、新しい中心との距離を計算し、一番近いグループに加えます。全部の点を加え終わってグループメンバーが一新されたら、そのメンバーの値から中心を計算し直します。
5. このように、繰り返してそれぞれの点の配属グループを決め直し、新しいメンバーシップに基づいて中心を計算し直し、この新しい中心からの各点の距離を計算し直し、という処理を行い、グループメンバーの変更がなくなるまで繰り返します。

図 4-4 は第1ステップで、①中心点をまずはランダムに配置し、②各データ点について最も近い中心点を探してグループを作り、③それぞれのグループについて中心点の計算をし直し、その新しい中心に対して各データ点が最も近い中心を探し直す(グループを組み直す)様子です。

第4章 学習の手法を使った多変量の分析 ～ クラスター解析・k-近傍・決定木・SVM

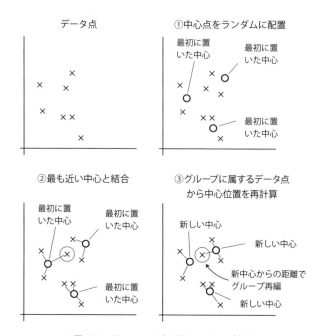

■ 図 4-4　K-means 法の第 1 ステップの様子

　k-means 法の注意点は、あらかじめグループ数を決めることと、グループ中心の初期値はランダムに決めるということです。グループ数については、もしデータの性質がよくわかっていないのであれば、いろいろなグループ数を試してみることが必要になります。後者については、計算のたびに初期値が変わるので、それによってグループの分け方が大きく変わる可能性があります。前者については、いろいろなグループ数で試してクラスタ内誤差の平方和で比較する（エルボー法）や、グループ内データの凝集度や乖離度を使って比較する（シルエット分析）などが提案されており、後者については、少なくとも不適切な初期中心を選ばないようにする k-means++ 法が広く使われています。

　k-means 法でフィッシャーのアヤメのデータをクラスタリングしてみましょう。クラスター数は 3 とします。入力は花びらの長さ・幅、がく片の長さ・幅の 4 つとも使います。距離は 4 次元空間中のユークリッド距離を使いました。**図 4-5** は k-means 法でグループ分けをしたうえで、図 3-7 と同じように花びらの長さと幅について散布図を描いたものですが、元データの種の情報と異なって分類された点を「miss」として表示してあります。分布が重なった部分には、間違った分類をしているデータがあります。

　プログラム例を**リスト 4-3** に示します。このプログラムのなかで k-means 法の計算をしているのは kmeans = KMeans(...).fit(...) の行だけで、それ以前はデータの準備、それ以降はグラフをアヤメの 3 種に分けて表示するための処理です。

4.3 k-meansによる非階層型クラスタリング

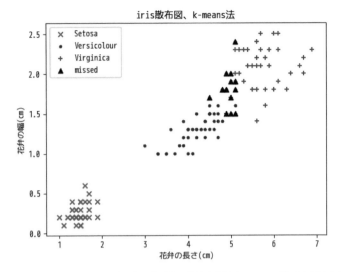

■ 図 4-5　フィッシャーのアヤメのデータの花びらの長さと幅を k-means 法でクラスタリングした結果

■ リスト 4-3　フィッシャーのアヤメのデータの k-means 法によるクラスタリングの例

```
# フィッシャーのアヤメのデータのk-means法によるクラスタリング
# -*- coding: utf-8 -*-
import numpy as np
import matplotlib.pyplot as plt
from sklearn.datasets import load_iris
from sklearn.cluster import KMeans
import pandas as pd
iris = load_iris()
species = ['Setosa', 'Versicolour', 'Virginica']
irispddata = pd.DataFrame(iris.data, columns=iris.feature_names)
irispdtarget = pd.DataFrame(iris.target, columns=['target'])

kmeans = KMeans(n_clusters=3).fit(irispddata)

irispd = pd.concat([irispddata, irispdtarget], axis=1)
iriskmeans = pd.concat([irispd, pd.DataFrame(kmeans.labels_, \
    columns=['kmeans'])], axis=1)
irispd0 = iriskmeans[iriskmeans.kmeans == 0]
irispd1 = iriskmeans[iriskmeans.kmeans == 1]
irispd2 = iriskmeans[iriskmeans.kmeans == 2]

dic = {}
dic[ iriskmeans['kmeans'][25] ] = iriskmeans['target'][25]
dic[ iriskmeans['kmeans'][75] ] = iriskmeans['target'][75]
dic[ iriskmeans['kmeans'][125] ] = iriskmeans['target'][125]
d = np.array([dic[u] for u in iriskmeans['kmeans']])
```

```
irisdiff = iriskmeans[iriskmeans.target != d]

plt.scatter(irispd0['petal length (cm)'], irispd0['petal width (cm)'], c='red', \
    label=species[dic[0]], marker='x')
plt.scatter(irispd1['petal length (cm)'], irispd1['petal width (cm)'], c='blue', \
    label=species[dic[1]], marker='.')
plt.scatter(irispd2['petal length (cm)'], irispd2['petal width (cm)'], c='green', \
    label=species[dic[2]], marker='+')

plt.scatter(irisdiff['petal length (cm)'], irisdiff['petal width (cm)'], c='black', \
    label='missed', marker='^')
plt.title('iris散布図、k-means法')
plt.xlabel('花弁の長さ(cm)')
plt.ylabel('花弁の幅(cm)')
plt.legend(loc='upper left')
plt.legend()
plt.show()
```

　なお、最適クラスター数の選択には、3.1節の回帰分析で触れたAICやBICなどの当てはまり度を判定する情報規準量を使って、それが最低になるクラスター数を求めることが行われます。ただし、そのためにはクラスター数を変えて何回もクラスタリング処理を行わなければなりません。

4.4 EMアルゴリズムによる混合ガウス分布の推定

4.4.1 混合ガウス分布の推定

　クラスター分析の1つの考え方として、本節では混合ガウス分布の推定を紹介します。与えられたデータが複数の正規分布（ガウス分布）を混合したものであるときに、それぞれの正規分布のパラメータ（平均と分散）と混合比率を推定するというものです。その様子を1次元のデータの例を用いて図4-6に示します。このような分布が与えられたときに、2つの分布の平均と分散、および混合比率（この場合3:1）を推定しようということです。

4.4 EMアルゴリズムによる混合ガウス分布の推定

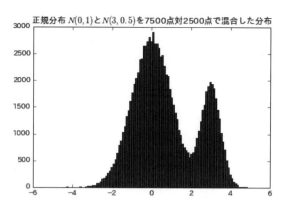

■ 図 4-6　2 つの正規分布 $N(0,1)$ と $N(3,0.5)$ を 3：1 で混合した分布

パラメータ推定の原理は、教科書[*2]に細かく説明されており、本節もこの教科書に従って説明しますが、ごく簡単化して考えると次のようになります。混合ガウス分布の確率分布は、k 番目の要素正規分布 $N(x \mid \mu_k, \sigma_k)$ に係数 π_k を掛けて足し合わせたもの

$$p(x) = \sum_{k=1}^{K} \pi_k N(x \mid \mu_k, \sigma_k)$$

と考えます。ただし、π_k の総和は 1 とします。上記の例では、$N(x \mid 0,1)$ に対して係数 $\pi_1 = 0.75$、$N(x \mid 3, 0.5)$ に対して係数 $\pi_1 = 0.25$ を掛けて合わせたもの、ということです。

観測したデータ $X = \{x_1, \cdots, x_N\}$ に基づいて系のパラメータを推定するには、最尤推定[*3]を用います。最尤推定ではパラメータ π、μ、σ の推定に、尤度関数（ここでは $p(X \mid \pi, \mu, \sigma)$）の対数をとった対数尤度関数 $\ln p(X \mid \pi, \mu, \sigma)$ を用います。対数をとることで、確率の積が、確率の対数の和の形になります。変数の個数 N と要素分布の個数 K について和の形になって、

$$\ln p(X \mid \pi, \mu, \sigma) = \sum_{n=1}^{N} \ln \left\{ \sum_{k=1}^{K} \pi_k N(x_n \mid \mu_k, \sigma_k) \right\}$$

となり、これを最大化することになります。

尤度関数を最大化する手法として、EM（Expectation-Maximization）アルゴリズムを用

[*2]　たとえば、ビショップ『パターン認識と機械学習（下）』シュプリンガージャパン（2008）の第 9.2 節（146 ページ～）。

[*3]　詳しくはビショップ『パターン認識と機械学習（下）』シュプリンガージャパン（2008）の第 1.2 節（22 ページ～）などを参照。

います。これは、パラメータ π, μ, σ の適当な初期値を与えておき、E（Expectation）ステップと M（Maximization）ステップを繰り返すことによって、最もそれらしい値に近づける計算方法です。具体的には次のようになります。

E ステップ

現在のパラメータ値を使って、現在の負担率 $\gamma(z_{nk})$ を計算する。

$$\gamma(z_{nk}) = \frac{\pi_k N(x_n \mid \mu_k, \sigma_k)}{\sum_{j=1}^{K} \pi_j N(x_n \mid \mu_j, \sigma_j)}$$

負担率 $\gamma(z_{nk})$ は、k 番目の要素正規分布がデータ x_n を説明する度合いであり、x_n を生成するのに負担した事後確率に相当します。

M ステップ

現在の負担率を使って、新しくパラメータ値を計算する。

$$N_k = \sum_{n=1}^{N} \gamma(n_{nk})$$

として

$$\mu_k{}^{\text{new}} = \frac{1}{N_k} \sum_{n=1}^{N} \gamma(z_{nk}) x_n$$

$$\sigma_k{}^{\text{new}} = \frac{1}{N_k} \sum_{n=1}^{N} \gamma(z_{nk})(x_n - \mu_k{}^{\text{new}})(x_n - \mu_k{}^{\text{new}})^{\text{T}}$$

$$\pi_k{}^{\text{new}} = \frac{N_k}{N}$$

終了判定

対数尤度

$$\ln p(X \mid \mu, \sigma, \pi) = \sum_{n=1}^{N} \ln \left\{ \sum_{k=1}^{K} \pi_k N(x_n \mid \mu_k, \sigma_k) \right\}$$

を計算し、対数尤度やパラメータ値の変化が閾値より小さければ終了し、大きければ E ステップに戻る。

4.4.2　Pythonによる混合ガウス分布の推定

ライブラリ scikit-learn の中に、混合ガウスモデルの解析パッケージ mixture があるので、それを使った処理を紹介します。ドキュメント http://scikit-learn.org/stable/modules/mixture.html にかなり詳しい説明とサンプルがあります。

最初に簡単なケースとして、図 4-6 にある混合ガウス分布を指定して乱数を発生させ、その乱数をサンプルデータとして元の正規分布を推定してみます。具体的には、下記のプログラム

```
import numpy as np
import matplotlib.pyplot as plt

# 正規分布(平均=0，標準偏差=1)で乱数を75000個生成
dist1 = np.random.normal(0, 1, 75000)
# 正規分布(平均=3，標準偏差=0.5)で乱数を25000個生成
dist2 = np.random.normal(3, 0.5, 25000)
dist = np.r_[dist1, dist2]    # 2つの配列をマージ
plt.hist(dist, bins=100)      # 100本のヒストグラムを作成
plt.title('正規分布 $N(0,1)$と$N(3,0.5)$を7500点対2500点で混合した分布')
plt.show()    # グラフを表示
```

にあるように、numpy.random.normal で発生した乱数サンプル dist1 と dist2 を結合して1つのサンプル dist にします。なお、プログラムの全体は後出の**リスト 4-4** に示します。

では、このデータ dist を scikit-learn の mixture パッケージにある EM アルゴリズムで分析してみます。まずクラス GaussianMixture のインスタンスを clf として作ります。そのときに要素分布の数 n_components を 2 として与えておきます。このモデル clf にサンプルデータ dist をフィットします。これで処理は終わりですが、結果としてそれぞれの正規分布の重み（比率）weights_、平均値 means_、分散 covariances_（分布生成時のパラメータと合わせるために平方根 numpy.sqrt をとって標準偏差とする）を出力します。

```
dist1 = np.reshape(dist, (np.shape(dist)[0], 1))  # distデータをnx1の配列に作る
clf = mixture.GaussianMixture(n_components=2, covariance_type='full')
clf.fit(dist1)
print('weights:', clf.weights_)
print('means:', clf.means_)
print('std dev:', np.sqrt(clf.covariances_))
```

結果は、

```
weights: [ 0.740892  0.259108]
means: [[-0.02198479]   [ 2.96389983]]
std dev: [[[ 0.97399207]]   [[ 0.52305733]]]
```

が得られました。なお、この結果は元の2つの正規分布 $N(0,1)*75\%$、$N(3,0.5)*25\%$ とほぼ一致しています。誤差は、分布生成時の乱数発生にあると考えられます。また、乱数発生は毎回値が異なるので、ここで得られる結果も毎回異なります。

次に、上記では要素分布数を n_components=2 として計算しましたが、本当は未知のはずなので、この推定を試みます。それには、ベイズ情報量規準 BIC (Bayesian Information Criterion) が最も小さい要素分布数を選びます。BIC はすでに得られているモデル clf に対して clf.bic(dist1) とすることで計算できます。k の値を 1 から max_n_components = 8 で変えてそれぞれ BIC の値を計算し、最小になる k を求めます。

```
max_n_components = 8
lowest_bic = np.infty
lowest_bic_ix = 0
for i in range(1, max_n_components):
    clf = mixture.GaussianMixture(n_components=i, covariance_type='full')
    clf.fit(dist1)
    bic = clf.bic(dist1)
    print('bic', i, np.round(bic))
    if bic <lowest_bic:
        lowest_bic = bic
        lowest_bic_ix = i
print('lowest bic case no', lowest_bic_ix)
```

実行した結果は

```
bic 1 374848.553046
bic 2 348853.648475
bic 3 349423.333308
bic 4 349508.694141
bic 5 349407.034991
bic 6 349626.886673
bic 7 349625.315765
lowest bic case no 2
```

となり、要素分布が2つの場合が最適ということになりました。

プログラム全体は、リスト4-4のようになります。

4.4 EMアルゴリズムによる混合ガウス分布の推定

■ リスト 4-4　混合ガウス分布の生成と解析の例

```
%matplotlib inline
import numpy as np
import matplotlib.pyplot as plt
from sklearn import mixture

# 正規分布(m=0, sd=1)で乱数を75000個生成
dist1 = np.random.normal(0, 1, 75000)
# 正規分布(m=3, sd=0.5)で乱数を25000個生成
dist2 = np.random.normal(3, 0.5, 25000)
dist = np.r_[dist1, dist2]   # 2つの配列をマージ
plt.hist(dist, bins=100)   # 100本のヒストグラムを作成
plt.title('正規分布 $N(0,1)$と$N(3,0.5)$を7500点対2500点で混合した分布')
plt.savefig('mixed-gaussian-plot-sample.png')
plt.show()   # グラフを表示

dist1 = np.reshape(dist, (np.shape(dist)[0], 1))   # distデータをnx1の配列に作る
max_n_components = 8
lowest_bic = np.infty
lowest_bic_ix = 0
for i in range(1, max_n_components):
    clf = mixture.GaussianMixture(n_components=i, covariance_type='full')
    clf.fit(dist1)
    bic = clf.bic(dist1)
    print('bic', i, bic)
    if bic < lowest_bic:
        lowest_bic = bic
        lowest_bic_ix = i
print('lowest bic case no', lowest_bic_ix)

clf = mixture.GaussianMixture(n_components=lowest_bic_ix, covariance_type='full')
clf.fit(dist1)
print('weights:', clf.weights_)
print('means:', clf.means_)
print('std dev:', np.sqrt(clf.covariances_))
```

　もう1つの例として、フィッシャーのアヤメのデータを、混合ガウス分布でクラスター分割してみます。フィッシャーのアヤメのデータは、アヤメの花の大きさのデータ sepal length、sepal width、petal length、petal width からなる4次元の配列で、それによってアヤメの種類 Setosa、Versicolour、Virginica を区別するという設定です。この4次元のデータを入力として、混合ガウス分布によるクラスターの推定をします。

　分析プログラムの組み立ては、前のリスト 4-4 と同じです。BIC が最低になる要素分布数 k は、2になりました。元データは3種類のアヤメなのですが、グラフ上で右上にある2つの種類がつながっていて、2クラスターと判定したものと考えられます。

　結果の表示は、petal length と petal width の2次元の散布図を描いて、その上に得られたガウス分布の平均を中心とし、標準偏差の2倍 (2σ) を径とする楕円を表示してみました。

■ リスト4-5　混合ガウス分布の生成と解析の例

```python
%matplotlib inline
import numpy as np
import pandas as pd
import matplotlib.pyplot as plt
import matplotlib.patches as patches
from sklearn.datasets import load_iris
from sklearn import mixture

iris = load_iris()
species = ['Setosa', 'Versicolour', 'Virginica']
irispddata = pd.DataFrame(iris.data, columns=iris.feature_names)
irispdtarget = pd.DataFrame(iris.target, columns=['target'])
irispd = pd.concat([irispddata, irispdtarget], axis=1)
max_n_components = 8
lowest_bic = np.infty
lowest_bic_ix = 0
for i in range(1, max_n_components):
    clf = mixture.GaussianMixture(n_components=i, covariance_type='full')
    clf.fit(irispddata)
    bic = clf.bic(irispddata)
    print('bic', i, bic)
    if bic < lowest_bic:
        lowest_bic = bic
        lowest_bic_ix = i
print('lowest bic case no', lowest_bic_ix)

clf = mixture.GaussianMixture(n_components=lowest_bic_ix, covariance_type='full')
# クラスター数を3にする場合は、
# clf = mixture.GaussianMixture(n_components=3, covariance_type='full')
# とするとともに、プログラムの最後から5～10行目付近のコードのコメントを外して
# 図中に3番目の楕円を描く
clf.fit(irispddata)
print('weights:', clf.weights_)
print('means:', clf.means_)
print('std dev:', np.sqrt(clf.covariances_))

# 結果の表示
irispd0 = irispd[irispd['target'] == 0]
irispd1 = irispd[irispd['target'] == 1]
irispd2 = irispd[irispd['target'] == 2]
plt.scatter(irispd0['petal length (cm)'], irispd0['petal width (cm)'], c='red', \
    label=species[0], marker='x')
plt.scatter(irispd1['petal length (cm)'], irispd1['petal width (cm)'], c='blue', \
    label=species[1], marker='.')
plt.scatter(irispd2['petal length (cm)'], irispd2['petal width (cm)'], c='green', \
    label=species[2], marker='+')
ax = plt.axes()
c = patches.Ellipse(xy=(clf.means_[0, 2], clf.means_[0, 3]), \
                    width=np.sqrt(clf.covariances_[0, 2, 2]) * 4, \
                    height=np.sqrt(clf.covariances_[0, 3, 3]) * 4, \
                    fc='g', ec='r', alpha=0.2)
```

4.4 EMアルゴリズムによる混合ガウス分布の推定

```
ax.add_patch(c)
d = patches.Ellipse(xy=(clf.means_[1, 2], clf.means_[1, 3]), \
                    width=np.sqrt(clf.covariances_[1, 2, 2]) * 4, \
                    height=np.sqrt(clf.covariances_[1, 3, 3]) * 4, \
                    fc='g', ec='r', alpha=0.2)
ax.add_patch(d)
# クラスター数を3にする場合は以下の6行のコメントマークを外し、第3の楕円を描く
# e = patches.Ellipse(xy=(clf.means_[2, 2], clf.means_[2, 3]), \
#                     width=np.sqrt(clf.covariances_[2, 2, 2]) * 4, \
#                     height=np.sqrt(clf.covariances_[2, 3, 3]) * 4, \
#                     fc='g', ec='r', alpha=0.2)
# ax.add_patch(e)

plt.title('irisデータの混合ガウス分布によるクラスター推定')
plt.xlabel('花弁の長さ (cm)')
plt.ylabel('花弁の幅 (cm)')
plt.show()
```

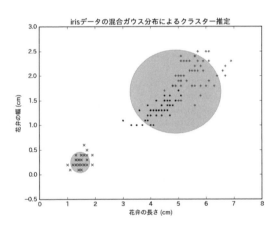

■ 図 4-7　フィッシャーのアヤメを混合ガウス分布によってクラスター化した結果

計算結果は、数値部分が

```
bic 1 829.234925148
bic 2 575.64056274
bic 3 582.484241068
bic 4 631.401991312
bic 5 653.951190529
bic 6 715.822870761
bic 7 767.78020634
lowest bic case no 2
weights: [ 0.66667166  0.33332834]
means: [[ 6.2619868   2.87199575  4.90597298  1.67598968]
 [ 5.00600757  3.41801668  1.46400244  0.24399917]]
```

```
std dev: [[[ 0.65952785  0.347768    0.66997926  0.40682297]
  [ 0.347768    0.33108702  0.37600832  0.28148401]
  [ 0.66997926  0.37600832  0.82149701  0.53467658]
  [ 0.40682297  0.28148401  0.53467658  0.42265573]]

 [[ 0.34894555  0.31350444  0.1257577   0.10166895]
  [ 0.31350444  0.37717437  0.10698336  0.10587303]
  [ 0.1257577   0.10698336  0.1717703   0.07472764]
  [ 0.10166895  0.10587303  0.07472764  0.10613727]]]
```

のようになり、weightsのデータが1番目の分布が2/3、2番目の分布が1/3となっています。これはグラフの様子を見ると1番目の分布（平均がx=4.9, y=1.5）がアヤメの種類2つ分を併合していることの表れと見られます。また、グラフは**図4-7**のようになりました。

さらに、クラスター数を

```
clf = mixture.GaussianMixture(n_components=3, covariance_type='full')
```

のように3に設定して平均・分散等を求めると、

```
weights: [ 0.30127092  0.33333333  0.36539574]
means: [[ 5.9170732   2.78804839  4.20540364  1.29848217]
 [ 5.006       3.418       1.464       0.244     ]
 [ 6.54639415  2.94946365  5.48364578  1.98726565]]
std dev: [[[ 0.52489723  0.31084232  0.43066312  0.23407051]
  [ 0.31084232  0.30422281  0.30171892  0.20736199]
  [ 0.43066312  0.30171892  0.44984274  0.24842268]
  [ 0.23407051  0.20736199  0.24842268  0.17982699]]

 [[ 0.34894842  0.31351555  0.12576168  0.10166612]
  [ 0.31351555  0.37719624  0.10699533  0.10586784]
  [ 0.12576168  0.10699533  0.1717702   0.07472617]
  [ 0.10166612  0.10586784  0.07472617  0.1061367 ]]

 [[ 0.62244753  0.30369846  0.5499482   0.24672651]
  [ 0.30369846  0.3322787   0.28957058  0.23610028]
  [ 0.5499482   0.28957058  0.57087279  0.269755  ]
  [ 0.24672651  0.23610028  0.269755    0.29128174]]]]
```

のようになり、**図4-8**のようにアヤメの種類の分布に重なるようになりました。

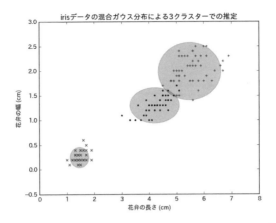

■ 図 4-8　フィッシャーのアヤメを混合ガウス分布によってクラスター化した結果

4.5　k-近傍法による分類学習

4.5.1　k-近傍法の考え方

　k-近傍法（k-Nearest Neighbors method）は、あらかじめ与えられた教師データに基づいて学習し、新しい観測データが与えられたときに予測する方法の1つです。それぞれのデータが説明変数と目的変数からなるとき、説明変数で見て、新しい観測データから最も近い k 個の教師データを選び、選んだ教師データの目的変数の最頻値（カテゴリー・離散的な場合）や平均値（連続的な場合）を予測値とします。

　4.1 節でクラスター分析の対象としたフィッシャーのアヤメのデータを、もう一度考えます。それぞれの花のデータには、4つの計測値、花びらの長さ pl、幅 pw、がく片の長さ sl、幅 sw と、アヤメの種類のデータがあります。新しい花について4つの計測値からアヤメの種類を推定する場合、4つの計測値を説明変数とし、アヤメの種類を目的変数とすることになります。「4つの計測値の作る4次元の空間のなかで、新しい花の観測値の点から、もともとあるデータのうちで最も近い k 個のデータを選び、その k 個のアヤメから最頻の名前を選ぼう」ということになります。

> **k-近傍法と k-means 法**
> 名前がよく似ているので混同するかもしれませんが、違うものです。本節で説明する k-近傍法は教師ありの学習法の形をしていて、ラベルの付いた教師データが揃った後、新しい別のデータに対してそのラベルを推定するものです。これに対して、

> 4.3 節で説明した k-means 法はクラスターを作る方法で、教師なし（ラベルなし）でデータが自らクラスターを形成するものであって、新しい別のデータが来てどのクラスタに属するかどうかの判定をするようなことは、通常考えていません。

実際の数値で考えてみます。フィッシャーのアヤメのデータから各種類のアヤメのデータを 5 つずつ抜き出し、15 データにしたもので計算してみます。

id	sepal length	sepal width	petal length	petal width	target
0	5.1	3.5	1.4	0.2	0
1	4.9	3.0	1.4	0.2	0
2	4.7	3.2	1.3	0.2	0
3	4.6	3.1	1.5	0.2	0
4	5.0	3.6	1.4	0.2	0
50	7.0	3.2	4.7	1.4	1
51	6.4	3.2	4.5	1.5	1
52	6.9	3.1	4.9	1.5	1
53	5.5	2.3	4.0	1.3	1
54	6.5	2.8	4.6	1.5	1
100	6.3	3.3	6.0	2.5	2
101	5.8	2.7	5.1	1.9	2
102	7.1	3.0	5.9	2.1	2
103	6.3	2.9	5.6	1.8	2
104	6.5	3.0	5.8	2.2	2

■表 4-4　フィッシャーのアヤメのデータから各種類 5 データずつ、15 データを抜き出したもの

新しいデータ x として、

id	sepal length	sepal width	petal length	petal width	target
149	5.9	3.0	5.1	1.8	2

を考えます。種類（target）は 2 なのですが、伏せておきます。

新しいデータ x と、**表 4-4** の 15 データとの距離（ここではユークリッド距離）を計算します。結果は

id	distance
0	4.140048
1	4.153312
2	4.298837
3	4.149699
4	4.173727
50	1.252996
51	0.860233
52	1.067708
53	1.452584
54	0.860233
100	1.244990
101	0.331662
102	1.473092
103	0.648074
104	1.004988

のようになります。3-近傍（近傍数を3）で考えるとすると、これらの中から最も近いデータ3点をとります。id が 101 のデータ点が距離 0.332、id が 103 の点が距離 0.648、id が 54 の点が距離 0.860 で、最も近い3点です。点 101 と 103 は種類 2 のアヤメですが、点 54 の種類は 1 です。つまり、新しいデータ x は、3 近傍のうち 2 つは種類 2、1 つは種類 1 であることがわかりました。これらから最頻値をとるならば、x の種類は 2 と推定されることになります。

4.5.2 Python による k-近傍法の算出

Python で k-近傍法を計算するには、scikit-learn パッケージの中のモジュール **sklearn.neighbors** を利用します。ドキュメントはユーザーガイド http://scikit-learn.org/stable/modules/neighbors.html およびモジュールの仕様 http://scikit-learn.org/stable/modules/generated/sklearn.neighbors.NearestNeighbors.html を参照してください。

処理に入る前に、データを準備します。前述したように、フィッシャーのアヤメのデータから各種類を5点ずつ取り出して、学習用（教師）データとします。また、学習が済んだところで新しいデータについて近傍からアヤメの種類を推定したいので、新しいデータとして、フィッシャーのアヤメのデータの中から、学習に使わなかったデータを1つ取り出しておきます（プログラム全体は**リスト 4-6** に示します）。

第4章 学習の手法を使った多変量の分析 〜 クラスター解析・k-近傍・決定木・SVM

```
from sklearn.datasets import load_iris
import pandas as pd
iris = load_iris()
species = ['Setosa','Versicolour', 'Virginica']
irispddata = pd.DataFrame(iris.data, columns=iris.feature_names)
# 別になっているtargetデータ(アヤメの種類)をirispddataに追加する
irispddata['target'] = iris.target
# それぞれの種類のデータを5点ずつ取り出して結合し、学習用(教師)データとする
iris0 = irispddata[irispddata['target'] == 0][:5]
iris1 = irispddata[irispddata['target'] == 1][:5]
iris2 = irispddata[irispddata['target'] == 2][:5]
irisall = pd.concat([iris0, iris1, iris2])
# 新しいデータ(推定テスト用データ)を1点作る(最後のデータにした)
newiris = irispddata[['sepal length (cm)', 'sepal width (cm)', \
    'petal length (cm)', 'petal width (cm)']][-1:]
```

得られたデータ irisall を学習させます。sklearn.neighbors の基本的な使い方は、

1. モデルのパラメータ(とりたい近傍の数 k、近傍をとるためのアルゴリズム、使う距離の種類など)を指定して、モデルのオブジェクトを作る。
2. モデルの fit メソッドを使って、教師データを学習させる。
3. 学習の済んだモデルの kneighbors メソッドを使って、新しいデータに対する k 個の近傍点を求める。結果として、近傍点のインデックスと距離が戻る。

のステップを踏みます。まず、

```
from sklearn.neighbors import NearestNeighbors
nb = NearestNeighbors(n_neighbors=3, algorithm='ball_tree')
```

にて、NearestNeighbors のクラスインスタンスを作ります。このとき、近傍数3と近傍計算のアルゴリズム ball_tree を与えています。

次に、作られた nb に対して、教師データ irisall の説明変数部分のみを与えて、メソッド fit で学習させます。

```
nbfit = nb.fit(irisall[['sepal length (cm)', 'sepal width (cm)', \
    'petal length (cm)', 'petal width (cm)']].values)
```

これで作られた ntfit に対してメソッド kneighbors を用いて、新しいデータ newiris について k-近傍(今は $k=3$)の教師データ点を探し、それぞれのインデックス indices と、その点までの距離 distances を出力します。

```
distances, indices = nbfit.kneighbors(newiris[['sepal length (cm)', \
    'sepal width (cm)', 'petal length (cm)', 'petal width (cm)']])
print('indices\n', indices)
print('distances\n', distances)
```

結果は、

```
indices
 [[11 13  9]]
distances
 [[ 0.33166248  0.64807407  0.86023253]]
```

となり、前述の計算の結果と一致しました。

プログラム全体をリスト 4-6 に示します。

■ リスト 4-6　フィッシャーのアヤメのデータの 15 点を教師に使った k-近傍法

```
import numpy as np
from sklearn.datasets import load_iris
from sklearn.neighbors import NearestNeighbors
import pandas as pd
iris = load_iris()
species = ['Setosa', 'Versicolour', 'Virginica']
irispddata = pd.DataFrame(iris.data, columns=iris.feature_names)
# 別になっているtargetデータ（アヤメの種類）をirispddataに追加する
irispddata['target'] = iris.target
# それぞれの種類のデータを5点ずつ取り出して結合し、学習用（教師）データとする
iris0 = irispddata[irispddata['target'] == 0][:5]
iris1 = irispddata[irispddata['target'] == 1][:5]
iris2 = irispddata[irispddata['target'] == 2][:5]
irisall = pd.concat([iris0, iris1, iris2])
# 新しいデータ（推定テスト用データ）を1点作る（最後のデータにした）
newiris = irispddata[['sepal length (cm)', 'sepal width (cm)', \
    'petal length (cm)', 'petal width (cm)']][-1:]

nb = NearestNeighbors(n_neighbors=3, algorithm='ball_tree')
nbfit = nb.fit(irisall[['sepal length (cm)', 'sepal width (cm)', \
    'petal length (cm)', 'petal width (cm)']].values)
distances, indices = nbfit.kneighbors(newiris[['sepal length (cm)', \
    'sepal width (cm)', 'petal length (cm)', 'petal width (cm)']])
print('indices\n', indices)
print('distances\n', distances)
```

　上記のプログラム例では教師データ数をそれぞれの種類ごとに 5 点ずつとして、手計算でもフォローできるようにしましたが、たとえば教師データを種類ごとに 45 点ずつ計 135 点、テストデータを 5 点ずつ計 15 点として試した結果を**表 4-5** に示します。この場合では、すべてのテストデータに対して 3 つの近傍点が、いずれも正しい種類になりました。

データID	ラベル	近傍点ID	近傍点ラベル	近傍点までの距離
45	0	[1 12 30]	[0, 0, 0]	[0.141 0.2 0.245]
46	0	[19 21 4]	[0, 0, 0]	[0.141 0.245 0.3]
47	0	[3 2 42]	[0, 0, 0]	[0.141 0.141 0.224]
48	0	[10 27 19]	[0, 0, 0]	[0.1 0.224 0.245]
49	0	[7 39 35]	[0, 0, 0]	[0.141 0.173 0.224]
95	1	[83 89 56]	[1, 1, 1]	[0.173 0.332 0.361]
96	1	[83 89 56]	[1, 1, 1]	[0.173 0.224 0.3]
97	1	[69 66 86]	[1, 1, 1]	[0.2 0.332 0.346]
98	1	[52 88 55]	[1, 1, 1]	[0.387 0.387 0.721]
99	1	[89 83 77]	[1, 1, 1]	[0.173 0.224 0.265]
145	2	[131 129 102]	[2, 2, 2]	[0.245 0.361 0.374]
146	2	[113 101 116]	[2, 2, 2]	[0.245 0.374 0.387]
147	2	[100 101 106]	[2, 2, 2]	[0.224 0.346 0.361]
148	2	[126 105 100]	[2, 2, 2]	[0.245 0.3 0.557]
149	2	[117 128 132]	[2, 2, 2]	[0.283 0.316 0.332]

■ 表 4-5　フィッシャーのアヤメのデータの 135 点を教師に使った k–近傍法の結果

4.6 決定木学習による分類学習

　決定木は、決定をするための木で、観察した結果を入力として細かい決定を積み重ねて範囲を狭めていくプロセスを、木の形に描いたものです。あらかじめ与えられている教師データ（サンプルデータ）から上手に分類する決定木を作り、実際に運用するときのデータをその決定木を使って分類します。「どのような木を作れば最も少ないステップで分類できるか[4]」が問題になります。

　決定木では、木の形に選択・分岐していくので、選択のところは連続値ではなく有限個の選択肢になっている（つまり、目的変数が離散値［カテゴリー変数］になっている）場合が多く、このような決定木のことを、分類木とも呼びます。一方、連続値（目的変数が連続変数）の場合には、回帰木と呼ばれています。結果は分類・クラスタリングと同様に最終決定の選択肢を選ぶのですが、途中の分岐プロセスが見えやすいことが特徴です。

　表 4-6 のようなデータの例を考えます[5]。点数は合格点の 70 点以上かそれ未満かの 2 値になっています。

---

[4] 厳密にいうと、サンプルデータに対して平均のステップ数が最小になる木の形、つまり分岐判断の順序。
[5] 秋光淳生『データからの知識発見』NHK 出版（2012）より借用。

4.6 決定木学習による分類学習

学生	年齢	性別	点数
1	40歳未満	男性	70点以上
2	40歳未満	女性	70点以上
3	40歳未満	男性	70点以上
4	40歳未満	男性	70点以上
5	40歳以上	男性	70点以上
6	40歳未満	男性	70点未満
7	40歳以上	女性	70点未満
8	40歳以上	女性	70点未満
9	40歳以上	男性	70点未満
10	40歳以上	女性	70点未満

■ 表 4-6　成績データの例

　この表が過去のデータとして与えられているとき、新しい学生の点数を過去のデータから予測したいとします。2つの選択肢、年齢と性別がありますが、「年齢→性別か、性別→年齢か、どちらの順に選択したほうがより少ない手順で判定できるかが知りたい」という問題です。

　決定木を作るアルゴリズムには、**CART**[*6]が使われます。まず木の根から始めますが、最初に取り上げる選択肢はすべての選択肢のうちで「最もよく選択する選択肢」を選びます。「最もよく選択する選択肢」の定義は、この選択肢で分けた結果のそれぞれの集合において、なるべく目的変数で色分けして純度が高い、つまり目的変数の違う要素が混ざっていないような選択肢です。色分けして純度が高いことの指標として、**ジニ係数**（Gini coefficient）を使います。ジニ係数は、データからランダムに2つの要素を抜き出したとき、その2つのそれぞれが、目的変数で見て別のクラスに属する確率です。不平等を表す尺度としてよく使われますが、ここでは純度の指標として用いています。

　上記の10人の成績の例に基づいて、ジニ係数とCARTの動きを見てみます。グループを分割する前の状態では、10人の受講者の目的変数（70点以上）を見たときに、合格と不合格は5人ずつに分かれます。ここからランダムに2人を抜き出した場合、2人が別のクラスに属する確率は、すべての可能性、つまり1から、(2人とも合格の確率)と(2人とも不合格の確率)を引いたものになります。

---

*6　L. Breiman, "Classification and Regression Trees", Chapman and Hall/CRC.（1984）

ジニ係数
$$= 2\text{人が別のクラスに属する確率}$$
$$= 1 - (2\text{人とも合格の確率}) - (2\text{人とも不合格の確率})$$
$$= 1 - (1\text{人が合格の確率})^2 - (1\text{人が不合格の確率})^2$$
$$= 1 - (0.5)^2 - (0.5)^2 = 0.5$$

分類方法としては、先に性別で分類するか、先に年齢で分類するか、の2つの選択肢が考えられます。どちらを先にするべきかを、ジニ係数がより大きく減らせるほうを先にするというルールで選びます。

先に性別で分類すると、

	70点以上	70点未満
男性	4	2
女性	1	3

のようになります。このときの男性・女性それぞれのジニ係数は

$$\text{男性グループのジニ係数} = 1 - \left(\frac{4}{6}\right)^2 - \left(\frac{2}{6}\right)^2 = \frac{4}{9} \fallingdotseq 0.444$$
$$\text{女性グループのジニ係数} = 1 - \left(\frac{1}{4}\right)^2 - \left(\frac{3}{4}\right)^2 = \frac{3}{8} = 0.375$$

です。全体のジニ係数はこれらを個数の割合で加重平均したものとして、

$$\text{性別で分けたときの全体のジニ係数} = \frac{6}{10} \times \frac{4}{9} + \frac{4}{10} \times \frac{3}{8} = \frac{5}{12} \fallingdotseq 0.417$$

となります。

もう1つの、年齢で先に分類する場合のジニ係数を計算すると、

	70点以上	70点未満
40歳以上	1	4
40歳未満	4	1

のようになります。それぞれのジニ係数は

$$40\text{歳以上のジニ係数} = 1 - \left(\frac{1}{5}\right)^2 - \left(\frac{4}{5}\right)^2 = \frac{8}{25} = 0.32$$

4.6 決定木学習による分類学習

$$40\text{ 歳未満のジニ係数} = 1 - \left(\frac{4}{5}\right)^2 - \left(\frac{1}{5}\right)^2 = \frac{8}{25} = 0.32$$

データ個数で加重平均すると、

$$\text{年齢で分けたときの全体のジニ係数} = \frac{5}{10} \times \frac{8}{25} + \frac{5}{10} \times \frac{8}{25} = \frac{8}{25} = 0.32$$

となります。

つまり、「年齢で分けるほうが、性別で分けるよりもジニ係数を小さくする、より純度を上げる分類なので、これを先にやったほうが得」ということになります。

次の第2ステップの分類は、もう残っている分類項目は性別しかないので、性別で分類することになります。

このような分類木を、scikit-learn の `tree` パッケージを使って作ることができます。プログラム例を**リスト 4-7** に示します。

■ リスト 4-7　学生データに対する決定木の生成プログラム例

```
from sklearn import tree
# tableは学生番号，40歳以上か，男性か，70点以上かを真偽で表した
table = [[1, False, True, True],
    [2,False, False, True],
    [3, False, True, True],
    [4, False,True, True],
    [5, True,True,True],
    [6,False, True, False],
    [7, True, False, False],
    [8,True, False, False],
    [9, True, True, False],
    [10, True, False, False]]
data = [u[1:3] for u in table]   # 説明変数（年齢，性別）を抽出
target = [u[3] for u in table]   # 目的変数（点数）を抽出
clf = tree.DecisionTreeClassifier()   # インスタンスを生成
clf = clf.fit(data, target)   # データで学習させる
for i in range(len(data)):   # 元データを分類（予想）してみる
    # 予測値と予測した確率
    print(i + 1, clf.predict([data[i]]), clf.predict_proba([data[i]]))

import pydotplus   # グラフ化するためのパッケージを読み込む
# clfをGraphvizのデータとして出力
dot_data = tree.export_graphviz(clf, out_file=None)
graph = pydotplus.graph_from_dot_data(dot_data)   # グラフをpdfファイルに変換
graph.write_pdf("Housoudaigaku-DecisionTree.pdf")
```

このプログラムで得られた決定木を使って、元データを分類した結果を**表 4-7** に示します。この表では、学生番号、予測値（70点以上か？）、70点未満の確率、70点以上の確率を出力しています。

学生番号	予測値（70点以上か？）	70点未満の確率	70点以上の確率
1	True	0.25	0.75
2	True	0.	1.
3	True	0.25	0.75
4	True	0.25	0.75
5	False	0.5	0.5
6	True	0.25	0.75
7	False	1.	0.
8	False	1.	0.
9	False	0.5	0.5
10	False	1.	0.

■ 表 4-7　学生データを決定木で分類した結果

このなかで、学生4と5の予測結果が間違っています。その理由は、学生3と学生6がいずれも40歳未満で男性なのに、学生3は70点以上、学生6は70点未満なので、年齢と性別ではすべてがきれいに分けられない（予測できない）からです。

また、できた分類木をグラフとして描いたものは、**図4-9**のようになりました。ここでは、フローチャートや組織図のような箱を線でつなぐグラフを簡単に描けるパッケージPyDotPlus[*7]を使っています。PyDotPlusの出力はグラフですが、dot言語で書かれていて、Graphviz[*8]というプログラムで表示します。Graphvizの使い方やdot言語については、ネット上に多くの情報[*9]があるので、ここでは省略します。

最上段で$X[0] <= 0.5$（$X[0]$は年齢）の条件で切り分けていますが、これは内部でTrue= 1、False= 0としているので、0.5を境界としています。年齢を先に分類すると、「ジニ係数が0.32になり、それぞれの分類はサンプル数5ずつである」ということがグラフの中段のノードに描かれています。

[*7]　https://pydotplus.readthedocs.io/
[*8]　http://www.graphviz.org/documentation/
[*9]　たとえば https://qiita.com/rubytomato@github/items/51779135bc4b77c8c20d

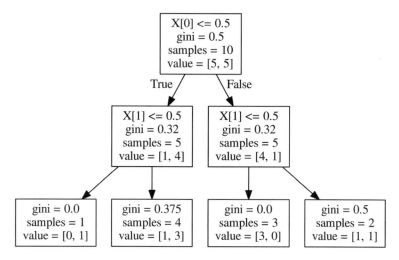

■ 図 4-9　生成された決定木のグラフ表示結果

　scikit-learn の決定木パッケージのマニュアルページ[10]には、フィッシャーのアヤメのデータを決定木で予測するプログラム例が掲載されているので、ここで紹介します（**リスト 4-8**）。

■ リスト 4-8　フィッシャーのアヤメのデータに対する決定木の生成プログラム例

```
from sklearn.datasets import load_iris
from sklearn import tree
iris = load_iris()
clf = tree.DecisionTreeClassifier()
clf = clf.fit(iris.data, iris.target)

print(iris.data)
for i in range(len(iris.data)):
    print(clf.predict([iris.data[i]]))

import pydotplus
dot_data = tree.export_graphviz(clf, out_file=None)
graph = pydotplus.graph_from_dot_data(dot_data)
graph.write_pdf("iris-DecisionTree.pdf")
```

　結果は、元データの決定木による予測値は、元のデータに一致しています。また、決定木は**図 4-10** のような形になっています。

---

[10] http://scikit-learn.org/stable/modules/tree.html#tree

第4章 学習の手法を使った多変量の分析 〜 クラスター解析・k-近傍・決定木・SVM

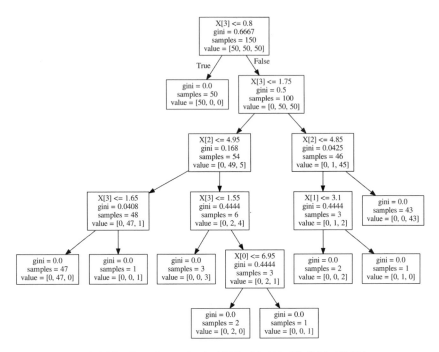

■ 図 4-10　フィッシャーのアヤメのデータに対して生成された決定木

ここで興味深いのは、最初の分岐で $X[3] <= 0.8$（$X[3]$ は花弁の幅）の条件で 50 サンプルを切り分けていることです。これは、元データの散布図 3-7 を見てわかるように、花弁の幅（縦軸）の 0.8 以下で Setora 種を切り分けることができることが、取り込まれています。残りの 2 つの種類は、花弁の幅・長さ（$X[3]$ と $X[2]$）では切り分けることができず、$X[1]$（がくの幅）や $X[0]$（がくの長さ）を条件に加えて分類していることがわかります。

4.7　サポートベクターマシン（SVM）による分類学習

サポートベクターマシン（SVM）は、学習により分類器を作ったり回帰直線を引いたりする方法で、一般に、未学習データに対して高い認識性能が得られるといわれており、パターン認識などに広く用いられています。最初の原理は 1963 年に Vapnik らが線形サ

4.7 サポートベクターマシン（SVM）による分類学習

ポートベクターマシンとして提案[11]し、1992年にBoserらが非線形の分類・回帰に拡張しました[12]。

原理を2次元の線形モデルを使って考えると、「**図4-11**にあるようなデータを分類する場合に、境界となる直線（多次元であれば平面）をどのように引くか」という問題が対象になります。「各データ点から境界線までの距離（**マージン**と呼ぶ）がなるべく大きくなるように線を引く」というのが、SVMの考え方です。そのために、基本的な学習機械である「パーセプトロン」を用意して、データを次々に入力してマージンが最大になるように学習します。学習の方法はここでは触れませんので、別の教科書や原論文を参照してください。

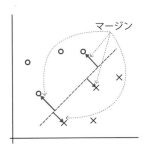

■ 図4-11　SVM（サポートベクターマシン）の考え方

実際の問題では、データが混ざっていてきれいに分離できないケースや、直線では区切れないケースが出てきます。きれいに分離できないケースについてはソフトマージンSVM、直線や平面で区切れないケースについては非線形のSVMが考えられています。

データが混ざっていてきれいに分離できないケースは、分布が重なっていたり雑音があったりして起こりますが、SVMでは直線で分離するときのマージンを最大化するという条件で学習するために、うまく境界線が引けません。そこで、データがマージン境界をはみ出すことを許し、その場合にペナルティを課する仕組みを導入したのが、ソフトマージンSVMです。ペナルティは、マージン境界を越えた量の総和に係数Cを掛けたものとして、SVMの定式化の中に取り込みます。

直線（平面）で区分できない場合については、いったん非線形関数で別の特徴空間へマップした後、その特徴空間内で線形の分離を行うような、非線形対応のSVMが考案されています。この非線形の変換の部分を、学習への定式化のなかでは「カーネルトリック」というやり方で、線形と同じ形で学習ができるようにできます。ただし、カーネルト

---

[11] V. Vapnik and A. Lerner., "Pattern recognition using generalized portrait method.", Automation and Remote Control, 24（1963）

[12] Bernhard E. Boser, Isabelle M. Guyon, Vladimir N. Vapnik, "A Training Algorithm for Optimal Margin Classifiers.", Proc 5th ACM Workshop on Computational Learning Theory（1992）

リックの使える非線形関数（カーネル）は限定されており、たとえば多項式カーネルや指数関数型のラジアル基底関数カーネル（RBFカーネル、ガウシアンカーネルとも呼ばれる）などが使われています。

リスト4-9のプログラムは、フィッシャーのアヤメのデータに対して、SVMの4種類のカーネルが描く境界線をグラフ化したものです。プログラムの出典はscikit-learnのドキュメントに含まれる例題「Plot different SVM classifiers in the iris dataset.」[13]を一部改変しました。

■ リスト4-9　フィッシャーのアヤメのデータ（花弁の長さ・幅）をSVMで分類するプログラム例

```
%matplotlib inline
import numpy as np
import matplotlib.pyplot as plt
from sklearn import svm, datasets
iris = datasets.load_iris()
# フィッシャーのアヤメのデータのうち、花弁の長さと花弁の幅のみ使うことにする
X = iris.data[:, :2]
y = iris.target

h = .02  # メッシュの間隔
C = 1.0  # SVMを制御するパラメータ
svc = svm.SVC(kernel='linear', C=C).fit(X, y)    # SVCクラスでlinearを選択
rbf_svc = svm.SVC(kernel='rbf', gamma=0.7, C=C).fit(X, y)  # SVCクラスでrbfを選択
poly_svc = svm.SVC(kernel='poly', degree=3, C=C).fit(X, y)  # SVCクラスでpolyを選択
lin_svc = svm.LinearSVC(C=C).fit(X, y)  # LinearSVCクラス

x_min, x_max = X[:, 0].min() - 1, X[:, 0].max() + 1
y_min, y_max = X[:, 1].min() - 1, X[:, 1].max() + 1
xx, yy = np.meshgrid(np.arange(x_min, x_max, h),
                     np.arange(y_min, y_max, h))

titles = ['SVCクラスでlinearカーネル選択',
          'LinearSVCクラス（linearカーネル）',
          'SVCクラスでRBFカーネル選択',
          'SVCクラスで3次多項式カーネル選択']

for i, clf in enumerate((svc, lin_svc, rbf_svc, poly_svc)):
    plt.subplot(2, 2, i + 1)  # 4面作る
    plt.subplots_adjust(wspace=0.4, hspace=0.4)

    Z = clf.predict(np.c_[xx.ravel(), yy.ravel()])
    Z = Z.reshape(xx.shape)
    # 区分ごとの色分けを等高線で描画
    plt.contourf(xx, yy, Z, cmap=plt.cm.coolwarm, alpha=0.8)
    plt.scatter(X[:, 0], X[:, 1], c=y, cmap=plt.cm.coolwarm, \
        marker='.')  # 教師データを重ねてプロット
```

---

[13] http://scikit-learn.org/stable/auto_examples/svm/plot_iris.html#sphx-glr-auto-examples-svm-plot-iris-py

```
    plt.xlabel('花弁の長さ')
    plt.ylabel('花弁の幅')
    plt.xlim(xx.min(), xx.max())
    plt.ylim(yy.min(), yy.max())
    plt.title(titles[i])
plt.show()
```

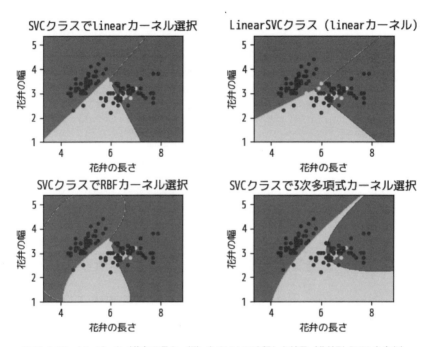

■ 図 4-12　iris データ（花弁の長さ・幅）を SVM で分類した結果（非線形 SVM を含む）

結果は**図 4-12** のようになりました。線形カーネルだと境界が直線なのに対し、多項式カーネルや RBF カーネルでは曲線にしてなるべくきれいに区分しようとしています。しかし、花弁の長さ・幅の 2 次元ではデータがかなり重なっているので、その部分はまだ切り分けられていません。

第5章

アソシエーション分析

買い物かごのなかに同時に何が入っているかを分析することによって、「商品 A を購入した客が B を購入する割合が高い」という性向を見つけようというのがバスケット分析で、それを解析する方法としてアソシエーション分析が考えられました。

商品 A と B の間の相関関係は A と B がともに増える、ともに減るといった関係なので、方向性がありませんが、アソシエーション分析では A ⇒ B という方向性のある解析ができます。

また、アンケート調査の結果について、1 枚の回答を 1 つの買い物かごとして考えることによって、項目 A、B の間に A ⇒ B という関係を抽出することができます。ここで取り上げた例では、既婚で共稼ぎ、自宅を持ち、英語を家庭で話す、という条件を満たす人は、収入が 4 万ドル以上である、といった関係を導くことができます。

5.1 アソシエーション分析

「商品 A を購入した客が B を購入する割合が高い」というような性向を見つけ出そうというのが**バスケット分析**と呼ばれる分析ですが、それを解析する方法として**アソシエーション分析**が考えられました。バスケット分析は、簡単にいえば「小売店で買い物かご（バスケット）の中に同時に何が入っているか」という分析で、この情報をたくさん集めれば、客がどういうショッピング行動をしているかがわかるというわけです。背景には、大規模小売店で出口で清算する POS システムが導入され、「1枚のレシートにどのような商品が並んでいるか」の情報を容易に集められるようになったということがあります。

5.1.1 アソシエーションルールと指標

「商品 A を購入した客は商品 B も購入している」といった規則性を**アソシエーションルール**と呼び、$A \Rightarrow B$ で表します。A を条件、B を結論とみなすことができます。また、商品 A と B を購入した客が商品 C を購入する、というように条件の側が複数の商品 $\{A, B\}$ からなることも考えられます。

このルールを評価する指標として、次の5つが使われます。ただし、説明で出てくる**トランザクション**とは、客の1回の買い物（つまりレシート1枚）のことです。

支持度（Support）

A の支持度 $Sup(A)$ は全体（対象期間中のすべてのトランザクション）Ω のなかで、商品 A が買われた割合です。全トランザクション Ω の数を $n(\Omega)$、商品 A を含むトランザクションの数を $n(A)$ と書くとすれば、次式で書かれます。

$$Sup(A) = \frac{n(A)}{n(\Omega)} = P(A)$$

これは、A の起こる確率 $P(A)$ に当たります。また、アソシエーションルール $A \Rightarrow B$ に対しては、商品 A と B が同時に買われているので、

$$Sup(A \Rightarrow B) = \frac{n(A \cap B)}{n(\Omega)} = P(A \cap B)$$

となります。また、条件部分や結論部分が複数の商品からなるときも同様に AND 集合になります。

ルール $A \Rightarrow B$ の支持度が高いということは、全トランザクションに対して A と B を含むものが多いということで、商品 A や B がよく売れていることを示しています。

5.1 アソシエーション分析

信頼度（Confidence）

アソシエーションルール $A \Rightarrow B$ の信頼度 $Conf(A \Rightarrow B)$ は、A を購入した人が B も購入する確率です。つまり、A の購入という事象の発生を条件として B を購入する、条件付き確率に当たります。

$$Conf(A \Rightarrow B) = \frac{n(A \cap B)}{n(A)} = \frac{Sup(A \Rightarrow B)}{Sup(A)} = P(B \mid A)$$

条件付き確率なので、A と B は対称（つまり A と B が同時に起こるという同時確率）ではなく、向きがあります。

信頼度が高いということは $A \Rightarrow B$ がよく起こるということで、おむつを購入する客がよくビールも購入する、という議論に該当します。

リフト（Lift）

ルール $A \Rightarrow B$ のリフト $Lift(A \Rightarrow B)$ は、上記の信頼度 $Conf(A \Rightarrow B)$ を、B が起こる割合（確率）$Sup(B)$ で割ったもので、

$$Lift(A \Rightarrow B) = \frac{Conf(A \Rightarrow B)}{Sup(B)} = \frac{P(B \mid A)}{P(B)}$$

と定義されます。単に前提条件なしに B を購入した客に比べて、A を購入した客のなかで B を購入した割合を表しているので、$Lift(A \Rightarrow B) > 1$ ならば、B の購入は A に依存性があるといえます。逆に、$Lift(A \Rightarrow B) < 1$ ならば、B の購入は A が購入された場合のほうが低い、つまり A が B を妨げていることになります。$Lift(A \Rightarrow B) = 1$ のときは B の購入に A は無関係となります。

影響度（Leverage）

ルール $A \Rightarrow B$ の影響度 Leverage は、A と B が同時に現れる頻度 $Sup(A \Rightarrow B)$ と、A、B がそれぞれ独立に起こる頻度 $Sup(A) \times Sup(B)$ との差を表したもので、

$$Leverage(A \Rightarrow B) = Sup(A \Rightarrow B) - Sup(A) \times Sup(B)$$

と定義されます。リフトと同様に依存性を表すといえますが、リフトは比率なのに比べて、Leverage は差で表現しています。

確信度（Conviction）

ルール $A \Rightarrow B$ の確信度 Conviction は、

$$Conviction(A \Rightarrow B) = \frac{1 - Sup(B)}{1 - Conf(A \Rightarrow B)}$$

で表される量で、変形すると

$$Conviction(A \Rightarrow B) = \frac{Sup(A) \times (1 - Sup(B))}{Sup(A) - Sup(A \Rightarrow B)}$$
$$= \frac{P(A) \times P(\neg B)}{P(A \land \neg B)}$$

となり、分子が A と B が独立のときに A かつ $\neg B$ の（B でない）確率、分母が実際に（依存性があるなかでの）A かつ $\neg B$ の（B でない）確率になります。$A \Rightarrow B$ は論理的には $\neg (A \land \neg B)$ と書けるので、この定義は「実際の $A \Rightarrow B$ の確率が A、B が独立な場合の確率からどれだけ離れているか」の比率を表しています。比率の逆数をとっているのは、先頭の $\neg$ に対応します[*1]。ルールの条件側と結論側の商品が独立（無関係）であれば Conviction の値は 1 になり、また $A \Rightarrow B$ が常に成り立つ（$A \Rightarrow A$ の形）場合は信頼度が 1 になるので Conviction の値は無限大（Python では inf）になります。

簡単な例を考えてみます。**表 5-1** に示すような 5 つのトランザクションがあるとします[*2]。

	パン	牛乳	卵	ビール	ジュース	紙おむつ
1	1	1	0	0	0	0
2	1	0	1	1	0	1
3	0	1	0	1	1	1
4	1	1	0	1	0	1
5	1	1	0	0	1	1
支持数	4	4	1	3	2	4

■ 表 5-1 アソシエーション分析の例

上記の指標のいくつかを計算してみることにします。まず単品の支持度は定義から、それぞれの商品について支持数（1 の数）を総トランザクション数で割れば、パンの支持度 $Sup(パン) = 4/5$、牛乳の支持度 $Sup(牛乳) = 4/5$、紙おむつの支持度 $Sup(紙おむつ) = 4/5$ のようになります。またルールについては、パン⇒牛乳の支持度は、両方が含まれるトランザクション数が 3 なので $Sup(パン \Rightarrow 牛乳) = 3/5$、紙おむつ⇒ビールの支持度は、両方が含まれるトランザクション数が 3 なので $Sup(紙おむつ \Rightarrow ビール) = 3/5$ となります。以下に、支持率が 2/5 以上になる 2 商品の信頼度を表にまとめておきます。

[*1] Brin, S. et al., "Dynamic itemset counting and implication rules for market basket data", In SIGMOD1997, pp. 255-264（1997）
[*2] このデータは人工的に作ったもので、現実は反映していません。

紙おむつ・ジュース	2/5
紙おむつ・パン	3/5
紙おむつ・ビール	3/5
紙おむつ・牛乳	3/5
ジュース・牛乳	2/5
パン・ビール	2/5
パン・牛乳	3/5
ビール・牛乳	2/5

同様に 3 商品の場合の信頼度（2/5 以上のみ）を表にしておきます。ほとんどの組み合わせは 2/5 未満になって、4 通りしか残っていません。

おむつ・パン・ビール	2/5
おむつ・パン・牛乳	2/5
おむつ・ジュース・牛乳	2/5
おむつ・ビール・牛乳	2/5

信頼度については、たとえばルール (パン⇒牛乳) の信頼度は Sup(パン⇒牛乳)$/Sup$(パン) なので、$Conf$(パン⇒牛乳) $= (3/5) \div (4/5) = 0.75$ となります。同様に、ルール (紙おむつ⇒ビール) の信頼度は $Conf$(紙おむつ⇒ビール) $= Sup$(紙おむつ⇒ビール)$/Sup$(紙おむつ) $= (3/5) \div (4/5) = 0.75$ となります。逆方向のルール (ビール⇒紙おむつ) の信頼度は分母が Sup(ビール) になるので、$Conf$(ビール⇒紙おむつ) $= (3/5) \div (3/5) = 1$ となります。

第5章 アソシエーション分析

紙おむつ⇒ジュース	$2/5 \div 4/5 = 0.5$
ジュース⇒紙おむつ	$2/5 \div 2/5 = 1$
紙おむつ⇒パン	$3/5 \div 4/5 = 0.75$
パン⇒紙おむつ	$3/5 \div 4/5 = 0.75$
紙おむつ⇒ビール	$3/5 \div 4/5 = 0.75$
ビール⇒紙おむつ	$3/5 \div 3/5 = 1$
紙おむつ⇒牛乳	$3/5 \div 4/5 = 0.75$
牛乳⇒紙おむつ	$3/5 \div 4/5 = 0.75$
ジュース⇒牛乳	$2/5 \div 2/5 = 1$
牛乳⇒ジュース	$2/5 \div 4/5 = 0.5$
パン⇒ビール	$2/5 \div 4/5 = 0.5$
ビール⇒パン	$2/5 \div 3/5 = 0.67$
パン⇒牛乳	$3/5 \div 4/5 = 0.75$
牛乳⇒パン	$3/5 \div 4/5 = 0.75$
ビール⇒牛乳	$2/5 \div 3/5 = 0.67$
牛乳⇒ビール	$2/5 \div 4/5 = 0.5$

（紙おむつ・パン）⇒ビール	$2/5 \div 3/5 = 0.67$
（紙おむつ・ビール）⇒ パン	$2/5 \div 3/5 = 0.67$
（パン・ビール）⇒紙おむつ	$2/5 \div 2/5 = 1$
（紙おむつ・パン）⇒牛乳	$2/5 \div 3/5 = 0.67$
（紙おむつ・牛乳）⇒パン	$2/5 \div 3/5 = 0.67$
（パン・牛乳）⇒紙おむつ	$2/5 \div 3/5 = 0.67$
（紙おむつ・ジュース）⇒牛乳	$2/5 \div 2/5 = 1$
（紙おむつ・牛乳）⇒ジュース	$2/5 \div 3/5 = 0.67$
（ジュース・牛乳）⇒ 紙おむつ	$2/5 \div 2/5 = 1$
（紙おむつ・ビール）⇒牛乳	$2/5 \div 3/5 = 0.67$
（紙おむつ・牛乳）⇒ビール	$2/5 \div 3/5 = 0.67$
（ビール・牛乳）⇒紙おむつ	$2/5 \div 2/5 = 1$

　ルール $A \Rightarrow B$ のリフトは $Conf(A \Rightarrow B)/Sup(B)$ で計算され、たとえばルール（パン⇒牛乳）のリフトは $Conf(パン \Rightarrow 牛乳)/Sup(牛乳)$ なので、$Lift(パン \Rightarrow 牛乳) = (3/4) \div (4/5) = 0.93 < 1$ となります。上記の議論から、牛乳の購入はパン

の購入をやや妨げるが、あまり依存性はないといえます。同様に、ルール (紙おむつ⇒ビール) のリフトは $Lift$(紙おむつ⇒ビール) $=Sup$(紙おむつ⇒ビール)$/Sup$(ビール) $=(3/4)\div(3/5)=1.25>1$ となり、ビールの購入はおむつの購入に依存性があるといえます。逆に (ビール⇒紙おむつ) については、$Lift$(ビール⇒紙おむつ) $=(1)\div(4/5)=1.25>1$ が得られます。逆方向の依存性も同レベルということになります。

アソシエーション分析は、かなり広範にわたって応用できます。もともとの購買性向の分析では、最近のインターネットにおける EC サイトでの POS や購買履歴の追跡から、「おすすめ商品」を提示することが広く行われています。実際には、単純なアソシエーション分析だけでなく、いろいろな因子を加味してルールを作ることが行われています。また、購買性向の分析以外でも、因果関係がありそうなプロセスの分析について、相関や因子分析とは違ったアプローチとして使うことが考えられます。本章の最後では、アンケート調査の分析で応用した例をあげています。

バスケット分析の始まり

バスケット分析の始まりは、1992 年 12 月 23 日のウォールストリートジャーナルの John R. Wilke による記事 "Retailing: Supercomputers Manage Holiday Stock" であるといわれます。その記事は全体としては「大手の小売業がスーパーコンピュータによって商品の選択やストック量などを予測して、クリスマスの商戦をストック切れなどのないように過ごしている」という点ですが、その最後に「スーパーコンピュータは、クリスマスに限らず 1 年を通じて稼働しており、小売業者は顧客が 1 回の来店で買う商品間の関係を発見するのに使っている。NCR 副社長の Thomas Blischok は『もし中西部の都市の誰かが午後 5 時に使い捨てのおむつを買ったら、その男が次にビールの 6 缶パックを買うのは最も普通のことだ。だから、その店がスナックの売り上げを伸ばそうとして、チップスの売り場をおむつを売っている通路の近くに置いた。その時間帯のスナックの売り上げは 17% 増えた』と言った」と書いています。記事自体は今でもアーカイブで見ることができますが、内容の信ぴょう性については種々の議論があるようで、たとえば@ IT の記事「おむつとビール」[*3]では、2002 年に Blischok 氏が語ったところによると、「『午後 5 時から 7 時の間、消費者がおむつとビールを買うということを発見した』という。これは一度も検討されたことがない洞察を得られたという意味でデータマイニングの最初の事例だといえるが、この知見に基づいて Osco が同じ売り場におむつとビールを並べたといった事実はないという」としています。

---

*3　http://www.itmedia.co.jp/im/articles/0504/18/news086.html

いずれにせよ、「キャッシュレジスタから POS データを集めて分析すると知見が得られる」というのは、この記事が最初に指摘したことになるようです。

5.1.2 アプリオリ・アルゴリズム

実際のデータ分析では、非常に大量のトランザクションデータを処理することになりますが、それに加えて、アソシエーションルール自体が 2 つ以上の商品の組み合わせに対して作られるため、多数の商品についてすべての組み合わせを計算すると、計算量が爆発的に増えるという問題があります。たとえば、$A \Rightarrow B$ という最も単純なルールでも、商品が 100 種類あると、2 つの組み合わせの数は 100×99 になります。$A, B \Rightarrow C$ だと 3 つの組み合わせで $100 \times 99 \times 98$、のようにどんどん増えていきます。そのため、計算量を減らすことが必須で、そのためにさまざまな工夫がなされています。その 1 つで古くから広く使われているのが、**アプリオリ・アルゴリズム**[*4]です。

アソシエーション分析では商品やルールの支持度、信頼度を求めたいわけですが、最低レベルの支持度（最低支持度）を設定してそれを下回るルールは計算から外す、という方法で計算を削減します。支持度が低いということは、その商品があまり多く買われていない、すなわちデータの標本として見るときに数が少ないまれなケース、ということですから、全体の傾向を見るときには取り上げたくないわけです。ルール $A \Rightarrow B$ の支持度として商品の集合 $\{A, B\}$ の支持度 $Sup(\{A, B\}) = n(A \cap B)/n(\Omega)$ を考えますが、集合 $\{A, B\}$ の支持度は、要素である商品 A と B のそれぞれの支持度 $Sup(A) = n(A)/n(\Omega)$ より、必ず小さくなります（集合の積なので数が減ります）。同様に、$\{A, B, C\}$ の支持度は、部分集合 $\{A, B\}$ の支持度より小さくなります。つまり、ルール $A \Rightarrow B$ の支持度 $Sup(A \Rightarrow B) = n(A \cap B)/n(\Omega)$ は、要素 A、B の支持度より小さくなりますし、ルール $A, B \Rightarrow C$ の支持度は、個々の要素 A、B、C や部分集合 $\{A, B\}$ の支持度より小さくなります。この性質を使って、計算対象から最低支持度未満の商品（およびそれを含む部分集合）を除外して処理を進めていきます。

この原理によって、複雑な（参加商品数の多い）ルールは支持度がどんどん小さくなり、残らなくなります。条件によりますが、4 種類以上の商品が関わるルール、つまり $A, B, C \Rightarrow D$ のようなルールは、残らないものがほとんどです。商品数が多くなっても、計算するルールの数が組み合わせ的に増えるのではなく、せいぜい 2 つ 3 つ程度、つまり商品数の 2 乗や 3 乗の程度で済ませられるということになります。

[*4] R.Agrawal, T.Imielinski, and A.Swami, "Mining association rules between sets of items in large databases", In Proceedings of the 1993 ACM SIGMOD International Conference on Management of Data, pp.207-216（1993）
R.Agrawal and R.Srikant, "Fast algorithms for mining association rules", In Proceedings of 20th Int. Conf. Very Large Data Bases, VLDB, pp.487-499（1994）

表 5-1 の例で考えると、それぞれの商品の支持数（表に現れる回数 n(商品)）は、

パン	牛乳	卵	ビール	ジュース	紙おむつ
4	4	1	3	2	4

なので、最低支持度を 3/(総トランザクション数) $= 3/5 = 0.6$ と設定すると、支持数 3 未満の商品（卵、ジュース）のいずれかを含むトランザクションは処理から外すことができます。表 5-1 のなかで、卵もビールもジュースも含まないトランザクションは 4 だけなので、4 だけが処理の対象となります。もちろん、この例の場合、全体のバスケットの傾向を見るのに、1 つのトランザクションだけではあまりにも数が少ないので、最低支持度を下げてある程度のトランザクション数を確保する必要が出てくるでしょう。このあたりの調整は、いくらか解析をしてみて加減することになります。

5.2 Python でのアソシエーション分析

アプリオリアルゴリズムは、広く使われているパッケージ pandas や SciPy、scikit-learn、StatsModels などには残念ながら含まれていません。Python で利用できるアプリオリアルゴリズムのパッケージはいくつかあり、いくつかのパッケージはデータ解析のいくつかの機能を持つなかでアプリオリアルゴリズムを含むもので、他のものはアプリオリアルゴリズムを専用に解くものです。前者のほうがユーザが多いためか、比較的よくメンテナンスされているようです。本節ではそのなかから、mlxtend と Orange 3 のプログラム例を紹介します。いずれも、アプリオリアルゴリズム単体ではなく、データマイニングのいろいろな処理を含む大きなパッケージです。

Orange パッケージは国内での紹介は結構多いのですが、Python 3 に合わせたバージョン Orange 3 で大幅な変更があり、ライブラリパッケージ（Python API）というよりは表示まで含めた解析アプリケーションを目指しているようで、API に関しては執筆時点ではコードもマニュアルも前の Python 2 バージョンに比べて、整っていません[*5]。他方、mlxtend はインストールは国内での紹介はあまり目につきませんが、マニュアルもあり、メンテナンスも行われているようです。

解析の流れはどちらも同じで、入力となるトランザクションのデータをプログラムが読み取れる形に整備する、プログラムで支持度を計算し、さらに信頼度・リフトなどの他の指標を計算する、という手順になります。

[*5]　API 部分は執筆時点ではあまりメンテナンスが活発ではない印象があります。

5.2.1 パッケージ mlxtend

mlxtend は、他のパッケージと同様に pip コマンドを用いて

```
pip install mlxtend
```

でインストールできます。また、mlxtend のマニュアルは、目次ページが http://rasbt.github.io/mlxtend/USER_GUIDE_INDEX/ に、アソシエーションルールの解析はその中の「frequent_patterns」の「apriori」と「association_rules」にあります。

アソシエーションルールの解析は、次の手順で行います。まず、個々のレシートを表すトランザクションデータを、解析プログラムが読み込める形に整えます。実際の場面ではデータベースシステムから読み出すなどの処理が必要になりますが、ここでは CSV 形式でトランザクション（レシート）ごとのデータが 1 行ずつ書かれた下記のファイル market-basket-kanji.basket を読み込んで、形を整えます。

```
パン,牛乳
パン,紙おむつ,ビール,卵
牛乳,紙おむつ,ビール,ジュース
パン,牛乳,紙おむつ,ビール
ぱん,牛乳,紙おむつ,ジュース
```

この CSV ファイル market-basket-kanji.basket を

```
ls = list(csv.reader(open('market-basket-kanji.basket', 'r')))
```

で読み込むと、二重リスト形式の配列 ls が作られます。

```
[['パン', '牛乳'],
 ['パン', '紙おむつ', 'ビール', '卵'],
 ['牛乳', '紙おむつ', 'ビール', 'ジュース'],
 ['パン', '牛乳', '紙おむつ', 'ビール'],
 ['パン', '牛乳', '紙おむつ', 'ジュース']]
```

まず、パンや牛乳などの商品を One Hot 表現に変換（encode）します。scikit-learn パッケージの sklearn.preprocessing.OneHotEncoder を使ってもよいのですが、ここでは mlxtend パッケージの mlxtend.preprocessing.TransactionEncoder を使います[6]。入力は上記の二重リスト形式の配列 ls を、

---

[6] 古い資料では oht = OnehotTransactions() に対して、oht_ary = oht.fit(df).transform(df) で変換すると書いていますが、執筆時点のバージョンでは警告が出ます。

5.2 Pythonでのアソシエーション分析

```
te = TransactionEncoder()
te_ary = te.fit(ls).transform(ls)
```

のようにフィットして作ります。さらにこの `te_ary` を pandas の DataFrame `df` に作っておきます。

```
df = pd.DataFrame(te_ary, columns=te.columns_)
```

ここでできた DataFrame `df` は

	紙おむつ	ジュース	パン	ビール	ミルク	卵	牛乳
0	False	False	True	False	False	False	True
1	True	False	True	True	False	True	False
2	True	True	False	True	True	False	False
3	True	False	True	True	False	False	True
4	True	True	True	False	False	False	True

のような形になっています。

次に、apriori アルゴリズムを実行します。このとき、パラメータとして最小支持度 `min_support` を与えます。

```
frequent_itemsets = apriori(df, min_support=0.4, use_colnames=True)
```

この出力を見ると、`min_support` を非常に小さくした場合には、以下のような表が得られます。全部を対象に含めると処理量が大きくなるので、`min_support` を適宜指定して、支持度が小さい要素・要素集合を削ります。たとえば例のように `min_support=0.4` と指定すれば、支持度が 0.4 未満のものは削られます。

```
    support         itemsets
0   0.8             (紙おむつ)
1   0.4             (ジュース)
2   0.8             (パン)
3   0.6             (ビール)
4   0.8             (牛乳)
5   0.4             (紙おむつ, ジュース)
6   0.6             (紙おむつ, パン)
7   0.6             (紙おむつ, ビール)
8   0.6             (紙おむつ, 牛乳)
9   0.4             (ジュース, 牛乳)
10  0.4             (ビール, パン)
11  0.6             (パン, 牛乳)
```

```
12    0.4           (ビール, 牛乳)
13    0.4    (紙おむつ, ジュース, 牛乳)
14    0.4    (紙おむつ, パン, ビール)
15    0.4    (紙おむつ, パン, 牛乳)
16    0.4    (紙おむつ, ビール, 牛乳)
```

次に、association_fules を使って、frequent_items に残ったものを含むルールを取り出しますが、ここでもいずれかの尺度で値の小さいものを削ります。たとえば、metric="confidence", min_threshold=0.7 として、信頼度が 0.7 以上のもののみを取り上げます。

```
rules = association_rules(frequent_itemsets, metric="confidence", \
    min_threshold=0.7)
```

この処理の結果は、

	antecedents	consequents	antecedent support	consequent support	support	confidence	lift	leverage	conviction
0	ビール・パン	紙おむつ	0.4	0.8	0.4	1.00	1.250000	0.08	inf
1	パン	牛乳	0.8	0.8	0.6	0.75	0.937500	−0.04	0.800000
2	牛乳	パン	0.8	0.8	0.6	0.75	0.937500	−0.04	0.800000
3	紙おむつ	ビール	0.8	0.6	0.6	0.75	1.250000	0.12	1.600000
4	ビール	紙おむつ	0.6	0.8	0.6	1.00	1.250000	0.12	inf
5	ビール・牛乳	紙おむつ	0.4	0.8	0.4	1.00	1.250000	0.08	inf
6	紙おむつ・ジュース	牛乳	0.4	0.8	0.4	1.00	1.250000	0.08	inf
7	ジュース・牛乳	紙おむつ	0.4	0.8	0.4	1.00	1.250000	0.08	inf
8	ジュース	紙おむつ・牛乳	0.4	0.6	0.4	1.00	1.666667	0.16	inf
9	紙おむつ	パン	0.8	0.8	0.6	0.75	0.937500	−0.04	0.800000
10	パン	紙おむつ	0.8	0.8	0.6	0.75	0.937500	−0.04	0.800000
11	ジュース	紙おむつ	0.4	0.8	0.4	1.00	1.250000	0.08	inf
12	ジュース	牛乳	0.4	0.8	0.4	1.00	1.250000	0.08	inf
13	紙おむつ	牛乳	0.8	0.8	0.6	0.75	0.937500	−0.04	0.800000
14	牛乳	紙おむつ	0.8	0.8	0.6	0.75	0.937500	−0.04	0.800000

のようになりました。また、もしリフトの最小値を指定して削減したければ、

```
rules = association_rules(frequent_itemsets, metric="lift", min_threshold=1.2)
```

のようにします。

得られた結果の表 rules から支持度や信頼度だけを抜き出すには、

```
support = rules.as_matrix(columns=['support'])
confidence = rules.as_matrix(columns=['confidence'])
```

とすればよいでしょう。

プログラム全体を**リスト 5-1** に掲載しておきます。

■ リスト 5-1　mlxtend を使ったアソシエーション分析の例

```
import pandas as pd
import csv
from mlxtend.preprocessing import TransactionEncoder
from mlxtend.frequent_patterns import apriori

# CSVファイルの読み込み
ls = list(csv.reader(open('market-basket-kanji.basket', 'r')))
te = TransactionEncoder()
te_ary = te.fit(ls).transform(ls)   # One Hot形式に変換
df = pd.DataFrame(te_ary, columns=te.columns_)   # 欄の名前を付けてDataFrameに変換

frequent_itemsets = apriori(df, min_support=0.4, use_colnames=True)
print ('frequent_itemsets\n', frequent_itemsets)

from mlxtend.frequent_patterns import association_rules

rules1 = association_rules(frequent_itemsets, metric="confidence", \
    min_threshold=0.7)
print('rules1\n', rules1)
rules2 = association_rules(frequent_itemsets, metric="lift", min_threshold=1.2)
print('rules2\n', rules2)

support = rules1.as_matrix(columns=['support'])
confidence = rules1.as_matrix(columns=['confidence'])
print('support\n', support)
print('confidence\n', confidence)
```

5.2.2　パッケージ orange3 と orange3-associate

Orange 3 でアソシエーション分析をするには、パッケージ orange3 と orange3-associate が必要です。旧バージョンでは association 部分は分かれていなかったのですが、バージョン 3 では外に出されたようです。こちらの場合も pip コマンドでインストールできます。

第 5 章 アソシエーション分析

```
pip install orange3
pip install orange3-associate
```

　なお、Orange 3 のホームページは https://orange.biolab.si/ で、その Docs のページの Python Library には Orange 3 本体のドキュメントだけで、ここで使いたい orange3-associate はありません。https://pypi.org/project/Orange3-Associate/ からたどった先の、http://orange3-associate.readthedocs.io/en/latest/scripting.html に対応するドキュメントが置かれていますので、これを参照してください。
　プログラムの形はほとんど同じです。**リスト 5-2** に示しておきます。

■ リスト 5-2　Orange 3 を使ったアソシエーション分析の例

```
import Orange
# frequent_itemset, assoiation_rules, rules_statsを取り込み
from orangecontrib.associate.fpgrowth import *
# csv_readの代わりにOrange内の関数を使う
data = Orange.data.Table("market-basket-kanji.basket")
# One Hot変換する。Orange内のOneHot.encodeを使う
X, mapping = OneHot.encode(data, include_class=True)
# Xがデータ、mappingが対応表
# supportが0.4以上のitem・itemsetだけを取り出す
itemsets = dict(frequent_itemsets(X, 0.4))

class_items = {item for item, var, _ in OneHot.decode(mapping, data, mapping)}
# One Hotの逆変換をして名前のリストを取り出す。戻り値は {0, 1, 2, 3, 4, 5}
rules = [(ante, cons, supp, conf)
    # confidence > 0.7
    for ante, cons, supp, conf in association_rules(itemsets, 0.7)
        if len(cons) == 1 and cons & class_items]
# itemsetに対してassociation_rulesを最小信頼度0.4で適用する。
# 結果を(前提，結論，支持，信頼)のリストにする

names = {item: '{}'.format(var.name)
    # 商品名と内部IDの対応表を用意
    for item, var, val in OneHot.decode(mapping, data, mapping)}

for ante, cons, supp, conf in rules:
    print(', '.join(names[i] for i in ante), '-->',
        names[next(iter(cons))],
        '(supp: {}, conf: {})'.format(supp/len(x), conf))  # 出力rulesを表示

stat = rules_stats(rules, itemsets, len(X))  # rules_statsで他の指標も計算する
for ante, cons, supp, conf, cover, stren, lift, levelage in stat:
    print(', '.join(names[i] for i in ante), '-->',
        names[next(iter(cons))],
        '(supp: {}, conf: {}, cover; {}, stren; {}, lift: {}, levelage: {})'. \
            format(supp/len(X), conf, cover, stren, lift, levelage))
```

　このプログラムの出力は次のようになっています。

パン, ビール --> 紙おむつ (supp: 0.4, conf: 1, cover; 0.4, stren; 2, lift: 1.25, levelage: 0.08)
紙おむつ, ジュース --> 牛乳 (supp: 0.4, conf: 1, cover; 0.4, stren; 2, lift: 1.25, levelage: 0.08)
牛乳, ジュース --> 紙おむつ (supp: 0.4, conf: 1, cover; 0.4, stren; 2, lift: 1.25, levelage: 0.08)
牛乳, ビール --> 紙おむつ (supp: 0.4, conf: 1, cover; 0.4, stren; 2, lift: 1.25, levelage: 0.08)
紙おむつ --> 牛乳 (supp: 0.6, conf: 0.75, cover; 0.8, stren; 1, lift: 0.938, levelage: -0.04)
牛乳 --> 紙おむつ (supp: 0.6, conf: 0.75, cover; 0.8, stren; 1, lift: 0.938, levelage: -0.04)
ジュース --> 牛乳 (supp: 0.4, conf: 1, cover; 0.4, stren; 2, lift: 1.25, levelage: 0.08)
ビール --> 紙おむつ (supp: 0.6, conf: 1, cover; 0.6, stren; 1.33, lift: 1.25, levelage: 0.12)
紙おむつ --> ビール (supp: 0.6, conf: 0.75, cover; 0.8, stren; 0.75, lift: 1.25, levelage: 0.12)
紙おむつ --> パン (supp: 0.6, conf: 0.75, cover; 0.8, stren; 1, lift: 0.938, levelage: -0.04)
パン --> 紙おむつ (supp: 0.6, conf: 0.75, cover; 0.8, stren; 1, lift: 0.938, levelage: -0.04)
ジュース --> 紙おむつ (supp: 0.4, conf: 1, cover; 0.4, stren; 2, lift: 1.25, levelage: 0.08)
牛乳 --> パン (supp: 0.6, conf: 0.75, cover; 0.8, stren; 1, lift: 0.938, levelage: -0.04)
パン --> 牛乳 (supp: 0.6, conf: 0.75, cover; 0.8, stren; 1, lift: 0.938, levelage: -0.04)

5.3 アソシエーション分析の例

　前節で紹介した計算例は、手順を理解するための小さな例題でしたが、本節では、もう少し大きな例題を考えてみます。

　演習に使えるデータとして、R のアプリオリアルゴリズムのパッケージ arules に付属して公開されているデータがあります。マーケットのレシートのデータ Grocery もありますが、ここでは Income というアンケートデータ[7]で試してみましょう。これは、サ

---

[7] R でのドキュメントは https://cran.r-project.org/web/packages/arules/arules.pdf を参照。元になった書籍は Hastie, T., Tibshirani, R. and Friedman, J., "The Elements of Statistical Learning", Springer-Verlag (2001). https://web.stanford.edu/~hastie/ElemStatLearn//printings/ESLII_print12.pdf（第 2 版 12 刷、2017 年 1 月）の 492 ページに
　This data set consists of N = 9409 questionnaires filled out by shopping mall customers in the San Francisco Bay Area (Impact Resources, Inc., Columbus OH, 1987).
という説明があり、さらに記入漏れのあるデータを取り除き、各質問のデータをカテゴリー分けした（R の arules パッケージでは、元のデータは IncomeESL、カテゴリー分けしたデータは Income、カテゴリー分けの手順も上記 R でのドキュメントに書かれている。）との説明があります。

第5章 アソシエーション分析

ンフランシスコ・ベイエリアのショッピングモールでアンケート調査をした結果なのですが、1人分の回答を1つのレシート（トランザクション）とみなして、ルール $(A, B) \Rightarrow C$ を、「項目 A と B に○をつけた人が項目 C の回答を多くしている」という解釈に当てはめて、性向を分析しようというものです。アンケート項目は次のようなものです。

income	$0−$40,000	$40,000+						
sex	male	female						
marital status	married	cohabitation	divorced	widowed	single			
age	14−34	=35+						
education	no college graduate	college graduate	professional/ managerial					
occupation	sales	laborer	clerical/ service	home maker	student	military	retired	unemployed
years in bay area	1−9	10+						
dual incomes	not married	yes	no					
number in household	1	2+						
number of children	0	1+						
house holder status	own	rent	live with parents/ family					
type of home	house	condominium	apartment	mobile home	other			
ethnic classification	american indian	asian	black	east indian	hispanic	pacific islander	white	other
language in home	english	spanish	other					

これに対して、商品 A、B、……に相当する項目として、income=$0-$40,000、income=$40,000+、occupation=sales、occupation=laborer のように割り当てます。これによって、$(A, B) \Rightarrow C$ がたとえば

```
((occupation=professional/managerial), (householder status=own))
                        ⇒ ((income=$40,000+))
```

のようなルールになるわけです。

Income の入力データは、次の手続きで R から抜き出してきます[*8]。

```
from rpy2.robjects import r, pandas2ri
pandas2ri.activate()
import rpy2.robjects as ro
import rpy2.robjects.packages as rpackages
utils = rpackages.importr('utils')     # urilsパッケージをR上でimportr
utils.chooseCRANmirror(ind=1)    # ダウンロードサイトをind=1に指定
# パッケージarulesをダウンロード、初回のみ必要
utils.install_packages(ro.StrVector(['arules']))

r('library(arules)')    # R上でlibrary(arules)を実行　arulesをR上にロード
r('data(Income)')     # R上でdata(Income)を実行　データIncomeを抽出
# R上でm <- as(Income, 'matrix')を実行
# これによってIncomeデータをmatrix形式に変換し変数mに代入する
r("m <- as(Income, 'matrix')")
```

これで、R 上の変数 m にマトリックス形式のデータができたので、Python 側に取り込みます。

```
m = r['m']    # R側の変数mをPython側の変数mに読み込む
```

さらに、データの欄名を付けたいので、それを R から拾ってきます。

```
r("labels <- Income@itemInfo['labels']")
            # R上でIncomeのitemInfo['labels']を抽出
labels = r['labels']    # Python側の変数labelsへ読み込む
```

マトリックスデータ m と欄名 labels から、Python/pandas の DataFrame を作ります。

[*8] このプログラムは Python によって R の手続き（プログラム）を実行するものです。R 上での等価な手続きは
```
library(utils)
chooseCRANmirror(ind=1)
install.packages("arules")
library(arules)
data(Income)
m<-as(Income, "matrix")
```
です。これを 1 行ずつ Python から実行させたうえで、m を Python に取り込んでいます。

```
df = pd.DataFrame(m, columns=labels)
```

ここまでで、トランザクションのデータをマトリックス形式で用意できました。後は、前節のプログラムサンプルと同じ処理をします。

```
from mlxtend.preprocessing import TransactionEncoder
from mlxtend.frequent_patterns import apriori

frequent_itemsets = apriori(df, min_support=0.1, \
        use_colnames=True)  # min_supportは0.1にしている

from mlxtend.frequent_patterns import association_rules

rules0 = association_rules(frequent_itemsets, metric="confidence", \
        min_threshold=0.8)  # min_thresholdは0.8にしている
```

「どうやったら収入が4万ドル以上になれるか」ということに興味があるとすれば、上記のapriori処理で得られたルールのうち、右辺（consequent）が (income=$40,000+,) であるもののみを拾います。Incomeのデータは疎なトランザクションを記述するために、項目の書き方が単純な文字列ではなく、やや複雑になっているので、「(income=$40,000+,) を右辺に含むルール」の抽出は、文字列一致などではうまくできません。Rのarulesパッケージから持ってきたこのデータを扱うために、少しだけ面倒な処理をします。

上記で得られた結果のDataFrame rule0 の右辺 rules0['consequents'] の中に文字列 s = 'income=$40,000+' があるかどうかの判定のラムダ関数[*9]を作ります。これは、rules0['consequents'][i] が集合（set。実は書き換えられないfrozenset）[*10]の形になっているので、その集合 v の中に、文字列 s のタプル (s,) を含むかどうかを in 演算子でチェックします。なお、要素1つのタプルを作るときは、(s,) のようにカンマを入れます[*11]。このラムダ関数 f は要するに「4万ドル以上」を含むか否かを判定する（True/Falseを返す）ので、それを rules0['consequents'].map(f) のように map[*12] を利用して rules0['consequents'] 全体に適用し、できた True/False のシーケンスを条件にして rule0 から行を抜き取って result を作ります。見づらいので最後に支持率 support で降順にソートし、上から10位をとって表示します。

```
s = 'income=$40,000+'
f = lambda v: (s,) in v
result = rules0[rules0['consequents'].map(f)]
```

[*9] https://docs.python.jp/3/tutorial/controlflow.html#lambda-expressions
[*10] https://docs.python.org/ja/3/reference/datamodel.html
[*11] https://docs.python.jp/3/tutorial/datastructures.html#tuples-and-sequences
[*12] https://docs.python.jp/3/library/functions.html#map

```python
print('results sorted by support\n', result.sort_values('support', \
    ascending=False)[:9])
```

プログラムの全体は**リスト 5-3** のようになります。

■ リスト 5-3　アンケートの調査結果のアソシエーション分析の例

```python
import pandas as pd
from rpy2.robjects import r, pandas2ri
pandas2ri.activate()
import rpy2.robjects as ro
import rpy2.robjects.packages as rpackages
utils = rpackages.importr('utils')    # urilsパッケージをR上でimportr
utils.chooseCRANmirror(ind=1)    # ダウンロードサイトをind=1に指定
# パッケージarulesをダウンロード、初回のみ必要
utils.install_packages(ro.StrVector(['arules']))

r('library(arules)')    # R上でlibrary(arules)を実行　arulesをR上にロード
r('data(Income)')    # R上でdata(Income)を実行　データIncomeを抽出
# R上でm <- as(Income, 'matrix')を実行
# これによってIncomeデータをmatrix形式に変換し変数mに代入する
r("m <- as(Income, 'matrix')")
m = r['m']    # R側の変数mをPython側の変数mに読み込む
r("labels <- Income@itemInfo['labels']")
            # R上でIncomeのitemInfo['labels']を抽出
labels = r['labels']    # Python側の変数labelsへ読み込む
print('labels\n',labels)
df = pd.DataFrame(m, columns=labels)

# ここからmlxtendによる処理を開始
from mlxtend.preprocessing import TransactionEncoder
from mlxtend.frequent_patterns import apriori

frequent_itemsets = apriori(df, min_support=0.1, \
        use_colnames=True)    # min_supportは0.1にしている

from mlxtend.frequent_patterns import association_rules

rules0 = association_rules(frequent_itemsets, metric="confidence", \
        min_threshold=0.8)    # min_thresholdは0.8にしている

s = 'income=$40,000+'
f = lambda v: (s,) in v
result = rules0[rules0['consequents'].map(f)]
print('results sorted by support\n', result.sort_values('support', \
    ascending=False)[:9])
```

結果は、**表 5-2** のようになりました。

第5章 アソシエーション分析

ID	antecedents	consequents	antecedent support	consequent support	support	confidence	lift	leverage	conviction
10280	((occupation=professional/managerial,), (householder status=own,))	((income=$40,000+,))	0.171466	0.377545	0.138453	0.807464	2.138722	0.073716	3.232927
4591	((occupation=professional/managerial,), (householder status=own,), (language in home=english,))	((income=$40,000+,))	0.165503	0.377545	0.133653	0.807557	2.138969	0.071168	3.234492
756	((dual incomes=yes,), (householder status=own,))	((income=$40,000+,))	0.154596	0.377545	0.126091	0.815616	2.160315	0.067724	3.375865
11494	((marital status=married,), (occupation=professional/managerial,), (language in home=english,))	((income=$40,000+,))	0.153578	0.377545	0.123328	0.803030	2.126979	0.065345	3.160156
11143	((marital status=married,), (dual incomes=yes,), (householder status=own,))	((income=$40,000+,))	0.149796	0.377545	0.122746	0.819417	2.170383	0.066191	3.446928
5313	((education=college graduate,), (householder status=own,), (language in home=english,))	((income=$40,000+,))	0.151396	0.377545	0.121291	0.801153	2.122005	0.064133	3.130317

■ 表 5-2　アンケート調査結果のアソシエーション分析

ID	antecedents	consequents	antecedent support	consequent support	support	confidence	lift	leverage	conviction
2300	((dual incomes=yes,), (householder status=own,), (language in home=english,))	((income=$40,000+,))	0.146161	0.377545	0.120710	0.825871	2.187476	0.065528	3.574670
7870	((occupation= professional/ managerial,), (type of home=house,), (householder status=own,))	((income=$40,000+,))	0.145870	0.377545	0.119255	0.817547	2.165430	0.064183	3.411597
6247	((marital status= married,), (dual incomes=yes,), (householder status=own,), (language in home=english,))	((income=$40,000+,))	0.141507	0.377545	0.117510	0.830421	2.199529	0.064085	3.670598
6249	((dual incomes=yes,), (householder status=own,), (language in home=english,))	((income=$40,000+,) and (marital status= married,))	0.146161	0.237056	0.117510	0.803980	3.391514	0.082862	3.892174

■ 表5-2　アンケート調査結果のアソシエーション分析（続き）

　得られた結果について、次の点を指摘できます。まず、支持度（support）が低い点は、アンケート項目数が多い（商品数が多いことに当たる）ことに加えて、選択肢式設問の選択肢の1つひとつが商品に相当し、そのうちの1つしか選択されないことが支持度を下げていると考えられます。

　結果（右辺）が収入4万ドル以上であるルールのうち、支持度・信頼度が上位のものの前提（左辺）は、ごく常識的な条件になっています。具体的には、職業が専門職か管理職で、家を持っていて、家庭の言語が英語で、共稼ぎ、といった条件です。また、それぞれのリフトの値は2.1程度（10行目、ルールID=6249はさらに大きい）で1より大きく、結果は前提に依存性があるといえます。

　10番目にあるルール（ID=6249）は、結果部分が2つの項目（収入4万ドル以上）と（既婚

第5章 アソシエーション分析

になっていて、両方が成り立つという意味になります。購買の分析で考えれば、右辺のものを購入した人が、左辺の2つの商品を購入する支持度・信頼度を出していることに当たります。この場合に右辺の支持度（consequent support）の欄が低いのは、2つの項目のANDになって確率が下がるためです。そのため、リフト $Lift(A \Rightarrow B) = Conf(A \Rightarrow B)/Sup(B)$ は他より大きくなっています。

　上記の整理の仕方の範囲、つまり支持率 0.2 以上・信頼度 0.8 以上・右辺に収入 4 万ドル以上を含む・支持率上位という条件では、特に興味深いルールは現れなかったといえるかもしれません。それでも、常識的なルールが裏打ちされた価値はあるでしょう。

　このように、アソシエーション分析は簡単ですが、いわゆるバスケットの解析、つまり購入レシートの解析だけでなく、因果関係を含めた関連解析に利用できます。

第6章

時系列データの解析

　本章では、時系列データを解析する基本的な手法を紹介します。ある期間にわたって同じ状況で定期的に観測したデータに対して、時間的な変動を分析します。いろいろな利用場面がありますが、たとえば景気の変動や気候の変動を、年単位の周期的変動と長期的なトレンドと雑音的な変動に分解し、それぞれを評価したりします。

　ここでは、分析モデルとして周期変動やトレンドを分離するARMA/ARIMA モデルと、季節調整を加えた SARIMA モデルを、Python の StatsModels パッケージを用いて紹介します。

6.1 時系列データの解析

6.1.1 時系列データ解析の考え方

　時間とともに変化するデータがあるとき、時間による変化に注目した解析を時系列解析、あるいは時系列分析と呼びます。よく見かける例としては、景気や物価などが全体に上向いているのか下がっているのかといった時間的変動や、平均気温が上がっているのか下がっているのかといった気候変動・温暖化の解析があります。これらでは、データや指標を同じ条件で測定し続けた結果を、時間順序に並べた「時系列データ」として準備し、時間的にどう変化しているのかを解析します。また、解析結果から将来を予測することも行われます。

　これらの例でわかるとおり、測定データにはさまざまな要素が影響して変動します。わかりやすい気温の例をとると、気温変動には1日のなかでの周期的な変動があり、1年のなかでの季節による周期的な変動があります。さらに、暖かい高気圧がとどまったために気温が高めの日が続いたり、冷たい空気が流れ込む日が続いたりすることがありますが、これらは周期的ではなく、そのときどきに起きる、たまたまの変動でしょう。それらの影響があるなかで、「周期的や偶然の変動を除外して、全体として押しなべて見たときに、気温が全体に上がっているようだ」というのが温暖化の議論の出発点になっています[*1]。

　時系列データの持つ規則性を抽出するとき、観測されるデータがさまざまな周期を持つ変動と、周期的でない継続的な変化と、規則性のないランダムな変動（雑音）とが重なり合った結果であると考えて、それらを分解し、それぞれの要素を抽出するアプローチがとられます。たとえば気温の変化を見ると、1日周期の変動と、季節による年単位の変動とが主な周期的変動で、いわゆる温暖化と呼ばれるような長期的な上昇傾向が重なり、さらにそのときどきでのランダムな変動が重なったデータが得られます。

　変動の成分を知りたいときは、変動に合わせた解析をする必要があります。温暖化傾向などの長期的な変動を観察したいときは、短い周期での変動の影響を取り除く必要があります。また、ランダムな雑音は取り除きたいことが多いでしょう。雑音や短期的な周期変動を、ある期間の平均をとることで平滑化してしまうという考え方ができます。たとえば1日の平均気温をとることで、1日の中の周期的な気温変動の影響を取り除くことができ、毎日の（日単位の）平均気温を並べると、季節による1年間の変動がよく見えるようになります。さらに、1年間の平均気温を計算してそれを何年か並べると、温暖化による気温上昇が見えることになります。

　しかし、他方でもう少し細かく変動の様子を知りたい、規則的な変動とランダムな雑音

[*1] 本書の興味は、測定された気温からさまざまな既知の（主には周期的な）を取り除く手法にあります。地球温暖化・気候変動とその原因に関する議論は、平均気温だけでなく、さまざまな気候現象・観測値を含めて行われており、本書の議論の及ぶ範囲ではありません。

を分けたいとすると、次節で説明するように、規則的な変動を把握するためのモデルを考えることになります。

6.1.2　時系列データの概要把握

まずは、複雑な変動をする時系列データの例を見てみることにします。統計パッケージ R の中に含まれるサンプルデータの中から、AirPassengers[*2]を見てみることにします。データは "Monthly Airline Passenger Numbers 1949-1960" というタイトルで、1949～1960 年の月別国際線乗客数のデータです。出所は Box, G. E. P., Jenkins, G. M. and Reinsel, G. C., "Time Series Analysis, Forecasting and Control. Third Edition", Holden-Day. Series G. (1976) となっています。Python にデータを取り込むには、R との接続パッケージ rpy2 を使います。元データは `numpy.array` の形で取り込めますが、後で扱いやすくするために、ここでは pandas の DataFrame の形に変換しておきます。

```
from rpy2.robjects import r, pandas2ri
pandas2ri.activate()
df = pd.DataFrame(r['AirPassengers'], columns=['AirlinePassengers'])
```

このデータは時系列解析のサンプルとして広く参照・提供されており、たとえば datamaraket.com のサイトから CSV ファイル `international-airlinepassengers.csv` としてダウンロードすることも可能です。

https://datamarket.com/data/set/22u3/international-airline-passengers-monthly-totals-in-thousands-jan-49-dec-60#!ds=22u3&display=line

最初にこのデータをプロットして、全体の傾向を見てみます。プログラムを**リスト 6-1** に示します。

■ リスト 6-1　国際線乗客数をプロットする

```
%matplotlib inline
# 基本のライブラリを読み込む
import numpy as np
import pandas as pd
from matplotlib import pylab as plt

# https://stat.ethz.ch/R-manual/R-devel/library/datasets/html/AirPassengers.html
from rpy2.robjects import r, pandas2ri
pandas2ri.activate()
# AirPassengersデータはnumpy.arrrayの形で来る
df = pd.DataFrame(r['AirPassengers'], columns=['Airline Passengers'])
print(df)
df.plot(figsize=(15, 6))    # プロット。図を横長に15×6インチにする
plt.show()
```

[*2] https://stat.ethz.ch/R-manual/R-devel/library/datasets/html/AirPassengers.html

第6章 時系列データの解析

データの中身は、

```
     Airline Passengers
0           112.0
1           118.0
2           132.0
3           129.0
4           121.0
5           135.0
(中略)
142         390.0
143         432.0
```

のようなデータで、1949年1月から1960年12月までの12年間144か月分の数値の並びです。プロットしたグラフを**図6-1**に示します。横軸は月の番号（DataFrameのインデックス0〜143）になっています。

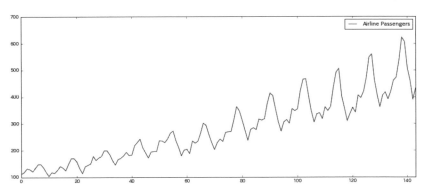

■ 図6-1 月別国際線乗客数の変動

このグラフを見ると、それだけでいくつかの傾向が読み取れます。1つは、1年=12か月を単位にして定期的に変動していること、もしくは1年の変動のパターンが毎年繰り返されていることです。もう1つは、全体として増加傾向にあることが読み取れます。さらに、年間の変動の振幅も全体の増加につれて増えていることも、指摘する必要があるでしょう。

このような時系列に関する指標として、手始めに自己相関・偏自己相関を計算してみます。時系列データ y_t があるとき、同じデータ y_t を時間 k だけずらした時系列と似ているかどうかを見ると、繰り返されているかどうかがわかります。たとえば上記の国際線乗客数や気温のデータは年単位での変動が繰り返されるので、1年ずらした系列が元の系列と似たようなパターンであることは期待できますし、似ていれば「1年周期で繰り返される要素がある」といえるでしょう。似ているかどうかを、相関（自己相関）をとって比べる

ことができます。

k 次の**自己相関係数**は、時系列 y_t とそれを時間 k（ラグと呼ぶ）だけずらした y_{t-k} との間を比較し、相関係数をとったものです。一般に確率変数 X と Y について共分散を $Cov(X,Y)$、それぞれの分散を $Var(Y)$、$Var(Y)$ とすると、相関係数 ρ は

$$\rho = \frac{Cov(X,Y)}{\sqrt{Var(X) \cdot Var(Y)}}$$

ただし、X と Y の共分散 $Cov(X,Y)$ は期待値を $E[\cdot]$ で書くと、$E[(X - E[X])(Y - E[Y])]$、X の分散 $Var(X)$ は $E[(X - E[X])^2]$ で定義されます。自己相関係数は、相関係数を y_t と y_{t-k} の間で計算するので、

$$R_k = \frac{Cov(y_t, y_{t-k})}{\sqrt{Var(y_t) \cdot Var(y_{t-k})}}$$

これはラグ k によって値が決まるので、k の関数と見て自己相関関数と呼ばれます。

実際には標本データから推定するので、

$$\hat{\mu} = \frac{1}{N} \sum_{i=0}^{N-1} y_i$$

$$\hat{C}_k = \frac{1}{N} \sum_{i=k}^{N-1} (y_{i+1} - \hat{\mu})(y_{i-k+1} - \hat{\mu})$$

$$\hat{R}_k = \frac{\hat{C}_k}{\hat{C}_0}$$

となります。

また、**偏自己相関**という考え方があります。たとえば、全体に 1 時点前 y_{t-1} からの（ラグ＝1 の）自己相関があって、現在の y_t 値が決まっているとします。現在 y_t への 2 時点前 y_{t-2} からの影響は、2 時点前 y_{t-2} から 1 時点前 y_{t-1} へのラグ＝1 の相関による影響が、1 時点前 y_{t-1} から現在 y_t へのラグ＝1 の影響を経て伝わったものとして説明がつく部分と、独自に 2 時点前から直接影響している部分に分けられると考えます。後者を、偏自己相関と呼びます。導出は省略しますが、k 次の偏自己相関 P_{tk} は、$\hat{y}$ で y の推定値を表すとすると、次のように書くことができます。

$$P_{tk} = \frac{Cov(y_t - \hat{y}_t,\ y_{t-k} - \hat{y}_{t-k})}{\sqrt{Var(y_t - \hat{y}_t) \cdot Var(y_{t-k} - \hat{y}_{t-k})}}$$

自己相関関数と偏自己相関関数は、Python ではパッケージ StatsModels 中の時系列

解析（Time Series analysis、tsa）にある statsmodels.tsa.stattools.acf および statsmodels.tsa.stattools.pacf によって計算できます。先述の AirLine Passengers のデータを使って、自己相関関数と偏自己相関関数を計算してみます。プログラムを**リスト 6-2** に、結果のグラフを**図 6-2** と**図 6-3** に掲載します。グラフの横軸がタイムラグ、縦線がそれぞれの相関係数、曲線が信頼区間の幅を示しています。

■ リスト 6-2　国際線乗客数の自己相関・偏自己相関を求める

```
%matplotlib inline
# 基本のライブラリを読み込む
import numpy as np
import pandas as pd
from matplotlib import pylab as plt
# デフォルトでグラフを横長にする設定
from matplotlib.pylab import rcParams
rcParams['figure.figsize'] = 15, 6
import statsmodels.api as sm

# https://stat.ethz.ch/R-manual/R-devel/library/datasets/html/AirPassengers.html
from rpy2.robjects import r, pandas2ri
pandas2ri.activate()
# AirPassengersデータはnumpy.arrrayの形で来る
df = pd.DataFrame(r['AirPassengers'], columns=['Airline Passengers'])

df.plot(figsize=(15, 6))    # プロット。図を横長に15×6インチにする


# ラグが40までの自己相関
print('自己相関', sm.tsa.stattools.acf(df, unbiased=True, nlags=40))
sm.graphics.tsa.plot_acf(df, unbiased=True, lags=40)
plt.show()

# ラグが40までの偏自己相関
print('偏自己相関', sm.tsa.stattools.pacf(df, nlags=40, method='ols'))
sm.graphics.tsa.plot_pacf(df, lags=40)
plt.show()
```

6.1 時系列データの解析

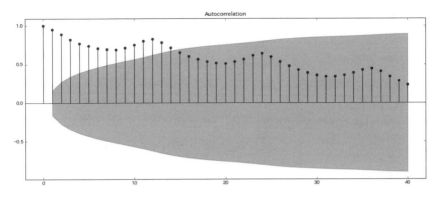

■ 図 6-2　国際線乗客数の自己相関グラフ

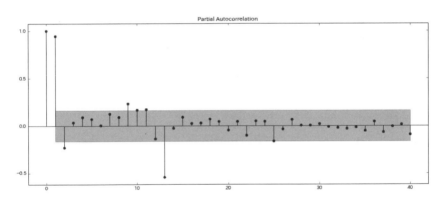

■ 図 6-3　国際線乗客数の偏自己相関グラフ

　図 6-2 の自己相関では 1 年周期での相関が大きくなっていますが、全体として、どのラグ値（横軸）に対しても相関が大きい感じがします。

　時系列データは、トレンド、周期変動、その他の残差（不規則な変動）の 3 つからなると考えることができます。例に取り上げた国際線乗客数のデータは、1 年を周期とした変動がある他、全体に年を追って増加するトレンドが見られます。それらだけで説明できない部分を、不規則変動とみなします。3 つに分解する処理を使って分解してみたのが、**図 6-4** です。上段から、元データ（Observed）、トレンド（Trend）、周期変動（季節変動性、Seasonal）、残差（Residual）の順に並んでいます。トレンドは全体に伸びている様子を表しており、周期変動は 12 か月単位の増減を示しています。

　Python の StatsModels では、statsmodels.tsa.api.seasonal_decompose を用いて処理できます。プログラムを**リスト 6-3** に示します。

第6章 時系列データの解析

■ リスト6-3 国際線乗客数の時系列をトレンド・周期変動・残差に分解する

```python
%matplotlib inline

import numpy as np
import pandas as pd
from matplotlib import pylab as plt

# グラフの大きさを変更する
from matplotlib.pylab import rcParams
rcParams['figure.figsize'] = 15, 15

# 統計モデル
import statsmodels.api as sm

# https://stat.ethz.ch/R-manual/R-devel/library/datasets/html/AirPassengers.html
from rpy2.robjects import r, pandas2ri
pandas2ri.activate()
# AirPassengersデータはnumpy.arrrayの形で来る
df = pd.DataFrame(r['AirPassengers'], columns=['Airline Passengers'])

seasonal = sm.tsa.seasonal_decompose(df['Airline Passengers'].values, freq=12)
seasonal.plot()
plt.show()
```

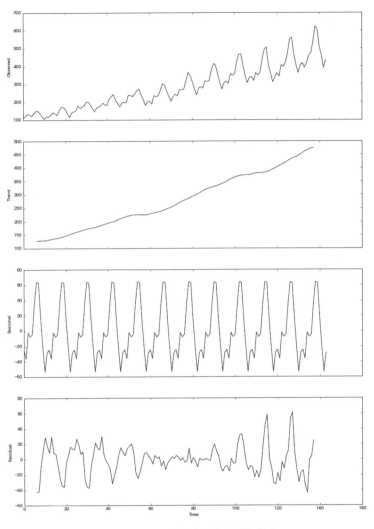

■ 図 6-4　国際線乗客数の成分分割の結果

6.2 自己回帰移動平均（ARMA）モデル

　本節では、**時系列のモデル化**について考えます。時系列データは、データが1つだけしかないと考えます。たとえば気温データにしても、経済データにしても、何回も試すということはできません。何らかの仕組みから次々にデータが生成されますが、全体で見ると

1回きりです。そのようなデータを解析したり予測したりするために、データ生成の仕組みを推定しようとします。現実の仕組みは非常に複雑で扱いきれないので、いくつかの比較的単純な機構の組み合わせとしてモデル化します。たとえば、前節で見た国際線の乗客数データでは、全体に伸びるというトレンドや、1年を単位にした周期的な変動が見られました。これらを組み合わせたモデルを立て、そのパラメータを推定する作業を、モデル化と呼びます。

時系列のモデル化でよく用いられる考え方として、**ARMAモデル（自己回帰移動平均モデル）**と呼ばれる、短期的な要素と、トレンドや季節要素で表される中・長期的な要素で組み立てるモデルがあります[*3]。ARMAモデルは**自己回帰モデル（ARモデル**、Auto-Regressive モデル）と、**移動平均モデル（MAモデル**、Moving Average モデル）を組み合わせたもので、ARモデルは過去のいくつかの値の（線形）組み合わせから現在の値を計算するモデル、MAモデルは過去の雑音の値の（線形）組み合わせから現在の値を計算するモデルです。ARMAモデルにトレンド要素（和分、Integrated）を加えたモデルが **ARIMAモデル**で、さらに周期的変動を表す季節要素（Seasonal）を加えて、**SARIMAモデル**と呼ばれることがあります（**図 6-5**）。

■ 図 6-5　SARIMA モデル
（https://deepage.net/bigdata/2016/10/22/bigdata-analytics.html より改変）

6.2.1　定常性とデータ変換

詳細を議論する前に、前提となる**定常性**（定常過程）について触れておきます。定常性は、任意の時点 t、ラグ k について

$$\begin{cases} E[y_t] = \mu & \text{平均値が } t \text{ によらず一定} \\ Var[y_t] = \gamma_0 & \text{分散が } t \text{ によらず一定} \\ Cov(y_t, y_{t-k}) = \gamma_k & \text{自己共分散が } t \text{ によらず、} k \text{ のみに依存} \end{cases}$$

[*3] このモデル化のプロセスは別名 Box-Jenkins 法とも呼ばれることがあります。

の条件を満たす場合をいいます。平均値が一定という要件から、右肩上がりのトレンドなどはないことになります。前出の国際線乗客数のデータは、全体に右肩上がりのトレンドがあるため平均値が t に依存し、変動幅も右に行くほど大きいので分散も t に依存しており、定常的ではないということになります。

そこで国際線乗客数のような非定常なデータは、**データ変換**を行うことによって、なるべく定常に近いデータに変換します。具体的には、上昇のトレンドを除くために**差分系列**（**階差**）をとります。差分系列は、今月と前月の差の値を、すべての時点について、とって並べた系列 $y_t - y_{t-1}$ です。原系列から差分を1回とった系列を1階の差分系列と呼び、1階差分系列からもう1度差分をとった系列を2階の差分系列と呼びます。繰り返して階差をとることで、定常に近い系列にしようとします。

原系列が非定常過程で1回差分をとった系列が定常になる系列を、**単位根過程**（または和分過程）と呼びます。また、さらに一般的に、$d-1$ 階差分をとった系列が非定常過程で d 階差分をとった系列が定常過程になるとき、d 次和分過程と呼びます。一般に、差分をとることで、時系列がうまく解析できるようになることが多いようです。

時系列でもう1つのよく起こる問題として、分散がどんどん増えていく場合があります。前出の国際線乗客数のデータでも、トレンドとして平均値が増大することと同時に、変動の振れ幅が徐々に大きくなっています。これに対してよく用いられる手法は対数変換で、原系列を対数に変換してから差分をとる処理が行われます。対数による圧縮は、時間ごとに一定率で変化（たとえば増加）するような場合に、定率の積が変換すると定数の増（和）になるので、対数変換後に差分をとれば解消されます。それ以外の変化でも、簡単に計算できるので、1階の差分、対数変換後の一階の差分が定常過程の1次近似としてよく使われます。なお、原系列の対数をとった場合、その構成は周期的変動・トレンド・ノイズの3成分の和の形ではなく、それぞれの対数変換後の値の和になるので、3成分の積と解釈するべきでしょう。

6.2.2　自己回帰移動平均（ARMA）モデル

ここではまず、**ARMA モデル**（AutoRegressive Moving Average Model）について紹介します。ここでいうモデルは、時系列データを生成する機構とその機構を仮定したときのパラメータのことで、得られている時系列データからそれを推定することが課題です。モデルが得られると、その機構の持つ特質を議論したり、今後生成する時系列を予測したりすることができます。とはいえ、正しく選ばれていない機構に対してパラメータを推定しても、機構としての理解は正しくないでしょうし、予測は外れるでしょう。その意味で、モデルの推定は、機構の推定とパラメータの推定の両方が正しくないとうまくいかないことを理解しておく必要があります。なお、時系列のモデリングは、たとえば計量経済学などさまざまな応用分野から研究され、現在も多くの議論がなされています。

ARMA モデルは AR（AutoRegressive；自己回帰）モデルに MA（Moving Average；

移動平均）を組み合わせたものです。AR モデルは、その時系列とそれ自身の l だけ時刻がずれた時系列との回帰を考える、というもので、要するに過去の系列をどれだけそのまま繰り返しているかをパラメータ化します。1 次の自己回帰モデル AR(1) は、t 時点の値 y_t が 1 時点前の値 y_{t-1} の係数倍と定数（つまり回帰方程式）と、それに加えてランダムノイズ ε_t の和で表されるというもので、

$$y_t = c + a \cdot y_{t-1} + \varepsilon_t$$

と書くことができます。ここで a と c はそれぞれ回帰方程式の係数と定数、ε_t は雑音（平均値が 0 の正規分布を持つランダムノイズ）を表します。すべての t で上式を適用するので、y_t は a が 0 でない限りそれ以前のすべての y の値の影響を受けますが、$a < 1$ であればその影響は徐々に小さくなります。

一般の次数 p の自己回帰モデル AR(p) は、過去 p 時点までさかのぼった y の値 y_{t-l}（l は $1, \cdots, p$）に係数 a_l を掛けて反映して、

$$y_t = c + \sum_{l=1}^{p} a_l \cdot y_{t-l} + \varepsilon_t$$

となります。

移動平均（MA）は、過去のホワイトノイズの線形結合を表すもので、1 次の移動平均 MA(1) は、式で表すと

$$y_t = \mu + \varepsilon_t + \theta \cdot \varepsilon_{t-1}$$

と書くことができます。ここで μ は定数（平均値）、θ は係数、ε_t は平均値が 0 の正規分布を持つランダムノイズを表します。一般の次数 p の移動平均 MA(p) は、過去 p 時点までの ε_{t-l} に係数 θ_l を掛けて反映した

$$y_t = \mu + \varepsilon_t + \sum_{l=1}^{p} \theta_l \cdot \varepsilon_{t-l}$$

で表されます。

自己回帰移動平均（ARMA）モデルは、上記の AR モデルに MA を足し合わせたもので、AR 部分の次数を p、自己回帰係数を a_l、MA 部分の次数を q、移動平均係数を θ_l とすると、ARMA(p, q) は

$$y_t = c + \sum_{l=1}^{p} a_l \cdot y_{t-l} + \varepsilon_t + \sum_{l=1}^{q} \theta_l \cdot \varepsilon_{t-l}$$

で表されます。ε_t はホワイトノイズで、平均 0、分散 σ^2 の正規分布に従うとします。この ARMA モデルの数学的な性質については教科書が多数出版されていますので、それを参照してください[*4]。

ARMA モデルが出発点になりますが、平均値、分散が変わらない定常過程を前提にするため、トレンドや季節性、振幅の増大などの非定常の要因がある場合には、ARMA で扱う際にそれらを除外して別途分析する必要があります。前述したようにそれらを含めたモデルも作られていて、トレンドなどの和分成分（Integrating part）を含めた ARIMA、さらに季節性変動（Seasonal variation）を含めた SARIMA などのモデルが使われます。

ARMA/ARIMA モデルによる分析と予測

では、先述の国際線乗客数データについて、ARMA/ARIMA モデルを用いた解析・予測を試してみます。ここでは、それぞれのステップの説明に対応してプログラム断片を提示した後、全体のプログラムのコードを提示します。

データの取り込みと観察

データを取り込んでグラフに表示してみます。これによって、どのような変動成分があるのかをあらかじめ観察しておくことができます。後述するような数値による分析ステップのみで現象を判断すると、分析から漏れる性質が生じる可能性があります、そのときに、本質とは違う分析にもかかわらずそれなりの数値結果を出すことがあるので、気をつけて避けるようにしなければなりません。

国際線乗客数のデータ取り込みと表示は、すでに前節でリスト 6-1 に示したものをそのまま使うことにするので、それを参照してください。

得られた図 6-1 の時系列データのグラフを見ると、前述したとおり、1 年周期の季節変動があること、1 年周期内のパターンは毎年繰り返されていること、全体として増加トレンドにあることが、容易に読み取れます。さらに季節性変動の振幅が時を経るにしたがって増加していることも、読み取っておくことが望まれます。

これらのことは、リスト 6-3 にある statsmodels.tsa.api.seasonal_decompose によって分解して可視化できます。図 6-4 にあげた分解の結果は、2 段目の Trend の図から増加トレンドがあり、3 段目の Seasonal の図から季節変動があることがわかります。これらは今までの議論と同じことです。

4 段目の残差 Residual の図は、中央付近ではよく合っているのに、前と後ろでは残差成分が大きくなっており、気になります。さらに、前半では季節性変動のピークでない部分が残っているのに対して、後半では季節性変動自体が大きく残っています。この解

[*4] 北川源四郎『時系列解析入門』岩波書店（2005）
沖本竜義『経済・ファイナンスデータの計量時系列分析』朝倉書店（2010）

釈としては、季節性変動が時間とともに大きくなっていることが考えられます。3 段目の Seasonal の成分は振幅を一定にとっていて、4 段目はそれを全体から差し引いた残差が出ているので、前半では他成分が大きく見え、後半では季節性変動そのものが大きく見えるということでしょう。第 1 段目にあるトレンド成分の存在を仮定し、ARIMA モデルを用いてそれを差し引いても、振動自体が大きくなっているとすれば、カバーしきれなくなります。

プロセス全体を考え直すと、乗客増加は加算的というよりは指数的、つまり前期比で一定の伸びを見せていると考えられます。この場合、原系列の対数をとり、それによって加算的なプロセスとして解析するほうが理にかなっていると思われます。というところで、対数をとった場合について解析してみることにします。なお、トレンドについては、それを和分として中に含めてある ARIMA モデルを使って対応することにします。

では、対数をとったデータに対して、同様に decompose で分解してみます。プログラムは取り込んだ DataFrame df を対数で変換するところだけが異なります。

```
# AirPassegersデータはnumpy.arrrayの形で来る
df = pd.DataFrame(r['AirPassengers'], columns=['Airline Passengers'])
df.set_index(pd.DatetimeIndex(start='1949-01-01', end='1960-12-31', freq='M'), \
    inplace=True)
dfl = df.apply(np.log)   # np.logをとる
lseasonal = sm.tsa.seasonal_decompose(dfl['Airline Passengers'].values, freq=12)
rcParams['figure.figsize'] = 15, 15
lseasonal.plot(title='lseasonal')
```

分解の結果を図 6-6 に示します。対数をとらない前節の図 6-4 と比較すると、元の波形 Original では月別振動の振幅がほぼ一定化して見え、残差の形はやや一様化されて、振動も月別の要素が減って不規則な変動になったことがわかります。

6.2 自己回帰移動平均(ARMA)モデル

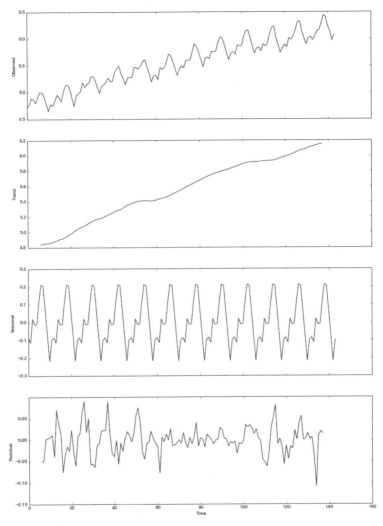

■ 図 6-6 国際線乗客数の対数化後の成分分割の結果

次に、定常性を確認します。すでに図 6-6 からトレンド成分があることはわかっています。対数化後の時系列 dfl について季節変動を除いたうえで差分をとってみます。

```
lsdiff = (dfl['Airline Passengers'] - lseasonal.seasonal).diff().dropna()
rcParams['figure.figsize'] = 15, 6
lsdiff.plot(title='lsdiff')
plt.show()
```

結果は、**図 6-7** のようになりました。

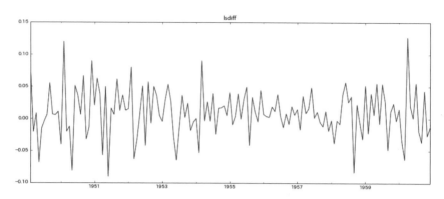

■ 図 6-7　国際線乗客数の対数化・季節調整・差分後の系列

この結果を受けて、対数化・季節調整・差分を行った後の時系列が定常であるか、StatsModels に含まれる拡張 Dickey-Fuller 検定 `tsa.stattools.adfuller` を用いて判定してみます。これは仮説検定になっていて、p 値が小さい（たとえば $p < 0.05$）と、帰無仮説（単位根があり定常でない）が棄却される、定常性があると結論するものです。プログラムで試してみると、p 値として 8.099e-09 が得られ、棄却水準 0.05 より十分小さいので、定常性が得られていると判断できます。

ここまでで、対数化・季節調整・(1 階の) 差分をとれば ARMA（自己回帰移動平均）モデルが適用可能らしいことがわかったので、実際に適用してパラメータを推定してみます。StatsModels では、ARIMA モデル（ARMA プラス差分モデル）の他、ARIMAX モデル（ARMA プラス季節調整プラス差分）が提供されています。いずれにしても、AR 部分の次数（ラグの値）と MA 部分の次数（ラグの値）を選ばなければなりません。ここでは、赤池情報量基準 AIC[*5]を使ったパラメータ選択を、`statsmodels.tsa.stattools.arma_order_select_ic` を用いて行うことにします。まず、自己相関・偏自己相関のグラフから、値が青い領域（信頼区間）に収まらなくなる初めてのラグ程度に決めておき、その範囲内で AIC が最適になるような値を `arma_order_select_ic` で選択します。

```
fig, (ax1, ax2) = plt.subplots(nrows=2, sharex=True)
sm.graphics.tsa.plot_acf(lsdiff, lags=40, ax=ax1)
sm.graphics.tsa.plot_pacf(lsdiff, lags=40, ax=ax2)
plt.plot()
```

[*5]　本書では説明を略します。たとえば『赤池情報量規準 AIC—モデリング・予測・知識発見—』（赤池弘次ら、共立出版、2007）などを参照してください。

6.2 自己回帰移動平均（ARMA）モデル

```
# acfより、pは[0,4]、pacfより、qは[0,4]
# arma_order_select_icを使い、候補から当てはまりのよいモデルのパラメータを選ぶ
lresDiff = sm.tsa.arma_order_select_ic(lsdiff, ic='aic', trend='nc', \
    max_ar=4, max_ma=4)
print(lresDiff.aic_min_order)
# 出力は(2, 2)で、p=2, q=2が最適
```

結果は、$p=2, q=2$ が最適となったので、これをもとにモデルを作ってみます。モデルは、季節調整と差分を含むモデルを作成できる SARIMAX モデル（tsa.statespace.sarimax.SARIMAX）を利用することにします。このモデルの次数（ラグ値）に関するパラメータは、order=(p, d, q) と seasonal_order=(P, D, Q, s) があり、p と q はそれぞれ AR と MA の次数、d は差分の間隔、P, D, Q は季節調整の部分の AR 次数、差分、MA 次数、s は季節調整の周期を指定します。ここでは order=(2, 1, 2) と seasonal_order=(1, 1, 1, 12) に設定します。トレンドのパラメータとして、'n','c','t','ct'（それぞれ「なし」「定数」「時間の 1 次」「定数と時間の 1 次」）が指定できますが、トレンドのグラフから定数 c を選んでおきます。

また、予測モデルとして結果を見るために、時系列データを学習部分（初めの 11 年分）とテスト用（最後の 1 年分）に分けておき、学習部分でモデルを作成した後に予測を行い、その予測とテスト用実データとを比較することにします。

```
# データを学習データ1949-01-01～1959-12-31とテストデータ1960-01-01～1960-12-31に分ける
ltrain = dfl[dfl.index < '1959-12-31']
ltest = dfl[dfl.index >= '1960-01-01']
```

モデル lmodel は、SARIMAX クラスに学習部分のデータといろいろなパラメータを設定したインスタンスを生成します。モデルに対して fit() を実行して、フィットさせます。

```
from statsmodels.tsa.statespace.sarimax import SARIMAX
lmodel = SARIMAX(
    ltrain,
    order=(2, 1, 2),   # p,d,q = 2,1,2
    seasonal_order=(1, 1, 1, 12),  # P,D,Q,s = 1,1,1,12
    trend='ct',
    enforce_stationarity=False,
    enforce_invertibility=False)
lresult = lmodel.fit()
```

予測は、フィットさせた結果の lresult に対して、学習と同じ部分の値をモデルから予想させる predict() や、将来、つまりテスト部分の値を予測させる forecast() によって生成できます。forecast は期間を指定して生成します。さらに、将来予測

215

部分について、信頼区間を conf_int() によって得ておきます。これらを合わせて図示しています。また予測値が元の時系列データからどれだけ外れたかを、2 乗平均誤差 mean_squared_error として求めて表示しています。

```
# 予測
ltrain_pred = lresult.predict()
ltest_pred = lresult.forecast(len(ltest))
ltest_pred_ci = lresult.get_forecast(len(ltest)).conf_int()

# 予測の評価
from sklearn.metrics import mean_squared_error
ltrain_rmse = np.sqrt(mean_squared_error(ltrain, ltrain_pred))
ltest_rmse = np.sqrt(mean_squared_error(ltest, ltest_pred))
print('RMSE(train): {:.5}\nRMSE(ltest): {:.5}'.format(ltrain_rmse, ltest_rmse))

# 結果のプロット
fig, ax = plt.subplots()
dfl['Airline Passengers'].plot(ax=ax, label='Original', linestyle="dashed")
ltrain_pred.plot(ax=ax, label='Predict(train)')
ltest_pred.plot(ax=ax, label='Predict(test)')
ax.fill_between(
    ltest_pred_ci.index,
    ltest_pred_ci.iloc[:, 0],
    ltest_pred_ci.iloc[:, 1],
    color='k',
    alpha=.2)   # 5%信頼区間をグレーで塗る
ax.legend()
# ax.legend(loc='lower right')   # 凡例の位置を右上に移したい場合
plt.title('model result')
plt.show()
```

得られた結果を、**図 6-8** に示します。全体にフィットしているように見え、また予測部分については、予測値の元データからの 2 乗平均平方根誤差を見ると、

```
RMSE(train): 0.48273
RMSE(ltest): 0.11092
```

となっています。

6.2 自己回帰移動平均（ARMA）モデル

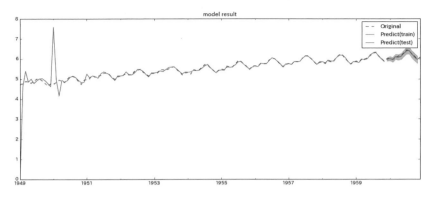

■ 図6-8　国際線乗客数の対数化・SARIMAX モデル

プログラム全体をまとめたものを、**リスト6-4** に示します。

■ リスト6-4　国際線乗客数のデータからモデルを作り、予測を試みるプログラム

```
%matplotlib inline
import numpy as np
import pandas as pd
import math
from matplotlib import pylab as plt
from matplotlib.pylab import rcParams
rcParams['figure.figsize'] = 15, 6   # グラフを横長にする

# 統計モデルパッケージ
import statsmodels.api as sm

# https://stat.ethz.ch/R-manual/R-devel/library/datasets/html/AirPassengers.html
from rpy2.robjects import r, pandas2ri
pandas2ri.activate()
# AirPassengersデータはnumpy.arrrayの形で来る
df = pd.DataFrame(r['AirPassengers'], columns=['Airline Passengers'])
df.set_index(pd.DatetimeIndex(start='1949-01-01', end='1960-12-31', freq='M'), \
    inplace=True)

# 自己相関
print('自己相関', sm.tsa.stattools.acf(df, unbiased=True, nlags=40))
fig = sm.graphics.tsa.plot_acf(df, unbiased=True, lags=40)
fig.savefig('AirPassenger_autocorr.png')
# 偏自己相関
print('偏自己相関', sm.tsa.stattools.pacf(df, nlags=40, method='ols'))
fig2 = sm.graphics.tsa.plot_pacf(df, lags=40)
fig2.savefig('AirPassenger_pautocorr.png')

# 成分分解　季節性・トレンドを抽出
seasonal = sm.tsa.seasonal_decompose(df['Airline Passengers'].values, freq=12)
rcParams['figure.figsize'] = 15, 15
```

```
# seasonal.plot()
# plt.plot(seasonal.trend)などもできる。この場合pltにfigsizeやxlabel、titleなど設定できる
# plt.savefig('AirPassengers_decompose.png')
# plt.show()

# 対数をとる
dfl = df.apply(np.log)    # dfの全要素のnp.logをとる
# rcParams['figure.figsize'] = 15, 6
dfl.plot(title='logged')
# plt.show()
# トレンド・季節性変動などに分解する
lseasonal = sm.tsa.seasonal_decompose(dfl['Airline Passengers'].values, freq=12)
rcParams['figure.figsize'] = 15, 15
lseasonal.plot()
plt.show()

# 定常性の確認（対数化後）
lresadf = sm.tsa.stattools.adfuller(dfl['Airline Passengers'].values)
print('p-value = {:.4}'.format(lresadf[1]))
# 出力は p-value = 0.4224  p>0.05であり、帰無仮説（定常性を持つ）が棄却されない
# ＝持つとはいえない
# 定常性がないらしいので、トレンド和分を差分をとって消す、季節性を12か月差分をとって消す
# 季節調整をしてから差分をとる
lsdiff = (dfl['Airline Passengers'] - lseasonal.seasonal).diff().dropna()
rcParams['figure.figsize'] = 15, 6
lsdiff.plot(title='lsdiff')
plt.show()
lresadfsdiff = sm.tsa.stattools.adfuller(lsdiff)
print('p-value = {:.4}'.format(lresadfsdiff[1]))
# 出力は p-value = 8.099e-09  p<0.005なので、定常性を持つだろう

# データを学習データ1949-01-01～1959-12-31とテストデータ1960-01-01～1960-12-31に分ける
ltrain = dfl[dfl.index < '1959-12-31']
ltest = dfl[dfl.index >= '1960-01-01']

# ACFとPACFよりパラメータ候補を選定　季節調整済みの差分データのコレログラム
fig, (ax1, ax2) = plt.subplots(nrows=2, sharex=True)
sm.graphics.tsa.plot_acf(lsdiff, lags=40, ax=ax1)
sm.graphics.tsa.plot_pacf(lsdiff, lags=40, ax=ax2)
plt.plot()
# acfより、pは[0,4]
# pacfより、qは[0,4]か[0,11]
# arma_order_select_icを使い、候補から当てはまりのよいモデルのパラメータを選ぶ
# これだとp=4, q=4が最適
lresDiff = sm.tsa.arma_order_select_ic(lsdiff, ic='aic', trend='nc', \
    max_ar=4, max_ma=4)
print(lresDiff)
print(lresDiff.aic_min_order)
# これだとp=2, q=2が最適

# SARIMAX適用
from statsmodels.tsa.statespace.sarimax import SARIMAX
```

```
lmodel = SARIMAX(
    ltrain,
    order=(2, 1, 2),   # p,d,q = 2,1,2
    seasonal_order=(1, 1, 1, 12),   # P,D,Q,s = 1,1,1,12
    trend='t',
    enforce_stationarity=False,
    enforce_invertibility=False)
lresult = lmodel.fit()
# 予測
ltrain_pred = lresult.predict()
ltest_pred = lresult.forecast(len(ltest))
ltest_pred_ci = lresult.get_forecast(len(ltest)).conf_int()
# print('dfl\n', dfl['Airline Passengers'])
# print('ltrain\n', ltrain)
# print('ltest_pred\n', ltest_pred)
# print(ltest_pred_ci)

# 予測の評価
from sklearn.metrics import mean_squared_error
ltrain_rmse = np.sqrt(mean_squared_error(ltrain, ltrain_pred))
ltest_rmse = np.sqrt(mean_squared_error(ltest, ltest_pred))
print('RMSE(train): {:.5}\nRMSE(ltest): {:.5}'.format(ltrain_rmse, ltest_rmse))

# 結果のプロット
fig, ax = plt.subplots()
dfl['Airline Passengers'].plot(ax=ax, label='Original', linestyle="dashed")
ltrain_pred.plot(ax=ax, label='Predict(train)')
ltest_pred.plot(ax=ax, label='Predict(test)')
ax.fill_between(
    ltest_pred_ci.index,
    ltest_pred_ci.iloc[:, 0],
    ltest_pred_ci.iloc[:, 1],
    color='k',
    alpha=.2)    # 5%信頼区間をグレーで塗る
ax.legend()
# ax.legend(loc='lower right')   # 凡例の位置を右上に移したい場合
plt.title('model result')
plt.show()
```

第 **7** 章

ネットワークの解析

ネットワーク解析は「つながり方」の分析です。人と人とのつながりや、人と集団の所属関係などの社会的つながりの分析、交通や物品の流通ネットワークの解析、化学反応による物質間のネットワークの解析など、幅広く応用されています。

分析は、グラフ解析のさまざまな指標・手法を使って行います。7.2 節では経路長や次数などの指標を紹介し、7.3 節ではネットワークの構造指標である中心性やグループ構成について紹介します。

7.1 ネットワーク解析の考え方

ネットワーク解析は、「つながり方」の分析です。つながりがあれば、ネットワーク解析の対象になります。たとえば、人と人の知り合いのつながり、企業と企業の取引のつながり、人と集団の所属関係のつながりなど、社会的なつながりのネットワークを解析することもありますし、生体内の化学反応でつながる物質間のネットワークを解析することもあります。

一般に、点（**頂点**、vertex、ノードとも呼ぶ）と点同士のつながり（**辺**、edge、リンクとも呼ぶ）を集めたものを、ネットワーク、あるいはグラフなどと呼びます[*1]。辺に方向がない場合を**無向グラフ**、方向がある場合を**有向グラフ**、辺に重みを付ける場合を**重み付きグラフ**と呼んで区別することもあります。

たとえば、地点から地点へ道路でつながっているネットワークを考えるとき、地点AからBへ行く経路があるかどうかを問題にするのなら、それぞれの地点がどうつながっているか、辺の有無だけを問題にすれば済みます。また、距離を問題にするのであれば、それぞれの辺の距離が重みとして必要となりますが、距離だけでよく、方向に依存しません。たとえばトラック輸送で燃料のことを考えるなら、地点AからBへ行く距離とBからAへの距離は同じなので、同じになるでしょう。その場合は、無向グラフと考えてよいかもしれません。他方、所要時間で考えると、混雑具合によって上りと下りの所要時間が違うことがあるでしょう。そうすると、向きによって辺の重みが変わる、有向グラフと考えたほうがよいでしょう。

また、同じように道路のネットワークを対象にするとしても、たとえばどこに交通が集中して混雑するか、どこがボトルネック（隘路）になっているかを知りたいこともあります。もし全体が2つの部分に分かれていて、その間が1つの頂点だけを経由してつながっていると、この接続点になる頂点は、ボトルネックになる可能性があります。現実社会では、川を渡る橋が1つしかない場合、川のそれぞれの側にある道路ネットワークを接続する点がその橋に限定され、そこが交通のボトルネックになることになります。他方、必ず1点を通らせることによって、交通の制御ができるという見方もできます。たとえば、国境の検問所を1か所にすれば、両国間の往来は、すべてこの検問所でコントロールできることになります。同じような議論は通信ネットワークでも起こり、2つのネットワークが1点で接続されていると、そこが交通のボトルネックになると同時に、制御可能な点にな

[*1] たとえば電子情報通信ハンドブックでは
　　グラフとは,いくつかの点とそれらの間につながる線分（辺）によって表される図形のことである．この図形の性質を究明する理論がグラフ理論と呼ばれている．グラフの点または（および）辺に物理的意味を持たせたものがネットワークであり,その性質を究明する理論がネットワーク理論である．
　　　　　　　　　『電子情報通信ハンドブック』（電子情報通信学会編、オーム社、1998年）
としています。

ります。

　人のネットワークでは、中心性が話題になることもあります。誰が人のつながりの中心にいるのか、またもしそのつながりによって情報が流れるとしたら、どの人に情報が集まるのか、ネットワークの辺のつながり方を分析することができます。

　このように、ネットワークの持ついろいろな性質・特徴を解析するのが、ネットワーク解析です。

7.1.1　ネットワークの表現

　ネットワークを表現する方法として、**隣接行列**（adjacency matrix）と**辺リスト**（edge list）があります。隣接行列は、すべての頂点の対について、その間に辺があるか否かを、1か0かで表したものです。n個の頂点を行と列に並べ、$n \times n$の行列の形にします。

$$A = \begin{pmatrix} a_{11} & \cdots & a_{1j} & \cdots & a_{1n} \\ \vdots & \ddots & \vdots & \ddots & \vdots \\ a_{i1} & \cdots & a_{ij} & \cdots & a_{in} \\ \vdots & \ddots & \vdots & \ddots & \vdots \\ a_{n1} & \cdots & a_{nj} & \cdots & a_{nn} \end{pmatrix}$$

ただし

$$a_{ij} = \left\{ \begin{array}{l} 1 \quad 頂点 i から j への辺がある \\ 0 \quad 頂点 i から j への辺がない \end{array} \right\}$$

とします。具体的な例としては、

	頂点1	頂点2	頂点3	頂点4
頂点1	0	1	1	0
頂点2	1	0	1	0
頂点3	0	1	0	1
頂点4	1	0	0	0

のようになります。なお、無向グラフの場合は辺の行きと帰りが同じ、つまり$a_{ij} = a_{ji}$となります。この行列で表されるグラフを図示すると、**図7-1**のようになります。ただし、グラフは頂点のつながり方だけに意味があって、図上での頂点の位置には意味がありません。図7-1を回転しても裏返しても、同じグラフです。

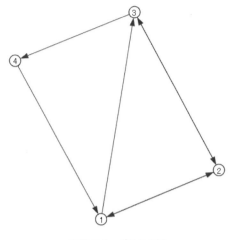

■ 図 7-1　グラフの例

　他方、辺リストは同じグラフを辺のリスト、つまり始点と終点の対のリストとして表します。上記の例を辺リストにすると、

```
[(0, 1), (0, 2), (1, 0), (1, 2), (2, 1), (2, 3), (3, 0)]
```

のようになります。リスト中での 0, 1, 2, 3 は、頂点の番号を 0 から振ったものです。

　2 つの表現は同等ですが、頂点の数が多い割に辺の数が少ない疎なグラフでは、辺リストのほうがコンパクトになり、効率的です。

　このようにして表したネットワーク（グラフ）について、中心性や接続性などを計算していきます。

7.1.2　ネットワーク解析のための igraph パッケージ

　Python でネットワーク解析を行うパッケージは、いくつかあります。NetworkX[2]は広く使われているパッケージで、多様なグラフ解析アルゴリズムが実装されています[3]。python-igraph[4]は統計パッケージ R で広く使われている igraph を Python から使えるようにしたもので、R で培われた多様なグラフ解析アルゴリズムが実装されています。どちらを選んでも大きな差はないと思われますが、本書では R の igraph の利用が使えるということで、igraph を使ってみます。

　igraph パッケージは、Linux や macOS 下では他のパッケージと同様に pip コマンド

---

[2]　https://networkx.github.io
[3]　https://networkx.github.io/documentation/networkx-1.9.1/reference/algorithms.html
[4]　http://igraph.org/python/

でインストールできます。パッケージ名がigraphではなく、python-igraphであることに注意してください[*5]。

```
pip install python-igraph
```

なお、Windows環境ではCコンパイラが標準では備わっておらず、またパッケージがWindowsのコンパイル環境に対応していないため、pipのみでインストールすることができません。Windowsでのインストールはやや面倒ですが、コラム「python-igraphのWindowsへのインストール」を参照してください。

igraphは他のパッケージと同様に、`import igraph`によって呼び出してから利用します。簡単なプログラム例として、**リスト7-1**を示しておきます。これは、前節にある簡単なグラフの例を定義し、描画するプログラムです。

■ リスト7-1　igraphによるグラフ定義と描画の例

```
from igraph import *
# R igraphのグラフをきれいに表示させる
# python-igraph Manual Tutorial
# http://igraph.org/python/doc/tutorial/tutorial.html
# 隣接行列adjをPythonのリストとして定義する
adj = [[0, 1, 1, 0], [1, 0, 1, 0],
       [0, 1, 0, 1], [1, 0, 0, 0]]
g = Graph.Adjacency(adj)    # 行列データadjを持つグラフを生成し、gとする
g.vs["name"] = ['1', '2', '3', '4']    # gの4つのノードの名前を付ける
g.vs["label"] = ['1', '2', '3', '4']   # gの4つのノードの表示用ラベルを付ける
g.vs["color"] = ['white', 'white', 'white', 'white']  # ノードの色を指定
# 6つの辺を直線で表示する
g.es["curved"] = [False, False, False, False, False, False]
layout = g.layout("circle")    # 表示レイアウトをcircleにする
# 表示する。Jupyter NotebookやiPythonでinlineに表示する
plot(g, bbox=(400, 400), inline=True)

print(g.get_edgelist())    # グラフgを辺リストに変換して表示する
```

このプログラムの本質的な部分は、

- 隣接行列をPythonのリストデータとして用意する
- 隣接行列をもとに、`Graph.Adjacency(adj)`でグラフデータgを生成する
- `plot`でグラフを描画する
- （必要なら辺リストに変換できる）

[*5] `pip install igraph`とすると、違うパッケージ「igraph」がインストールされてしまいます。「python-igraph」をインストールしてください。

です。その他の行は、グラフ描画に対して細かい指定をして見やすくするなどの処理をしています。それぞれのパラメータの指定方法は、マニュアル http://igraph.org/python/doc/igraph-module.html やチュートリアル http://igraph.org/python/doc/tutorial/tutorial.html、マニュアル http://igraph.org/python/doc/igraph-module.html[6]を参照してください。また、基本的には R 言語での igraph パッケージのサブセットになっているので、同じサイトにある R 言語用のマニュアル http://igraph.org/r/doc/ が参考になります[7]。

---

python-igraph の Windows へのインストール

igraph の Windows 上へのインストールは、Linux や macOS などの環境では `pip` コマンドを用いて簡単にインストールできるのと異なり、やや複雑です。背景は、igraph 本体のインストールが C/C++ 言語をコンパイルする必要があることによります。Windows 上でのコンパイル環境に対応した手続きが `pip` の中に書かれていないためで、さらにその理由は Windows 上での C/C++ コンパイル・実行環境が標準化されていない（少なくとも Microsoft Visual C 系の環境と GCC+Linux 系実行環境をベースにした Cygwin や MinGW がある）ことでしょう。他の C/C++ で書かれたパッケージでも、Windows 上で `pip` だけでインストール可能にはなっていないものが、相当数見かけられます。

igraph のインストールは、Windows では igraph 本体とグラフ表示に使う Pycairo を、コンパイル済みのバイナリパッケージとしてダウンロード・インストールします。以下に、本書執筆時（2018 年 8 月）での手順を略記します。なお、本手順ではコンパイル済みバイナリパッケージを非公式に提供しているサイト https://www.lfd.uci.edu/~gohlke/pythonlibs/ を利用しますので、サポート範囲・継続性とも保証されるものではありません。

1. MSYS2 をインストールする
   MSYS2 は、Linux 等（POSIX 環境）でプログラムのインストールに使うツール類を、Windows 上で使えるようにした環境です。http://www.msys2.org/ から Windows 環境に合ったインストールパッケージをダウンロードし、インストール（実行）します。
2. MSYS2 上の packman を使って、cairo をインストールする

---

[6] マニュアルはクラス階層に従った説明になっていて、ややわかりにくいものです。
[7] R 上の igraph は、日本語でかなり細かく解説した書籍があります。
『R で学ぶデータサイエンス 8　ネットワーク分析 第 2 版』（鈴木努著、共立出版、2017）

```
pacman -Syu                                    ← packmanを最新状態に更新する
pacman -S mingw32/mingw-w64-i686-cairo         ← 32ビットWindows環境の場合
  もしくは
pacman -S mingw64/mingw-w64-x86_64-cairo       ← 64ビットWindows環境の場合
```

3. pycairo のインストール

   非公式バイナリサイト https://www.lfd.uci.edu/~gohlke/pythonlibs/ から、自分の環境に合った Pycairo をダウンロードします。執筆時点では、`pycairo-1.17.1` が上がっていました。利用環境（Python のバージョンと Windows の環境）によってファイルが多数用意されており、cp27 は Python 2.7 に、cp34〜37 は Python 3.4〜3.7 に対応します。後ろの win32 と win_amd64 は、Windows の 32 ビットバージョンか 64 ビットバージョンかを示しています。これらに基づき、環境にあったバージョンのファイルをダウンロードします。ダウンロードしたファイル pycairo-...whl を置いたフォルダ内で、

   ```
   pip install pycairo-...whl
   ```

   を実行します。これによって Pycairo がインストールされます。

4. python-igraph のインストール

   上記と同じ非公式バイナリサイト https://www.lfd.uci.edu/~gohlke/pythonlibs/ から、自分の環境に合った python-igraph をダウンロードします。執筆時点では、`python_igraph-0.7.1.post6` が上がっていました。上記 3. と同様に、Python と Windows のバージョンに合ったファイルをダウンロードします。ダウンロードしたファイル python_igraph-...whl を置いたフォルダ内で、

   ```
   pip install python_igraph-...whl
   ```

   を実行します。これによって、python-igraph がインストールされます。

7.2 基礎的な指標 〜 経路長・次数・推移性・構造

本節では、ネットワークのさまざまな指標を見ていくことにします。最初に、サンプルデータとして使う『Les Miserables（レ・ミゼラブル）』の登場人物のチャプター内での共起関係をグラフ化したデータを紹介します。データは http://www-personal.umich.edu/

第7章 ネットワークの解析

~mejn/netdata/lesmis.zip として公開されており[*8]、解凍すると、GML 形式のグラフデータ lesmis.gml と、テキスト形式の説明ファイル lesmis.txt が得られます。データは重み付きの有向グラフで、頂点が人物、辺が共起関係を表し、辺の重み（value という名前が付けられている）が関係の深さを表します。

図 7-2 に、上記データをグラフ化したものを示します。なお、辺の重みは線の太さとして表してあります。

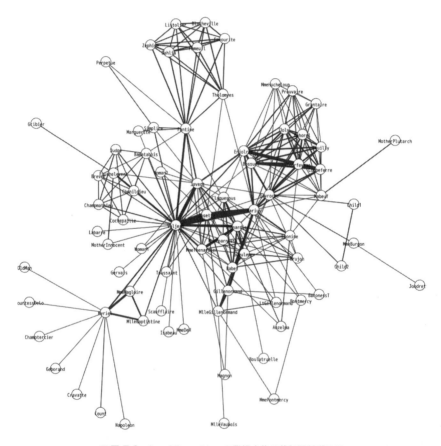

■ 図 7-2　Les Miserables の登場人物の共起関係グラフ

また、参考のため、辺の重みの分布を図 7-3 に示しました。

[*8]　データのソースは D. E. Knuth, "The Stanford GraphBase: A Platform for Combinatorial Computing", Addison-Wesley, Reading, MA（1993）ということです。

228

7.2 基礎的な指標 〜 経路長・次数・推移性・構造

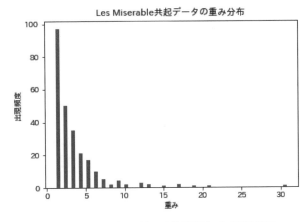

■ 図 7-3　Les Miserables 人物共起データの重み分布

これらのグラフを描くためのプログラム例は、**リスト 7-2** および **リスト 7-3** に掲載しています。

■ リスト 7-2　Les Miserables の人物共起関係のグラフを表示するプログラム

```
from igraph import *
visual_style = {}
g = Graph.Read_GML('lesmis/lesmis.gml')
visual_style["edge_width"] = [1 + 0.5 * int(v) for v in g.es["value"]]
visual_style['vertex_color'] = 'white'
visual_style['vertex_size'] = 30
visual_style['edge_arrow_size'] = 1
plot(g, bbox=(1200, 1200), inline=True, **visual_style)
```

■ リスト 7-3　Les Miserables 人物共起データの重み分布を表示するプログラム

```
%matplotlib inline
import matplotlib.pyplot as plt
from igraph import *
visual_style = {}
g = Graph.Read_GML('lesmis/lesmis.gml')
print(list(sorted(g.es['value'])))
plt.hist(g.es['value'], bins=31, rwidth=0.5)
plt.title('Les Miserables共起データの重み分布')
plt.xlabel('重み')
plt.ylabel('出現頻度')
plt.show()
```

7.2.1　経路長・最短経路

グラフ上の頂点 A から B へ、辺をたどって行き着く経路を考えます。経路の長さ（**経路長**）は、重みなしのグラフでは経路上の辺の数（要するにステップ数）、重み付きのグ

ラフであれば辺の重みの和をとります。同じ A から B までの経路が複数ある場合、長さが最短になる経路を**最短経路**と呼び、最短経路の経路長を AB 間の**最短距離**、もしくは最短を略して**距離**と呼びます。

最短距離に関する話題は、1 つは 2 点間の最短経路の求め方（計算アルゴリズム）、もう 1 つはグラフ全体の最短距離の分布です。最短経路は、一般にはすべての経路から最短のものを探索して求めることになるのですが、総当たりをすると計算の手間が非常に多くなる（経路の数が組み合わせ的に大きくなる）ので、手間を減らす方法が考えられてきました。重みなしのグラフでは単純な幅優先探索がよく、重み付きのグラフではダイクストラ法[*9]やその改良版がよいといわれています。アルゴリズムの詳細については、グラフ理論の教科書を参照してください。

最短経路は、身近な例では電車の乗り換え経路探索やカーナビの経路探索など、広く使われています。ここでは探索目的ではなくて、ネットワーク全体の持つ性質の 1 つとして、最短経路長の分布を見てみます。

igraph では、2 点間の最短距離を求めるメソッド shortest_paths_dijkstra() や、最短距離になる経路自体を返すメソッド get_shortest_paths() が用意されています。計算法は重みのあり・なしで、幅優先探索とダイクストラ法を自動的に選択してくれます。

また、重みなしの経路長をベースにした平均経路長を average_path_length() によって、（すべての 2 点間の）経路長の分布（ヒストグラム）を path_length_hist() によって、またグラフの最大頂点間距離（**直径**）を diameter によって、それぞれ求めることができます。残念ながら、これらのメソッドは、重み付き経路の最短経路長には対応しておらず、shortest_paths_dijkstra() によってすべての経路の経路長を求めたうえで、平均値や経路長の分布、最大値を求める必要があります。

さっそく、Les Miserables の登場人物共起関係の例に対して、これらを計算してみることにしましょう。最初に**リスト 7-4** で、重みなしでの平均経路長、経路長分布、直径を求めてみます。

■ リスト 7-4　重みなしグラフの最短経路長の計算

```
from igraph import *
g = Graph.Read_GML('lesmis/lesmis.gml')   # ファイルの読み込み
print('average path length:', g.average_path_length())   # 平均経路長
print('path length histgram:', g.path_length_hist())     # 経路長分布
print('diameter:', g.diameter())
```

結果は以下のとおりです。

---

*9　Dijkstra, E.W., "A note on two problems in connexion with graphs." (1959)
http://www-m3.ma.tum.de/twiki/pub/MN0506/WebHome/dijkstra.pdf

7.2 基礎的な指標 〜 経路長・次数・推移性・構造

```
average path length: 2.6411483253588517
path length histgram: N = 2926, mean +- sd: 2.6411 +- 0.8556
Each * represents 19 items
[1, 2): ************* (254)
[2, 3): ***************************************************** (995)
[3, 4): ****************************************************************** (1251)
[4, 5): ********************* (399)
[5, 6): * (27)
diameter: 5
```

　平均経路長（重みなしのため、頂点間の辺の数を数える）は2.64、経路長の分布は2〜3と3〜4の区分が多く、全経路数2,926本のうち2,246本、77%がこの2区分に入っています。また直径（最大頂点間距）は5で、長さ5の経路は、分布から27か所あることがわかります。

　では次に、重み付きで最短経路を求めてみます。重み付きのグラフデータは、igraphでは辺の weight プロパティを書き込むことによって作ることができます。元の lesmis.gms データには weight プロパティがなく、代わりに value プロパティとして書かれていますが、python-igraph では名前が value では重み付きとみなさないので、g.es['weight'] = g.es['value'] としてコピーします。そのうえですべての頂点間の経路長は、

```
g.shortest_paths_dijkstra(weights='weight')
```

として計算できます。この結果をもとにして pandas の DataFrame に作り、そのなかで最大値や頻度分布を計算してみます。全体のプログラムを、**リスト7-5**に示します。

■ リスト7-5　重み付きグラフの最短経路長の計算

```
%matplotlib inline
import pandas as pd
import numpy as np
import matplotlib.pyplot as plt
from igraph import *
g = Graph.Read_GML('lesmis/lesmis.gml')

g.es['weight'] = g.es['value']   # 辺の重みを元データのvalueにする。weightは重み
    # weightプロパティに値を入れることによって、重み付きグラフになる
print('重み付きグラフか?', g.is_weighted())
df = pd.DataFrame(g.shortest_paths_dijkstra(weights='weight'), \
    columns=g.vs['label'], index=g.vs['label'])
print(df)
print('diameter:', df.max().max())   # dfの最大値を列ごとの最大値の行ごとの最大値で求める
# 列ごとのカウントを足し合わせる
dfp = df.astype(int).apply(pd.value_counts).replace(np.nan, 0).sum(axis=1) / 2
print(dfp)
dfp[1:].plot.bar()   # 長さ0の項を除くため1から始める
```

```
plt.title('登場人物間の重み付き距離の頻度分布')
plt.xlabel('重み付き距離')
plt.ylabel('頻度')
plt.show()
```

　DataFrame df は、g.shortest_paths_dijkstra(weights='weight') で得られたすべての最短経路長の 2 次元リストを DataFrame に変換したもので、列名と行名を、元データの頂点名リスト g.vs['label'] に置き換えています。その結果の左上の一部分を示すと、

	Myriel	Napoleon	MlleBaptistine	MmeMagloire	CountessDeLo
Myriel	0.0	1.0	8.0	8.0	1.0
Napoleon	1.0	0.0	9.0	9.0	2.0
MlleBaptistine	8.0	9.0	0.0	6.0	9.0
MmeMagloire	8.0	9.0	6.0	0.0	9.0
CountessDeLo	1.0	2.0	9.0	9.0	0.0

のようになっています。また、この行列の要素の最大値（直径）は df.max().max()、つまり df の列内の最大値を並べた 1 次元シリーズの最大値として計算でき、結果は 14 になりました。

　距離の頻度分布は、やや面倒な処理をしています。pd.value_counts を列ごとに apply して値の出現回数を数えたものを、sum() で合計するのですが、value_counts の結果が経路なしのために NaN になっている場所があるので、replace(np.nan, 0) によって 0 に置き換えたうえで、合計を計算します。このとき、df.apply(pd.value_counts) の結果は対称行列で、両方向に 1 回ずつカウントしているので、全体を 2 で割っておきます。結果は

登場人物間の距離	1	2	3	4	5	6	7	8	9	10	11	12	13	14
頻度	97	363	546	592	331	297	203	192	188	52	18.0	23	21	3

となり、長さ 3～4 が最も多く、2～6 ぐらいに広がっていることがわかります。これが、人と人との距離（正確には同一チャプターに共起する回数）の分布です。グラフを**図 7-4**に掲載します。

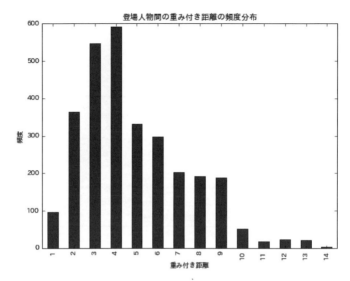

■ 図 7-4 　Les Miserables の登場人物間の重み付き距離分布

7.2.2 　次数

　グラフの頂点に集まる辺の数を、その頂点の**次数**と呼びます。有向グラフの場合は「入り」と「出」を区別します。一般に次数が大きいと、その頂点は周りとの関係が緊密であると考えられます。次数は、igraph では g.degree() で求められます。g.degree('Babet') のように頂点の名前を指定すれば、個別の頂点の次数がわかりますし、すべての頂点の次数のリストは g.degree() で得られます。次数の分布や最大値なども、この結果から容易にわかります。

　リスト 7-6 は、Les Miserables の人物関係グラフの次数を計算するものです。

■ リスト 7-6 　次数の計算

```
%matplotlib inline
import pandas as pd
import numpy as np
import matplotlib.pyplot as plt
from igraph import *
g = Graph.Read_GML('lesmis/lesmis.gml')    # ファイルの読み込み

g.vs['name'] = g.vs['label']    # labelプロパティをnameプロパティに移す
print('degree: ', g.degree('Babet'))
dfd = pd.Series(g.degree())
print('degree max:', dfd.max())
dfc = dfd.value_counts()
print('degree histogram:\n', dfc)
```

```
dfc.plot.bar()
plt.title('次数の頻度分布')
plt.xlabel('次数')
plt.ylabel('頻度')
plt.show()
```

結果は、

```
degree: 10
degree max: 36
```

となり、頻度分布は**図 7-5** のようになりました。

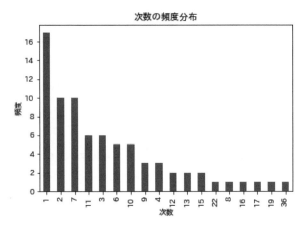

■ 図 7-5　Les Miserables の登場人物間関係グラフの頂点次数分布

7.2.3　密度

　グラフの**密度**（density）は、グラフの頂点間に張られた辺の密度を示す値で、グラフ上で張ることのできるすべての辺に対する、実際の辺の数の比率です。ループ（同一頂点間の辺）や多重辺（同一始点かつ同一終点で複数の辺が張られている場合）を含まない場合を単純グラフと呼びますが、その単純グラフでかつ無向グラフの場合には、頂点数を n とすると、すべての頂点を結ぶ辺の数は $n(n-1)/2$（n 個の頂点から 2 つの異なる頂点を選ぶ組み合わせの数）になるので、密度はこれに対する実際に張られている辺の数 m の比率、つまり

$$den = \frac{m}{n(n-1)/2} = \frac{2m}{n(n-1)}$$

となります。密度は、すべての頂点間に辺があるグラフ（完全グラフと呼ぶ）の場合には1になり、まったく辺がないグラフ（空グラフ）の場合には0になります。

上記のLes Miserablesの人物間のグラフの密度を

```
print(g.density())
```

によって計算してみると、

```
density:  0.08680792891319207
```

が得られました。一般にはグラフはかなり疎な場合が多く、この式で計算される密度は、それほど大きな値にはならないことが多いようです。

7.2.4　推移性

推移性（transitivity）とは一般に、$A \to B$ かつ $B \to C$ のときに $A \to C$ も成り立っているような状況をいいます。グラフでは、A, B, C が頂点で、$\to$ が辺に当たります。無向グラフでは矢印の向きには意味がないので、頂点 A と B、B と C がつながっていれば A と C がつながっているような場合を指します。ネットワークの構造的指標として、すべての2つの隣接する辺について、「どれだけの割合でこのような推移的な関係があるか」「どれだけ A と C を直接つなぐ辺があるか」の比率を考え、**推移性**と呼んでいます。

Les Miserablesの人物関係のグラフの推移性は、

```
print(g.transitivity_undirected())
```

によって計算することができます。この人物間の関係は向きを持っておらず、無向グラフです。ここでの推移性は単純に、「友達の友達は友達」という関係が成り立つかどうか、成り立つ場合の割合を計算したことになります。結果は

```
transitivity 0.49893162393162394
```

となり、「ちょうど半分の隣接辺ペアについて、推移性が成り立っている」という結果が得られました。

7.3 中心性とネットワーク構造

7.3.1 中心性

関係を表すネットワークのなかで、どの頂点が中心的であるか、つまり他の頂点との結びつきが強いかは、ネットワーク内での頂点の重要性、果たす役割や影響の大きさを表す指標になります[*10]。

いくつかの例を考えてみます。各地点を頂点とし、経路を辺とする交通のネットワークで中心性を考えると、人々が最も集まるところや、経由するところが中心になると考えられます。人と人の関係性を辺とする社会ネットワークでは、そのなかで中心となる人を抽出することができます。Web ページ間での参照リンクを辺とするネットワークでの中心性は、そのページの重要性を示す指標になるでしょう。当然ながら、辺の数や重みが表すものによって意味する中心性が異なるのと同時に、これから紹介するいろいろな中心性の取り方・中心性指標の算出方法によっても意味する中心性が変わります。分析は、用いるデータ・算出方法と、結果の解釈との妥当性を、深く吟味する必要があります。

頂点の中心性を評価する指標はいくつかありますが、ここではいくつかの指標について考え方と計算結果を比較してみます。

離心中心性と近接中心性

頂点間の距離を使った中心性は、他の頂点との距離が小さい頂点ほど、より中心的であるという考え方に基づいています。他の頂点との距離の決め方はいくつか考えられますが、ここで取り上げる**離心中心性**（eccentricity centrality）は他の頂点との距離の最大値をとる決め方で、**近接中心性**（closeness centrality）は他の頂点との距離の合計を用いる決め方です。

それぞれの頂点について、そこから最も遠い頂点までの距離を**離心数**（eccentricity）と呼び、離心数の逆数を離心中心性と定義します。その頂点が、他の頂点までの距離がどれだけ近いかを評価するのですが、そのときに「自分から最も遠い頂点までの距離がいくつか」で評価しようというわけです。ただし、近いほど数値を大きくするために、逆数をとっています。自分から到達するのに経路の都合で非常に遠い点があると、この離心中心性は悪くなりますし、他の頂点がすべてある程度の近さにあって特に外れて遠い点がなければ、離心中心性は良くなります。

ネットワークの形や中心性を離心数によって見るとすると、ネットワーク内の離心数の最大値、つまりすべての頂点間の距離の最大値をネットワークの**直径**（diameter）と呼

[*10] 中心性の分析には、ネットワーク全体を見渡したときの集中度合い・中心化傾向（どの程度ある領域に集まっているか・全体が平坦であるか）の分析もありますが、ここでは個々の頂点についての中心性（点中心性）を議論します。

び、ネットワークの大きさを示す指標になります。直径と等しい離心数を持つ頂点（の集合）を**周辺**と呼びます。また、ネットワーク内の離心数の最小値をネットワークの**半径**（radius）と呼び、半径と等しい離心数を持つ頂点（の集合）をネットワークの**中心**と呼びます。離心数は距離の最大値なので、値が小さいほど近寄っている・中心に近いということになります。中心性の指標としては、これの逆数をとります。頂点 i と j の間の距離を d_{ij} とすると、頂点 i の離心中心性 $C_e(i)$ は

$$C_e(i) = \frac{1}{max_j(d_{ij})}$$

となります。

次のような隣接行列を持つネットワークを考えます。

```
0 1 0 1 0 0
0 0 0 0 1 1
0 1 0 0 0 1
1 0 1 0 0 0
0 1 0 0 0 0
0 0 0 1 1 0
```

このとき、ネットワークは**図 7-6** のようになっています。

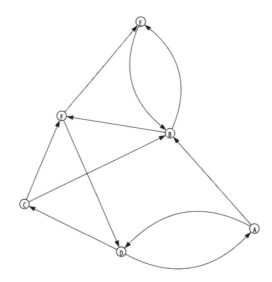

■ 図 7-6　サンプルネットワーク

このネットワークの頂点間の最短距離は、

```
  A B C D E F
A 0 1 2 1 2 2
B 3 0 3 2 1 1
C 3 1 0 2 2 1
D 1 2 1 0 3 2
E 4 1 4 3 0 2
F 2 2 2 1 1 0
```

のようになります。この最短距離は、igraph を用いた次のプログラムで作成したものです。

```
from igraph import *
import pandas as pd
import numpy as np

x =\
[[0, 1, 0, 1, 0, 0],
 [0, 0, 0, 0, 1, 1],
 [0, 1, 0, 0, 0, 1],
 [1, 0, 1, 0, 0, 0],
 [0, 1, 0, 0, 0, 0],
 [0, 0, 0, 1, 1, 0]]
g = Graph.Adjacency(x)
g.vs['label'] = ['A', 'B', 'C', 'D', 'E', 'F']
print("shortest_path_dijkstra\n", pd.DataFrame(g.shortest_paths_dijkstra(), \
    index=['A', 'B', 'C', 'D', 'E', 'F'], columns=['A', 'B', 'C', 'D', 'E', 'F']))
```

この表を始点頂点ごと、つまり行ごとに見たとき、その中の最大値の逆数が離心数になります。たとえば頂点 A の行（第 1 行目）では、C・E・F が最大値の 2 なので、離心数は $1/2 = 0.5$ になります。同様に、頂点 F も最大値が 2 で離心数は 0.5 になります。頂点 B・C・D は最大値が 3 で離心数が 0.3333 となり、頂点 E は最大値が 4 で離心数が 0.25 になります。

```
('A', 0.5), ('F', 0.5), ('B', 0.3333), ('C', 0.3333), ('D', 0.3333), ('E', 0.25)
```

というわけで、頂点 A と F が、他の頂点までの距離が短いという意味での離心中心になっています。

もう 1 つの考え方は、最短距離の合計を比較する方法で、**近接中心性**と呼ばれます。それぞれの頂点について、その頂点から他の頂点までの距離の合計を求めます。

$$C_c(i) = \frac{1}{\sum_{j=1}^{n} d_{ij}}$$

7.3 中心性とネットワーク構造

最短距離の表の、行ごと（始点ごと）の他頂点までの距離を合計すると、

```
A    8
B    10
C    9
D    9
E    14
F    8
```

になるので、その逆数をとると、

```
('A', 0.125), ('F', 0.125), ('C', 0.1111), ('D', 0.1111), ('B', 0.1), ('E', 0.0714)
```

のようになります。この近接中心性は、他の頂点までの距離の和なので、格段に遠い点や格段に近い点の存在はあまり影響しなくなります。その代わり、含まれる頂点の数で値が異なってくる（頂点数が増えるほど距離の和が大きくなり、中心性の値は小さくなる）ので、頂点数の異なるグラフを比較するときに問題になります。そのため、距離を $(n-1)$ で割る、つまり中心性の数値上では $(n-1)$ を掛けて標準化し、0から1の値をとるようにします。

$$C_{cn}(i) = \frac{n-1}{\sum_{j=1}^{n} d_{ij}}$$

この例では $n-1=5$ なので、標準化した近接中心性は、

```
('A', 0.625), ('F', 0.625), ('C', 0.5555), ('D', 0.5555), ('B', 0.5), ('E', 0.3571)
```

のようになります。プログラムはグラフ g に対して

```
print("closeness", g.closeness(mode=OUT, normalized=True))
```

とすれば計算できますが、大きさの順にソートするためには、

```
print("closeness", sorted( zip(g.vs['label'], \
    list(g.closeness(mode=OUT, normalized=False))), key=lambda x: x[1], \
    reverse=True)[:30])
print("normalized closeness", sorted( zip(g.vs['label'], \
    list(g.closeness(mode=OUT, normalized=True))), key=lambda x: x[1], \
    reverse=True)[:30])
```

のようにすればできます。

これらの2つの距離による離心中心性と近接中心性は、その定義の違いから、用途・目的が異なってきます。それぞれの頂点から中心までの毎回の経路長が問題になる場合、たとえば行き着く時間を最小にしたいという要求があるときは、離心中心性によって比べればよく、いろいろな頂点へ到達する活動があって、それの和が問題になるときは、近接中心性での比較が適していることになります。ここにあげたネットワークの例では、両者は値は異なりますが、順序は似たようなものになりました。

次数中心性

次数中心性（degree centrality）は、各頂点の次数（頂点に接続している辺の数）を指標にした中心性です。つまり、他の頂点とより多くつながっている・関係している頂点が、中心性が高いという考え方です。隣接行列 $A = (a_{ij})$ を持つネットワークの頂点 i の次数中心性は、

$$C_d(i) = \sum_{j=1}^{n} a_{ij}$$

となります。ただし、この和の式は頂点から出ていく辺の数（出次数、outdegree）の和で、無向グラフの場合は逆方向も同じですが、有向グラフの場合は各頂点に入ってくる辺の数（入次数、indegree）の和

$$C_{di}(i) = \sum_{j=1}^{n} a_{ji}$$

とは異なってきます。

次数中心性の値も、頂点数が増えると変わる（大きくなる）ので、最大可能な次数 $(n-1)$ で割って標準化します。

$$C_d(i) = \frac{\sum_{j=1}^{n} a_{ij}}{n-1}$$

グラフ g に対する次数中心性は、上記の式に基づいて

```
print("degree centrality", sorted( zip(g.vs['label'], \
    [u / (len(g.degree()) - 1) for u in list(g.degree())]), key=lambda x: x[1], \
    reverse=True)[:30])
```

とすれば計算できます。

次数中心性は他の頂点とのコネクションの多さを示す指数ですが、ネットワークの距離

構造的な中心であるかどうかは、必ずしも表していません。たとえば**図7-7**のように末端が細かく分かれているようなネットワークであると、細かく分かれている頂点がネットワークの端のほうであっても、次数中心性の値が大きくなります。実際、図7-7のネットワークが無向グラフで辺の重みがすべて1だとすると、離心性の値は**表7-1**のようになり、距離を基準とした離心中心性・近接中心性と比べてみると、離心中心性では頂点C、D周辺が、近接中心性ではD、E周辺が中心であるのに比べ、接続辺数を基準とした次数中心性では、辺が集まっている頂点Eが単独で中心になっています。このネットワークをプログラムすると、

```
x =\
[[0, 1, 0, 0, 0, 0, 0, 0, 0],
 [1, 0, 1, 0, 0, 0, 0, 0, 0],
 [0, 1, 0, 1, 0, 0, 0, 0, 0],
 [0, 0, 1, 0, 1, 0, 0, 0, 0],
 [0, 0, 0, 1, 0, 1, 1, 1, 1],
 [0, 0, 0, 0, 1, 0, 0, 0, 0],
 [0, 0, 0, 0, 1, 0, 0, 0, 0],
 [0, 0, 0, 0, 1, 0, 0, 0, 0],
 [0, 0, 0, 0, 1, 0, 0, 0, 0]]
g = Graph.Adjacency(x)
g.vs['label'] = ['A', 'B', 'C', 'D', 'E', 'F', 'G', 'H', 'I']
```

のようになります。

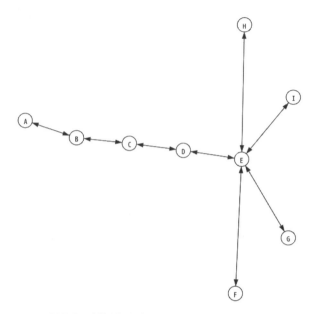

■ 図 7-7　末端が細かく分かれているネットワークの例

	A	B	C	D	E	F	G	H	I
離心中心性	0.2	0.25	0.33	0.33	0.25	0.2	0.2	0.2	0.2
近接中心性	0.27	0.35	0.44	0.53	0.57	0.38	0.38	0.38	0.38
次数中心性	0.13	0.25	0.25	0.25	0.63	0.13	0.13	0.13	0.13

■ 表 7-1　図 7-7 のネットワークの中心性指標

固有ベクトル中心性

固有ベクトル中心性（eigenvector centrality）は、頂点の次数を利用するのですが、それだけでなく、隣接頂点の重要性も加味した中心性です。つまり、「周囲の頂点の中心性（重要度）が高いほど、自分の中心性も高くなる」という考え方です。具体的には、他の頂点 j の中心性が c_j で与えられているとすると、自頂点とその頂点との接続性、つまり隣接行列の要素 a_{ij} との積 $a_{ij}c_j$ の総和に係数 $1/\lambda$ を掛けたもの

$$c_i = \frac{1}{\lambda} \sum_{j=1}^{n} a_{ij} c_j$$

を、自頂点の中心性 c_i とします。(c_i) をベクトル $\mathbf{c}$、(a_{ij}) を行列 A で表すと、

7.3 中心性とネットワーク構造

$$c = \frac{1}{\lambda} Ac$$

つまり

$$\lambda c = Ac$$

で、λ、c はそれぞれ行列 A の固有値、固有ベクトルになっています。この固有ベクトルを中心性とみなせばよいのですが、固有値・固有ベクトルは複数存在するので、絶対値が最大である固有値 λ に対応する固有ベクトルを、固有ベクトル中心性とします。

固有ベクトル中心性は、igraph では関数 evcent() で求めることができます。図 7-6 で見たネットワークについて計算すると、

```
print("eigenvalue-based centrality", list(g.evcent()))
```

とすれば

```
A: 0.368, B: 0.988, C: 0.368, D: 0.648, E: 1.0, F: 0.772
```

となり、頂点 E が中心で、それに次いで B という形になり、E と B はほとんど変わらないという結果になりました。同様に、図 7-7 の偏ったネットワークでは

```
A: 0.075, B: 0.173, C: 0.323, D: 0.574, E: 1.0, F: 0.433, G: 0.433, H; 0.433,
I: 0.433
```

となり、やはり E が中心で、次いで D、後は F・G・H・I が同値で続くという結果です。D と F・G・H・I が E とは同じような立場なのに、D が少し高いのは、D が別途 C・B・A とのつながりを持つからです。

固有ベクトル中心性は、隣接する頂点からの影響がネットワーク全体に伝わったときの解を求めることになるので、つながっている遠い頂点からの影響も加味したことになります。その意味では、ネットワークの構造を反映していることになります。他方で、ネットワークに到達できない頂点がある場合（無向グラフで非連結なサブグラフに分かれている場合、有向グラフで強連結でない場合）では、固有ベクトルをうまく計算できないことがあるので、特に有向グラフでの分析には気をつけて使う必要があります。

PageRank

PageRank 中心性指標は、Web 上のページの参照関係による重要性評価を目的として考えられた指標で、次数中心性や固有ベクトル中心性から次の 2 つの点を改善したといえます。まず、ページの参照関係を評価する場合、重要なページとの間の参照関係は、自頂

点の重要度を向上させます。これは、固有ベクトル中心性と同じ考え方です。これに加えて、他のページへのリンク数（つまり、自頂点からの出次数）が少ないほど、厳選されていると考えて、重要度を高く評価します。このために、各頂点の出次数の逆数をとることにし、接続行列の各要素を出次数で割った値で推移確率行列 M を作って、次数行列の代わりに使います。ただし、出次数が 0 の場合は、その頂点にとどまるということにして、接続行列の該当行（行内の要素の和が 0 である行）の対角要素をあらかじめ 1 に書き換えてから、上記の割り算を行います。

もう 1 つの変更点は、推移確率行列の成分が 0 の場合に、固有ベクトルが計算できない問題が起こるので、成分をまったく 0 とする代わりに $1/n$（n は頂点数）に置き換えます。「参照がないといっても、少しはあるだろう」という考えが背景にあるようです。この置き換えの影響を c 倍（c はダンピングファクターと呼ばれる）して、取り込みます。つまり、元の推移確率行列を M とすると、

$$M_{mod} = c \cdot M + (1-c) \cdot \begin{bmatrix} \frac{1}{n} \end{bmatrix}$$

のようにします。ただし、

$$\begin{bmatrix} \frac{1}{n} \end{bmatrix}$$

はすべての要素が

$$\frac{1}{n}$$

の $n \times n$ 行列とします。言い換えると、M の要素は c 倍され、$1/n$ がすべての要素に均等に $(1-c)$ 倍して加えられることになります。c の値として 0.85 が使われています。

プログラムは

```
print("PageRank", g.pagerank())
```

のように、igraph では pagerank() を呼び出すだけです。図 7-6 の有向グラフの場合で、固有ベクトル中心性と比較すると、

	A	B	C	D	E	F
固有ベクトル中心性	0.368	0.988	0.368	0.648	1.0	0.771
PageRank	0.084	0.287	0.084	0.138	0.225	0.183

のようになり、固有ベクトル中心性では B と E の差がわずかであったのに対し、PageRank

ではBのほうがある程度高くなっています。これは、Bの入次数3が、Eの入次数2よりも大きいことが影響しています。入次数が同じ2であるD、E、Fの場合は、Bと関係を持たないDがかなり低い値になっています。

媒介中心性

媒介中心性（betweenness centrality）は、経路の通り具合、経由性を指標にした中心性です。媒介中心性は、ネットワーク上の頂点間の最短経路が、その頂点をどれだけ通るかを評価します。多くの最短経路が通過する頂点は、交通で見ればそこが要衝になっていることになりますし、情報で見ればその頂点にいる人は多くの情報をいち早く知ることができることになります。

頂点iの媒介中心性$C_{bet}(i)$は、頂点iから頂点jまでの最短経路の数をg_{jk}と書くことにすると、定義から

$$C_{bet}(i) = \sum_{i \neq j \neq k} \frac{g_{jk}(i)}{g_{jk}}$$

と書くことができます。ただし、$g_{jk}(i)$は、g_{jk}のうち頂点iを通る経路の数とします。最短経路は7.2節で見たとおり、基本的に幅優先探索を用いて計算し、求めた最短経路の中からiを通るものを数えることになります。なお、最短経路数はネットワークの頂点数に従って大きくなるので、ネットワーク間で比較するために、可能なすべての経路数で割って標準化します。具体的には、n個の頂点があるとき、そのなかの任意の2つを結ぶすべての経路の数は$(n-1)(n-2)/2$になるので、これで割って標準化します。igraphでは、betweenness() 関数によって求めることができます。

```
print("betweenness", g.betweenness())
```

図7-6で見たネットワークについて計算すると、

```
A: 0.833, B: 7.167, C: 2.167, D: 8.0, E: 1.0, F: 8.833
```

となり、頂点Fが非常に高く、次いでD、Bという形になり、他の中心性では高かったEが非常に低い値になりました。媒介という観点で見ると、Eを通るのはFからの辺をたどってきたときだけですが、FはDへ向けた辺も持っていて、ほとんどの場合はこちらが近くなるということだと思われます。また図7-7の偏ったネットワークでは、

```
A: 0.0, B: 14.0, C: 24.0, D: 30.0, E: 44.0, F: 0.0, G; 0.0, H; 0.0, I: 0.0
```

となり、やはりEが中心で、次いでD、C、Bと順番に減っていきます。末端のAとF・

第7章　ネットワークの解析

G・H・I はいずれも仲介しないので、0.0 となっています。

7.3 節のプログラム断片を集めた全体を、**リスト 7-7** に掲載しておきます。

■ リスト 7-7　中心性の計算プログラム

```
%matplotlib inline
from igraph import *
import urllib.request
import pandas as pd
import numpy as np
x =\
[[0, 1, 0, 1, 0, 0],
 [0, 0, 0, 0, 1, 1],
 [0, 1, 0, 0, 0, 1],
 [1, 0, 1, 0, 0, 0],
 [0, 1, 0, 0, 0, 0],
 [0, 0, 0, 1, 1, 0]]
g = Graph.Adjacency(x)
g.vs['label'] = ['A', 'B', 'C', 'D', 'E', 'F']
# 経路長
print("shortest_path_dijkstra\n", pd.DataFrame(g.shortest_paths_dijkstra(), \
        index=['A', 'B', 'C', 'D', 'E', 'F'], columns=['A', 'B', 'C', 'D', 'E', 'F']))

# 離心中心性
df2 = pd.DataFrame(g.shortest_paths_dijkstra(), columns=g.vs['label'], \
    index=g.vs['label']).replace(np.inf, np.nan)
print(df2)
print("eccentricity centrality", sorted( zip(g.vs['label'], \
    [1 / u for u in list(g.eccentricity())]), key=lambda x: x[1], \
    reverse=True)[:30])
# 近接中心性
print("closeness", sorted( zip(g.vs['label'], \
    list(g.closeness(mode=OUT, normalized=False))), key=lambda x: x[1], \
    reverse=True)[:30])
print("normalized closeness", sorted( zip(g.vs['label'], \
    list(g.closeness(mode=OUT, normalized=True))), key=lambda x: x[1], \
    reverse=True)[:30])
# 次数中心性
print("degree centrality", sorted( zip(g.vs['label'], \
    [u / (len(g.degree()) - 1) for u in list(g.degree())]), key=lambda x: x[1], \
    reverse=True)[:30])
# 固有ベクトル中心性
print("eigenvalue-based centrality", sorted( zip(g.vs['label'], \
    list(g.evcent())), key=lambda x: x[1], reverse=True)[:30])
# ページランク中心性
print("PageRank", g.pagerank())
# 媒介中心性
print("betweenness", sorted( zip(g.vs['label'], list(g.betweenness())), \
    key=lambda x: x[1], reverse=True)[:30])
```

7.3.2 グループの分析

ここでは、ネットワークのなかでつながりが密で、かたまりを成している頂点の集団（部分グラフ、サブグループ）を見つけることを考えます。関係の強さを指標としたクラスタリングと見ることもできるでしょう。つながりが多いサブグループの判定として、クリークとコミュニティを取り上げます。

クリーク（clique）は、グラフ内部で密度が1、つまり、張ることのできるすべての辺の数に対する、実際に張られている辺の数の比率が1であるような部分グラフです。言い換えると、そのクリークに含まれるすべての頂点の間に辺がある部分グラフ（のうち極大のもの）です。クリーク内の頂点はすべて相互に隣接していて、さらに、クリーク内のすべての頂点と隣接している頂点は、クリーク外部に存在しません。クリーク内の頂点がすべてお互いにつながり合っているので、密なかたまりということになります。

igraphでは、クリークのうち、これ以上頂点を追加できないクリーク（maximal_cliques）や、そのなかで大きさ（頂点の数）が最大のクリーク（largest_cliques）を抽出することができます。図7-6は有向グラフですが、無向グラフに変換してクリークを抽出すると、頂点数2（辺が1つだけ）のクリークはABとADだけであって、他の場合は第3の頂点があってそれが2つの頂点につながっています。たとえばDFは第3の頂点CがDにもFにもつながっていて、クリーク内のすべての頂点と隣接している頂点がクリーク外部に存在しない、という条件を満たしません。したがって、頂点数2のクリークは、ABとADだけということになります。また、頂点数3のクリークはBCF、BEF、CDFの3つがあります。いずれも、3頂点がすべて相互に隣接し、かつその3頂点のすべてと隣接するような外部の頂点はありません。igraphでは、最大クリークを関数 `maximal_cliques()` で求めることができます。

クリークが完全に結合された頂点の最大グループを選ぶのに対して、**コミュニティ**（community）は、完全な結合でなくてもよいので、グループ内の頂点間の辺が多くかつグループ間をつなぐ辺は少なくなるようなグループを選ぶ、との考え方による分割法です。そこで用いられる指標として、「グループ内のノード同士がつながるリンクの割合」から「リンクがランダムに配置された場合の期待値」を引いた値、下記のモジュラリティ（modularity）[*11] Q が用いられます。以下の計算では、無向かつ重みなしのネットワークで考えます。

ネットワークは隣接行列 A で表され、それを C 個のグループ $g_1, \cdots g_C$ に分けるとします。無向かつ重みなしなので、隣接行列 A はそれぞれの要素が0か1の対称行列になっています。したがって、頂点 v の次数は A の第 v 列の合計になり、ネットワーク中

[*11] Newman, M. E., Girvan, M., "Finding and evaluating community structure in networks", Phys. Rev. E69, 026113（2004）
Clauset, A., Newman, M. E. J., Moore, C., "Finding community structure in very large networks", Phys. Rev. E 70, 066111（2004）

のすべての辺の数 M は $(\sum A)/2$（2 で割るのは、無向なので A 上で 2 回カウントされるため）になっています。2 つのグループ g_i に属する頂点と g_j に属する頂点を結ぶ辺の数の合計の、すべての辺の数 M に対する割合 e_{ij} は、

$$e_{ij} = \frac{1}{2M} \sum_{r \in g_i} \sum_{s \in g_j} A_{rs}$$

で表されます。同じグループ g_i の頂点を結ぶ辺の数の全辺の数 M に占める割合は、e_{ii} になります。

他方、辺がランダムに配置されたときの e_{ij} の期待値を考えます。グループ g_i に属する頂点 r の次数 k_r は、隣接行列 A の r, s 要素の s に関する和

$$k_r = \sum_s A_{rs}$$

として表されますが、辺をランダムに配置したときに、頂点 r の出口線が k_r 本あるとすると、そのなかから選ばれる確率 a_i は、

$$a_i = \frac{1}{2M} \sum_{r \in g_i} k_r$$

で表されます。これらから、モジュラリティ Q、つまり「グループ内のノード同士がつながるリンクの割合」から「リンクがランダムに配置された場合の期待値」を引いた値を、

$$Q = \sum_i (e_{ii} - a_i^2)$$

と定義します。何かの手段で 1 つの分割が得られたときに、その分割をモジュラリティ Q によって評価することができます。もしその分割が、ランダムに辺が配置されたときと同程度なら、Q は 0 になります。

このモジュラリティ Q を最大にするようなコミュニティへの分割法を求めたいわけですが、最適になる解の探索は計算量が多いので、近似的な最適解を求める方法がいろいろと提案されています。Python の igraph で使える方法としては、次のようなものがあげられます[12]。

---

[12] python-igraph 0.7.1 のマニュアルより。http://igraph.org/python/doc/identifier-index.html

community_edge_betweenness

辺 e の媒介中心性（edge betweenness）は頂点の媒介中心性と同様に、ネットワーク内の各頂点間の最短経路が辺 e を通る数として定義されます。媒介中心性の大きい辺から順に 1 辺ずつ取り除き、2 つに分割することを考えます。これによって 2 つずつへの分割が繰り返されるので、樹形図が描けます。ネットワーク全体の分割は、この樹形図のあるレベルで横線を引いて分けた状況になりますが、その横線を引くレベルを、モジュラリティ Q が最大になるように選ぶことで、コミュニティ分割とします。

community_optimal_modularity

モジュラリティの最適化を、整数最適化パッケージを使って力で解くもの。マニュアルには、「100 頂点以上では動かないので、他のヒューリスティックなアプローチを使うように」と書かれています。

community_fastgreedy

Clauset, Newman, Moore による、貪欲な（greedy）最適化による方法。Clauset, A., Newman, M. E. J., Moore, C., "Finding community structure in very large networks", Phys Rev E 70, 066111（2004）. マニュアルには、「まばらなグラフの場合はほぼ線形時間で解ける」と書かれています。

community_leading_eigenvector

Newman の、モジュラリティ行列の固有ベクトルを用いた方法。MEJ Newman, "Finding community structure in networks using the eigenvectors of matrices", Phys. Rev. E 74, 036104（2006）.

community_label_propagation

Raghavan らの、ラベル伝搬法を用いた分割計算法。Raghavan, U.N. and Albert, R. and Kumara, S., "Near linear time algorithm to detect community structures in large-scale networks", Phys. Rev. E 76, 036106（2007）.

community_multilevel

Blondel らの、マルチレベル法を使った分割計算法。Blondel, V. D., Guillaume, J-L., Lambiotte, R., Lefebvre, E., "Fast unfolding of community hierarchies in large networks", J Stat Mech P10008（2008）.

community_infomap

Rosvall らによる、infomap 法によるコミュニティ抽出。Rosvall, M., Bergstrom, C. T., "Maps of random walks on complex networks reveal community structure", PNAS 105（4）1118-1123（2008）. M. Rosvall, D. Axelsson, and C.T. Bergstrom, "The map equation", Eur. Phys. J. Special Topics 178, 13-23（2009）.

community_spinglass

統計力学における、スピングラスの無限レンジモデルでのスピンのエネルギー最小化の考え方を援用して、コミュニティを検出する。Reichardt, J and Bornholdt, S.,

"Statistical mechanics of community detection", Phys. Rev. E 74, 016110（2006）. Traag VA and Bruggeman J., "Community detection in networks with positive and negative links", Phys. Rev. E 80:036115（2009）.

community_walktrap

ネットワークを、密に結合した部分グラフ（コミュニティに相当する）が疎に結合したものとみなせるとき、ランダムウォークが密な部分グラフにトラップされる、という考え方に基づいて、ランダムウォークの性質を使って頂点間やコミュニティ間の距離を定義し、その距離で分割・クラスタリングをするというものです。P. Pons, M. Latapy, "Computing communities in large networks using random walks", Journal of Graph Algorithms and Applications, 10（2） 191-218（2006）.

実際の Les Miserables のデータを使って、クリークとコミュニティの生成を試してみます。プログラムは**リスト 7-8** のとおりです。

■ リスト 7-8　Les Miserables の人物関係グラフのクリーク・コミュニティ分析

```
import pandas as pd
import numpy as np
import matplotlib.pyplot as plt
from igraph import *
g = Graph.Read_GML('lesmis/lesmis.gml')   # ファイルの読み込み

g.vs['name'] = g.vs['label']   # gmlファイルではlabelとなっているのでnameにコピー

print('---cliques---------------')
# print('cliques', g.cliques())   # すべてのクリークを表示したいとき
print('largest cliques', [ [g.vs['name'][v] for v in u] \
    for u in list(g.largest_cliques()) ] )   # 名前順でソート
print('maximal cliques', [ [g.vs['name'][v] for v in u] \
    for u in list(g.maximal_cliques()) ] )   # 名前順でソート

print('---community-------------')

print('===community edge betweenness===')
d = g.community_edge_betweenness()
print('community edge betweenness', d)
plot(g.community_edge_betweenness())
# print('format', d.format())   # 樹形図をリスト形式で出力

print('===community optimal modularity===')
plot(g.community_optimal_modularity())

print('===community fast greedy===')
print('community fast greedy', g.community_fastgreedy())
plot(g.community_fastgreedy())   # 樹形図をプロットする

print('===community leading eigenvector===')
```

```
plot(g.community_leading_eigenvector())

print('===community label propagation===')
plot(g.community_label_propagation())

print('===community multilevel===')
plot(g.community_multilevel())

print('===community info map===')
print('community info map', g.community_infomap())
plot(g.community_infomap())

print('===community spinglass===')
plot(g.community_spinglass())

print('===community walktrap===')
plot(g.community_walktrap())
```

クリークのリスティング出力は、以下のとおりです。

```
---cliques---------------------------
largest cliques [['Grantaire', 'Gavroche', 'Enjolras', 'Combeferre', 'Prouvaire',
'Feuilly', 'Courfeyrac', 'Bahorel', 'Bossuet', 'Joly'], ['Joly', 'Gavroche',
'Enjolras', 'Combeferre', 'Feuilly', 'Courfeyrac', 'Bahorel', 'Bossuet',
'Marius', 'Mabeuf']]

maximal cliques [['CountessDeLo', 'Myriel'], ['Boulatruelle', 'Thenardier'],
['Scaufflaire', 'Valjean'], ['MlleVaubois', 'MlleGillenormand'],
['Gribier', 'Fauchelevent'], ['MmeBurgon', 'Gavroche'], ['MmeBurgon', 'Jondrette'],
(中略)
['Javert', 'Valjean', 'Montparnasse', 'Babet', 'Gueulemer', 'Thenardier', 'Claquesous'],
['Thenardier', 'Valjean', 'Marius', 'Gavroche'],
['Valjean', 'Gavroche', 'Bossuet', 'Enjolras', 'Marius'],
['Bossuet', 'Gavroche', 'Joly', 'Bahorel', 'Courfeyrac', 'Feuilly', 'Combeferre',
'Enjolras', 'Marius', 'Mabeuf'],
['Bossuet', 'Gavroche', 'Joly', 'Bahorel', 'Courfeyrac', 'Feuilly', 'Combeferre',
'Enjolras', 'Grantaire', 'Prouvaire']]
```

また、コミュニティ部分の出力は、それぞれの計算手法に対して**図 7-8**〜**図 7-16**のようになりました。一部の手法は plot に対して樹形図を出力します。また、ネットワークの描画は、コミュニティを区別できるように頂点が色付けされていますが、本書では白黒印刷になっていて区別できないので、実際にプログラムを実行して色の区別を見てください。

第 7 章　ネットワークの解析

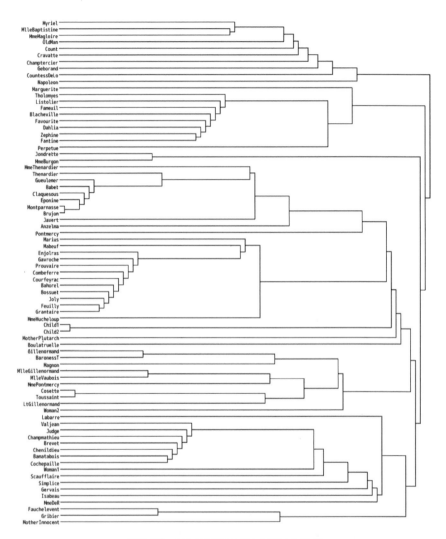

■ 図 7-8　community_edge_betweenness

7.3 中心性とネットワーク構造

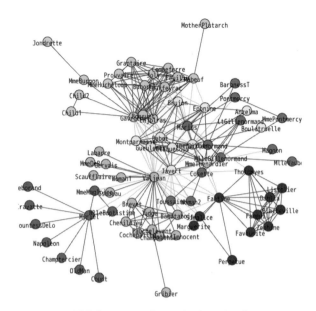

■ 図 7-9　community_optimal_modurality

第7章 ネットワークの解析

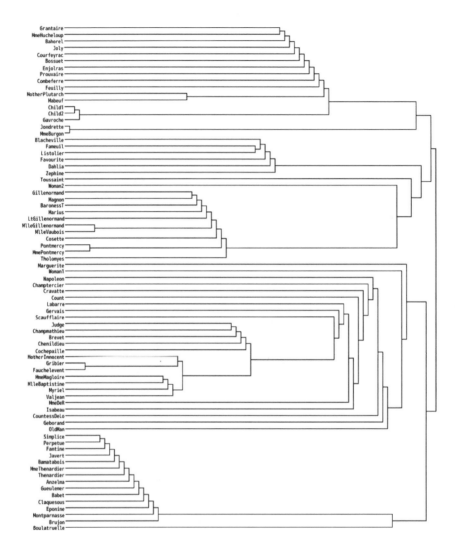

■ 図 7-10 community_fastgreedy

7.3 中心性とネットワーク構造

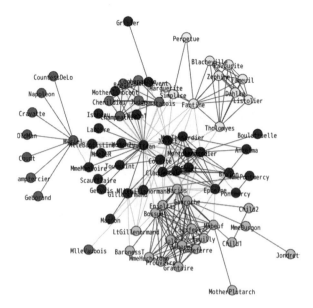

■ 図 7-11　community_leading_eigenvector

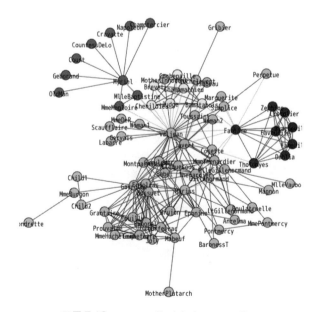

■ 図 7-12　community_label_propagation

第7章 ネットワークの解析

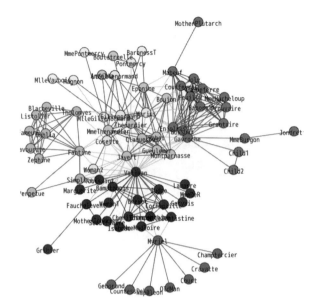

■ 図 7-13　community_multilevel

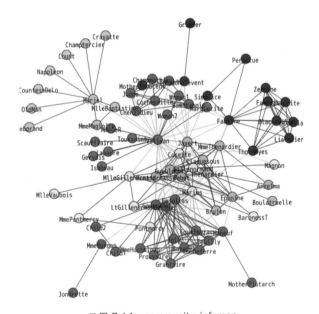

■ 図 7-14　community_infomap

256

7.3 中心性とネットワーク構造

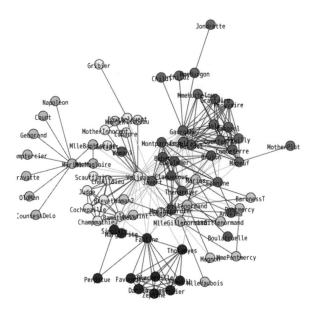

■ 図 7-15　community_spinglass

第7章 ネットワークの解析

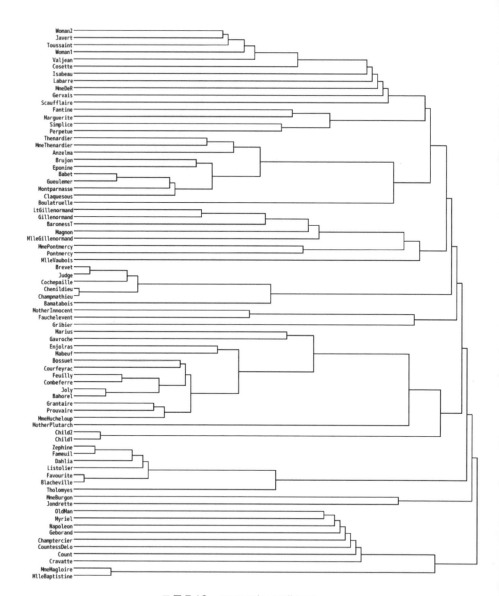

■ 図 7-16　community_walktrap

なお、infomap 法によって得られたクラスターのリスティングは、以下のとおりです。

```
[1] Labarre, Valjean, Marguerite, MmeDeR, Isabeau, Gervais, Javert,
    Fauchelevent, Scaufflaire, Woman1, Woman2, MotherInnocent, Gribier,
    Toussaint
[2] MmeThenardier, Thenardier, Boulatruelle, Eponine, Anzelma, Gueulemer,
    Babet, Claquesous, Montparnasse, Brujon
[3] Tholomyes, Listolier, Fameuil, Blacheville, Favourite, Dahlia, Zephine,
    Fantine, Perpetue, Simplice
[4] Cosette, Pontmercy, Gillenormand, Magnon, MlleGillenormand, MmePontmercy,
    MlleVaubois, LtGillenormand, Marius, BaronessT
[5] Myriel, Napoleon, MlleBaptistine, MmeMagloire, CountessDeLo, Geborand,
    Champtercier, Cravatte, Count, OldMan
[6] Bamatabois, Judge, Champmathieu, Brevet, Chenildieu, Cochepaille
[7] Jondrette, MmeBurgon
```

索引

A

acf（statsmodels.api.stattools）............ 204
Adjacency（igraph.Graph）................ 225
AIC（Akaike's Information Criterion）.... 86
apriori（mlxtend.frequent_patterns）..... 189
ARIMA モデル................................. 208
arma_order_select_ic
　（statsmodels.api.tsa）...................... 214
ARMA モデル........................... 208, 209
AR モデル....................................... 208
association_rules
　（mlxtend.frequent_patterns）............ 189
average_path_length（igraph.Graph）... 230

B

betweenness（igraph.Graph）.............. 245
BIC（Bayesian Information Criterion）...86

C

CART 167
closeness（igraph.Graph）.................. 239
community_edge_betweenness
　（igraph.Graph）............................. 249
community_fastgreedy
　（igraph.Graph）............................. 249
community_infomap（igraph.Graph）... 249
community_label_propagation
　（igraph.Graph）............................. 249
community_leading_eigenvector
　（igraph.Graph）............................. 249
community_multilevel....................... 249
community_optimal_modularity
　（igraph.Graph）............................. 249
community_spinglass（igraph.Graph）.. 249
community_walktrap（igraph.Graph）... 250

Confidence（信頼度）....................... 179
Conviction（確信度）....................... 179
corrcoef...72
CSV（Comma Separated Values）..........49

D

DataFrame..37
DecisionTreeClassifier（sklearn.tree）... 169
degree（igraph.Graph）..................... 233
dendrogram（scipy.cluster.hierarchy）... 146
density（igraph.Graph）..................... 235

E

EM アルゴリズム............................... 153
enumerate 21
es（igraph.Graph）........................... 225
evcent（igraph.Graph）..................... 243

F

factor_analyzier（パッケージ）........... 121
fcluster（scipy.cluster.hierarchy）......... 147
fillna...66
for..15
forecast（statsmodels.tsa.statespace.
　sarimax.SARIMAX）..................... 215

G

GaussianMixture（sklearn.mixture）..... 155
get_shortest_paths（igraph.Graph）...... 230
GML 228
Graphviz 170

I

igraph 224
import.. 16, 34

Income アンケートデータ 191
iris 101
isnan 63
isnull 64

J
Jupyter Notebook 26

K
kendalltau（scipy.stats） 96
KMeans（sklearn.cluster） 151
k-means 法 149
k-近傍法 161

L
largest_cliques（igraph.Graph） 247
Leverage（影響度） 179
Lift（リフト） 179
linear_model（scikit-learn） 77
LinearSVC（sklearn.svm） 174
linkage（scipy.cluster.hierarchy） 146
linregress（scipy.stats） 77

M
Matplotlib 40
maximal_cliques（igraph.Graph） 247
MA モデル 208
mca 135
mlxtend 186
MySQLdb 53

N
NaN 60
NearestNeighbors
　（sklearn.neighbors） 164
None 61
NumPy 34

O
OLS（StatsModels） 78
OneHotEncoder
　（sklearn.preprocessing） 136
Orange3 189

P
pacf（statsmodels.api.stattools） 204
PageRank 243
pagerank（igraph.Graph） 244
pandas 37
path_length_hist（igraph.Graph） 230
PCA（sklearn.decomposition） 106
pip 26
plot 42
plot_acf
　（statsmodels.api.graphics.tsa） 204
plot_pacf
　（statsmodels.api.graphics.tsa） 204
predict（statsmodels.tsa.statespace.
　sarimax.SARIMAX） 215
PyDotPlus 170
Python 13
Python のバージョン 24

R
read_csv 51
Read_GML（igraph.Graph） 229
read_sql_query 53
rpy2 201
rpy2（R へのアクセス） 90, 192, 201
R へのアクセス 90, 192, 201

S
SARIMAX（statsmodels.tsa.statespace.
　sarimax） 215
SARIMA モデル 208
scatter 45
scikit-learn 40, 77, 106, 136

索 引

SciPy 77, 96, 99, 146
seaborn 47
seasonal_decompose
　（statsmodels.tsa.api） 205
Series 37
set 型 19
shortest_paths_dijkstra
　（igraph.Graph） 230
spearmanr（scipy.stats） 100
SQLAlchemy 53
SQL データベース 52
StatsModels 78, 87
Support（支持度） 178
SVC（sklearn.svm） 174
SVM 172

T

to_csv 51
to_sql 54
TransactionEncoder
　（mlxtend.preprocessing） 186
transitivity_undirected
　（igraph.Graph） 235
tsa（statsmodels） 204
t 値 81

V

variance_inflation_factor
　（statsmodels.stats.outliers_influence） ..87
VIF（Variance Inflation Factor） 87
vs（igraph.Graph） 225

Z

zip... 22

あ行

アイスクリームの支出と気温 41
赤池情報量規準 86
浅いコピー 36

アソシエーション分析 178
アソシエーションルール 178
アプリオリ・アルゴリズム 184
アヤメの例（フィッシャーの） 101

移動平均モデル 208
因子決定行列 118
因子得点 126
因子負荷量 108, 118, 124
因子分析 116

影響度 179
英語と数学のテスト順位 93

重み付きグラフ 222

か行

カーネルトリック 173
回帰木 166
回帰残差 81
回帰直線 76
回帰分析 74
回帰方程式 76
階差 209
階層型クラスタリング 143
買い物トランザクションの例 180
ガウス分布 152
過学習 143
確信度 179
拡張 Dickey-Fuller 検定 214
型 15, 16
片側検定 81
空グラフ 235
間隔尺度 6
完全グラフ 235

共通性 119
距離 142, 230
寄与率 105, 125

263

索　引

近接中心性 236, 238

グッドマン-クラスカルの γ 係数 92
クラス 24
クラスタリング 142
グラフ 222
クラメールの連関係数 97
クリーク 247
クロス集計表 88

経路長 229
欠損 60
決定木 166
決定係数 76
ケンドールの τ 92

コミュニティ 247
固有ベクトル中心性 242
コレスポンデンス分析 134
混合ガウス分布 152

さ 行

最短距離 230
最短経路 230
サブグループ 247
差分系列 209
サポートベクターマシン 172
散布図 46, 70

時系列解析 200
時系列データ 200
時系列のモデル化 207
シーケンス型 17
自己回帰移動平均モデル 208
自己回帰モデル 208
自己相関係数 203
支持度 178
次数 233, 240
次数中心性 240

質的なデータ 5
ジニ係数 167
斜交回転 120
斜交モデル 118
主因子法 119
重回帰 77
重回帰分析 81
集合型 19
重心法 144
周辺 237
樹形図 145
主成分分析 100
出次数 240
順序尺度 6
信頼度 179

推移性 235
スピアマンの順位相関係数 98
スライス 17

正規分布 152
正の相関 70

相関がない 70
相関係数 72
相関分析 70

た 行

タイタニック号遭難データ 88, 90
多重共線性 86
単位根過程 209
単回帰 77
段下げ 14
ダンピングファクター 244

中心 237
頂点 222
直径 230, 236
直交回転 120

直交モデル 118

月別国際線乗客データ 201

定常性 208
定性的データ 5
定量的データ 5
テストの成績（国語・社会・数学・理科・英語） 111
データ解析 2
データの種類 4
データ変換 209
デンドログラム 145

等高線 46
独自性 119, 124
トランザクション 178

な行

内包 20

入次数 240

ネットワーク解析 222

は行

媒介中心性 245
バイプロット 108
配列 18
バスケット分析 178, 183
パーセプトロン 173
バックエンド 41
バブルチャート 46
バリマックス回転 120
半径 237

ピアソンの積率相関係数 72
非階層型クラスタリング 148
ヒートマップ 47

標準誤差 81
比例尺度 7

ファイ係数 89
深いコピー 36
負の相関 70
部分グラフ 247
ブロック構造 14
プロマックス回転 120
分割表 88
分散拡大係数 87
分類木 166

ベイズ情報量規準 86
辺 222
偏自己相関 203
辺リスト 223

ボストンの住宅価格 82

ま行

マージン 173

密度 234

無向グラフ 222
無相関 70

名義尺度 5

モジュラリティ 247
モデル化 208

や行

有向グラフ 222
ユークリッド距離 142

ら行

ラグ 203

索 引

ラベル 39
ラムダ式 22

離心数 236
離心中心性 236
リスト型 17
リフト 179
両側検定 81
量的なデータ 5
リンゴとミカンの好き嫌い 91

隣接行列 223

累積寄与率 105

連関 88
連関分析 88

わ行

和分過程 209

〈著者略歴〉

山内 長承（やまのうち　ながつぐ）

1975 年　東京大学工学部電子工学科卒業
1977 年　同工学系研究科情報工学専門課程修士課程修了
1978 年　スタンフォード大学電気工学科大学院入学
1984 年　同博士課程退学、日本アイ・ビー・エム(株) 東京基礎研究所入社
2000 年　東邦大学理学部情報科学科へ転職
現　在　東邦大学名誉教授

■主な著書
『Python によるテキストマイニング入門』（オーム社、2017）
『Python による統計分析入門』（オーム社、2018）

- 本書の内容に関する質問は、オーム社書籍編集局「(書名を明記)」係宛に、書状またはFAX（03-3293-2824）、E-mail（shoseki@ohmsha.co.jp）にてお願いします。お受けできる質問は本書で紹介した内容に限らせていただきます。なお、電話での質問にはお答えできませんので、あらかじめご了承ください。
- 万一、落丁・乱丁の場合は、送料当社負担でお取替えいたします。当社販売課宛にお送りください。
- 本書の一部の複写複製を希望される場合は、本書扉裏を参照してください。

JCOPY ＜(社)出版者著作権管理機構 委託出版物＞

Python によるデータ解析入門

平成 30 年 11 月 29 日　第 1 版第 1 刷発行

著　者　山内長承
発行者　村上和夫
発行所　株式会社 オーム社
　　　　郵便番号　101-8460
　　　　東京都千代田区神田錦町 3-1
　　　　電話　03(3233)0641（代表）
　　　　URL　https://www.ohmsha.co.jp/

© 山内長承 2018

組版　トップスタジオ　　印刷・製本　三美印刷
ISBN978-4-274-22288-7　Printed in Japan

オーム社の機械学習／深層学習シリーズ

Chainer v2による実践深層学習

【このような方におすすめ】
・深層学習を勉強している理工系の大学生
・データ解析を業務としている技術者

● 新納 浩幸 著
● A5判・208頁
● 定価(本体2,500 円【税別】)

Chainer v2を使って、深層学習の実装方法を解説！

機械学習と深層学習
―C言語によるシミュレーション―

【このような方におすすめ】
・初級プログラマ
・ソフトウェアの初級開発者（生命のシミュレーション等）
・経営システム工学科、情報工学科の学生
・深層学習の基礎理論に興味がある方

● 小高 知宏 著
● A5判・232頁
● 定価(本体2,600 円【税別】)

機械学習の諸分野をわかりやすく解説した一冊！

強化学習と深層学習
―C言語によるシミュレーション―

【このような方におすすめ】
・初級プログラマ・ソフトウェアの初級開発者
　（ロボットシミュレーション、自動運転技術等）
・強化学習/深層学習の基礎理論に興味がある人
・経営システム工学科/情報工学科の学生

● 小高 知宏 著
● A5判・208頁
● 定価(本体2,600 円【税別】)

深層強化学習のしくみを具体的に説明！

もっと詳しい情報をお届けできます。
◎書店に商品がない場合または直接ご注文の場合は右記宛にご連絡ください。

| ホームページ | https://www.ohmsha.co.jp/ |
| TEL／FAX | TEL.03-3233-0643　FAX.03-3233-3440 |

(定価は変更される場合があります)

F-1711-227